Dr. BERTRAND ADAMS †

Paramoné und verwandte Texte

NEUE KÖLNER RECHTSWISSENSCHAFTLICHE ABHANDLUNGEN

HERAUSGEGEBEN VON
DER RECHTSWISSENSCHAFTLICHEN FAKULTÄT
DER UNIVERSITÄT ZU KÖLN

HEFT 35

Berlin 1964

WALTER DE GRUYTER & CO.

vormals G.J. Göschen'sche Verlagshandlung · J.Guttentag, Verlagsbuchhandlung
Georg Reimer · Karl J. Trübner · Veit & Comp.

Paramoné und verwandte Texte

Studien zum Dienstvertrag im Rechte der Papyri

Von

Dr. Bertrand Adams †

Wissenschaftlicher Assistent
am Institut für Römisches Recht
der Universität zu Köln

Berlin 1964

WALTER DE GRUYTER & CO.

vormals G. J. Göschen'sche Verlagshandlung · J. Guttentag, Verlagsbuchhandlung
Georg Reimer · Karl J. Trübner · Veit & Comp.

Archiv-Nr. 27 08 64 5

Satz, Druck und Bindearbeiten: Graphische Betriebe Dr. F. P. Datterer & Cie. – Inh. Sellier – Freising

VORWORT DES HERAUSGEBERS

Bertrand Adams wurde am 26. März 1924 in Ehrang bei Trier geboren. Er besuchte das humanistische Gymnasium zu Trier, wurde aber dann während des Krieges zum Heeresdienst einberufen. Als er 1947 aus englischer Kriegsgefangenschaft zurückkehrte, begann er mit dem Studium der Rechtswissenschaft an der Universität Erlangen. Schon als Student fiel er durch eine glänzende Sprachbegabung auf. Englisch und Französisch sprach er fließend, Lateinisch und Griechisch beherrschte er vom Gymnasium her, doch konnte er sich auch mit Italienern und Holländern in ihrer Muttersprache ohne Schwierigkeiten unterhalten. Auch ein glänzendes Gedächtnis war ihm zu eigen. Die Gastvorlesung eines italienischen Kollegen an der Universität Erlangen konnte er aus dem Gedächtnis fehlerlos wiedergeben. Innerhalb des juristischen Studiums war die Rechtsgeschichte seine besondere Vorliebe. An der Universität Mainz, an der er die letzten Semester belegt hatte, hörte er ägyptologische Vorlesungen bei W. Erichsen; nach dem Referendarexamen vertiefte er seine Kenntnisse auf diesem Gebiete noch durch ein Semester an der Universität München bei H. W. Müller. So konnte er an der Universität Erlangen im Jahre 1955 mit einer Arbeit über „Fragen altägyptischer Finanzverwaltung" den juristischen Dr.-Grad erwerben: bisher ist dies wohl der einzige Fall, daß ein Dissertationsthema gewählt werden konnte, das die Beherrschung der ägyptischen Sprache des Alten und Mittleren Reiches voraussetzt. Referenten waren H. W. Müller-München und der Unterzeichnete. Die Arbeit ist als Heft II der Erlanger Beiträge zur Rechtsgeschichte, Filser-Verlag, München-Pasing, 1956 erschienen und fand eine zustimmende Besprechung von E. Edel in der Zeitschrift für vergleichende Rechtswissenschaft 59 (1957), S. 235.

Nach dem Assessorexamen (in Rheinland-Pfalz) kehrte er als wissenschaftlicher Assistent 1957 an die Universität Erlangen zurück und übersiedelte 1958 in gleicher Eigenschaft an die Universität zu Köln. Dort erwarb er sich durch seine wackere Mitarbeit an der Gründung eines Instituts für Römisches Recht ein Verdienst, für das ihm der Staat Nordrhein-Westfalen dauernd verpflichtet ist. Seinem unermüdlichen Eifer ist es zu danken, daß dieses Institut schon in drei Jahren nach seiner Gründung über alle Bücher verfügte, die überhaupt noch zu haben waren, und so in kurzer Zeit eine bequeme Arbeitsstätte für rechtsgeschichtliche Studien an der Antike geworden ist. Alle Mitarbeiter schenkten ihm größtes Vertrauen. Ganz gleich, ob ein Student eine Seminararbeit zu fertigen hatte, ob eine Dissertation entworfen wurde, oder ob der Vorstand selbst ein Buch schrieb, alle fragten ihn um Rat. So steckt in den Arbeiten, die 1958 bis 1962 aus diesem Institut hervorgegangen sind, auch viel von seiner Wissenschaft, Erfahrung und liebenswürdigen Hilfsbereitschaft.

Das vorliegende Buch sollte der Rechtswissenschaftlichen Fakultät der Universität zu Köln im Laufe des Wintersemesters 1962/63 zur Begutachtung als Habilitationsschrift eingereicht werden. Kurz zuvor, am 11. Oktober 1962, raffte ihn eine Blinddarmentzündung, die er zu spät erkannt hatte, plötzlich aus unserer Mitte hinweg. Wer ihn kannte und wer gar mit ihm zusammenarbeiten durfte, weiß, welch' eine große Hoffnung für die Wissenschaft mit ihm dahin gegangen ist. Der Unterzeichnete verliert in ihm auch einen oft bewährten treuen Freund*).

Köln

Dr. jur. Erwin Seidl
o.ö. Professor an der Universität
zu Köln

---

*) Das vorliegende Buch fand sich im Nachlaß des Verfassers zusammen mit fünf Zetteln, mit Notizen, die offensichtlich noch eingearbeitet werden sollten. Die Familie übertrug die Herausgabe dem Unterzeichneten, wofür ihr herzlich gedankt sei. Pflicht eines Herausgebers ist es, die Arbeit möglichst so vorzulegen, wie sie der Verfasser geschrieben hatte. Doch hatte Dr. Adams sie in der vorliegenden Form noch nicht für druckfertig erklärt. Er hatte den Stoff ursprünglich nach einer anderen Disposition durchgenommen, dann aber eine neue Gliederung gewählt, die aber noch nicht überall folgerichtig durchgeführt war. Es hätte seinem Willen aber auch nicht entsprochen, die alte Disposition wiederherzustellen. So mußte einiges noch gefeilt werden; einige Wiederholungen wurden weggelassen. Die Einteilung in §§ stammt vom Herausgeber. Alle übrigen Zusätze, die auf Grund der Notizzettel oder mündlicher Besprechungen mit dem Verfasser von ihm selber vermutlich noch gewünscht worden waren, wurden als solche durch [] gekennzeichnet. Dabei hat Herr Referendar Volker Geginat wertvolle Hilfe geleistet; ihm verdankt das Buch auch die Register.

INHALTSVERZEICHNIS

ABKÜRZUNGSVERZEICHNIS

Aeg	Aegyptus, Rivista Italiana di Egittologia e die Papirologia, Milano
AHDO	Archives d'histoire du droit oriental, Bruxelles
AP	Archiv für Papyrusforschung, Leipzig
BL	Preisigke u. a., Berichtigungsliste der griechischen Papyrusurkunden aus Ägypten, z. Z. 3 Bde., Berlin resp. Leiden, seit 1922
Chrest	Mitteis-Wilcken, Grundzüge und Chrestomathie der Papyruskunde, Leipzig 1912
Chron	Chronique d'Egypte, Bulletin periodique de la Fondation Egyptologique Reine Elisabeth, Bruxelles
Class. Phil.	Classical Philology, Chicago
Col	Kolumne
dem	demotisch
FIRA	Riccobono u. a., Fontes iuris romani anteiustinianei, Firenze 1940/43
Ind. Int.	Levy u. a., Index Interpolationum, 3 Bde. Weimar seit 1929
Inv	Inventar
JEA	The Journal of Egyptian Archaeology, The Egypt Exploration Society, London
JJP	The Journal of Juristic Papyrology, Warszawa
JURA	Jura, Rivista Internationale di diritto romano e antico, Napoli
MPÖN	Mitteilungen aus der Papyrussammlung der Österreichischen Nationalbibliothek, Wien
O	Ostrakon
P	Papyrus (die benutzten Editionen siehe beim Quellenverzeichnis)
RE	Pauly-Wissowa u. a., Realenzyklopädie der klassischen Altertumswissenschaft, seit 1894
RIDA	Revue internationale des droits de l'antiquité, Bruxelles
RO	recto
SDHI	Studia et documenta historiae et iuris, Roma
Taubenschlag Op. Min.	Opera Minora, 2 Bde., Warszawa 1959
TR	Tijdschrift voor Rechtsgeschiedenis = Revue d'histoire de droit, Groningen

VO	verso
ZSS	Zeitschrift der Savigny-Stiftung für Rechtsgeschichte, romanistische Abteilung, Weimar
Zvgl. RW	Zeitschrift für vergleichende Rechtswissenschaft, Stuttgart

Die Papyruseditionen sind nach dem von Wilcken, AP, begründeten Abkürzungssystem zitiert.

I. EINLEITUNG

§ 1. Zur Bedeutung der freien Arbeit im Rechte der Papyri

Die arbeitsrechtlichen Beziehungen freier Menschen untereinander werden in der romanistischen Literatur im allgemeinen nicht sehr eingehend behandelt. In den Lehrbüchern laufen sie unter dem Stichwort *locatio-conductio operarum*[1] — und selbst hier fehlte bis vor kurzem eine den Ansprüchen der Forschung unserer Tage gerecht werdende Darstellung des Gesamtinstituts. Erst vor wenigen Jahren hat Mayer-Maly die einschlägigen Juristenschriften der Klassikerzeit und die sonstigen Quellen eingehend untersucht[2]. Bezeichnend für die geringe Bewertung der Arbeitsverhältnisse Freier in der Antike ist, wie Kunkel ausgeführt hat[3], daß der auf Leistung von Diensten gegen Entgelt gerichtete Vertrag in den Rechtsquellen eine untergeordnete Rolle spielt. Die sozial gehobenen Stände konnten nach römischer Auffassung ihre Tätigkeit grundsätzlich nur unentgeltlich, d.h. als Beauftragte, zur Verfügung stellen. Dazu kommt die weite Verbreitung der Sklavenarbeit. Hiernach verblieben im wesentlichen nur die Dienstleistungen freier Tagelöhner und Handwerker, soweit sie nicht unter die Kategorie des Werkvertrages fielen.

In der papyrologischen Literatur ist das Bild nicht günstiger. Hier steht eine Darstellung der Dienstverhältnisse noch aus, wenn auch bemerkenswerte einzelne Untersuchungen aus den letzten Jahrzehnten vorliegen[4]. Das Ziel der hier vorgelegten Abhandlung ist es, diese Lücke zu schließen, um so mehr, als in jüngster Zeit die Arbeit der

[1] Man vgl. dazu Kaser, Das römische Privatrecht I, München 1955, 474f. und II, München 1959, 295, Jörs-Kunkel-Wenger, Römisches Privatrecht, 3. Aufl., Heidelberg 1949, 238, Sohm-Mitteis-Wenger, Institutionen des römischen Rechts, 17. Aufl., Berlin 1949, 431f., Seidl, Römisches Privatrecht, 1. Aufl., Erlangen 1949, 77 [2. Aufl. Köln 1963, 170].

[2] Mayer-Maly, Locatio-conductio, Wien 1956.

[3] Vgl. bei der soeben zitierten Stelle.

[4] Zum Arbeitsrecht neuestens Seidl, Ptolemäische Rechtsgeschichte, 2. Aufl., Glückstadt 1962, S. 145ff., Hellebrand, Arbeitsrechtliches in den Zenon-Papyri, Festschrift f. Paul Koschaker, III, Weimar 1939, 241ff., Montevecchi, I contratti di lavoro e di servizio nell'Egitto greco-romano e bizantino, Milano 1950.

Sklaven in der historischen Forschung stark in den Vordergrund getreten ist[5]. Damit droht das Bild einer in sich geschlossenen Sklavenhaltergesellschaft zu entstehen, das aber aus den Papyri wenigstens für Ägypten nicht in dieser Schärfe gezeichnet werden kann. Die hier zu untersuchenden Texte lassen vielmehr erkennen, daß zumindest neben der Sklavenarbeit die Dienstleistungen freier Menschen in allen Zeitabschnitten, aus denen unsere Urkunden stammen, eine bedeutende Rolle gespielt haben. Wie sie ausgestaltet waren, auf welchen juristischen Prinzipien sie beruhten, wie Haftung und Risiken auf seiten der Arbeitgeber und Arbeitnehmer verteilt waren, soll geklärt werden.

§ 2. Abgrenzung des Themas der vorliegenden Untersuchung

Der Begründung von Arbeitsverhältnissen dienten in erster Linie die παραμονή-Urkunden, die daher der Hauptgegenstand dieser Arbeit sind. Der Ausdruck findet sich auch in den sogenannten „Lehrverträgen"; verwandt sind sodann die sogenannten „Ammenverträge", in denen die Übergabe eines Säuglings an eine Amme zur Pflege und Ernährung ausbedungen wurde. Eine weitere Gruppe von Texten aus der Prinzipatszeit bilden die sogenannten „Künstlerverträge", die bisher noch völlig außerhalb des Gesichtskreises der Juristen-Papyrologen geblieben sind, obwohl sie manche für den Rechtshistoriker interessante Frage aufwerfen. Sie lassen erkennen, daß die παραμονή als Mittel benutzt wurde, um Künstlergruppen in sich zu organisieren. Da die zuletzt genannten 3 Gruppen unter sich stark verschieden sind und von den typischen Dienstverhältnissen in vielen Dingen abweichen, werden sie im Anschluß an diese für sich jeweils gesondert behandelt.

In Quellen und Literatur sind jedoch auch andere Erscheinungsformen der παραμονή bekannt, die von einem Arbeitsverhältnis unter rechtlich gleichstehenden Menschen zu trennen sind und nach dem Befund der Texte auch in der Antike verschieden behandelt wurden. So gibt es zahlreiche Papyri, die unter παραμονή das Erscheinen oder Verbleiben einer Prozeßpartei vor Gericht verstehen, für das ein anderer zu bürgen hat, die sogenannten „prozessualen Gestellungsbürgschaften". Es kann sich aber auch um die Gestellungspflicht eines der Beteiligten selbst handeln, ohne daß für ihn ein Bürge aufträte, und schließlich auch um die Anwesenheitspflicht eines Beamten bei amtlichen Untersuchungen, etwa der staatlichen Monopolbehörden[6].

---

[5] Vgl. dazu unten S. 6ff. m. Nachweisen.

[6] Da diese und die folgenden Fälle nicht Gegenstand der vorliegenden Untersuchung sind, sei hier nur eine repräsentative Auswahl getroffen! Aus dem pro-

In der Sache nahe verwandt mit den zuletzt genannten Fällen sind die „liturgischen Gestellungsbürgschaften", in denen für das Ausharren des Dienstverpflichteten am Orte seiner zwangsweisen Tätigkeit gebürgt wird, doch gibt es auch Fälle, in denen er sich selbst eidlich zum Verbleiben am Ort seiner Amtsführung verpflichtet und verspricht, nicht eher wegzugehen, als bis er seiner Tätigkeit voll nachgekommen sei. Derartige Gestellungsbürgschaften lassen sich aber auch im Rechtsverkehr unter Privaten nachweisen[7].

Sodann berichten die griechischen Inschriften über die Freilassungs-παραμονή, die sich auch in den Papyri nachweisen läßt[8]. „Sie war ein Vorbehalt von Diensten des Freigelassenen, und zwar — in der Regel — auf Lebenszeit und zugunsten des Freilassers[9]". Er wurde gelegentlich des Freilassungsgeschäftes gemacht und beschränkte die Freizügigkeit erheblich. Die Verpflichtung des Freigelassenen zu *operae* gegenüber seinem früheren Herrn war eine Nachwirkung des bis dahin bestehenden Rechtszustandes der Unfreiheit und diente dazu, dem Freilasser die Arbeitskraft seines bisherigen Sklaven auch weiterhin zu erhalten. Auch dieses Rechtsverhältnis interessiert hier nicht, da bei ihm von einer rechtlichen Gleichstellung der Beteiligten nicht gesprochen werden kann.

zessualen Sektor seien genannt: P. Hal. I, 48 (3. Jhdt. v. Chr.) παραμονή als Verpflichtung, zu bleiben und sich der Vollstreckung eines Urteils nicht zu entziehen, Fouad I, 24 (ca. 144 n. Chr.), Verpflichtung eines Prozeßbeteiligten, 30 Tage am Gerichtsort zu bleiben und das Erscheinen des Gegners abzuwarten. Anwesenheitspflicht eines Beamten bei Amtshandlungen betreffen P. Rev. Laws Col. 55, 23 (Mitte 3. Jhdt. v. Chr.) Suche nach gestohlenem oder heimlich hergestelltem Öl, UPZ I, 112, Col. VIII, Z. 7 (203/02 v. Chr.) Verpachtung von Steuern, Oxy. XVI, 1853 (6. oder 7. Jhdt. n. Chr.) Untersuchung eines Gelddiebstahls auf einem Dorf. Unklar ist das παραμένειν bei P. Petrie II, 16 (mit BL! — 3. Jhdt. v. Chr.).

[7] Hierher gehören P. Hibeh I, 41 (261 n. Chr.), P. Cairo Preis. 15 (4. Jhdt. n. Chr.), P. Flor. III, 284 (538 n. Chr). Auch das „Verbleiben" der σύμμαχοι an ihrem Dienstort mit wird παραμένειν bezeichnet. Es handelte sich bei ihnen um Leute, die niedrige Botendienste ausübten (vgl. die Bemerkungen d. Herausg. der P. Cairo Isidor, S. 310 d. Ed.). Fälle: P. Cairo Isidor 80 (296 n. Chr.), Oxy XVI, 2013 (551), 2014 (551), VII, 1043 (578), XVI, 2045 (612).

Eidliche Eigenverpflichtung P. Oxy. XVII, 2120 (221 n. Chr.). Private Gestellung P. Oxy. I, 135 (579) Oxy. XXIV, 2420 (?) (610 n. Chr.).

[8] Vgl. P. Petrie III, 2, 21 (mit BL! — 3. Jhdt. v. Chr.), 3, 16 (mit BL! — 237 v. Chr.), PSI XII, 1263 (2. Hälfte d. 2. Jhdt. n. Chr.), P. Oxy. XIX, 2238 (551 n. Chr.).

[9] So Berneker, RE 18, 3, Sp. 1212. Zur Freilassungs-παραμονή vgl. auch unten, S. 44f.

Der Aufenthalt der Ehefrau in Familie und Haus des Ehemannes wird ebenfalls mit dem Verbum παραμένειν bezeichnet[10], das sich schließlich aber auch sonst ganz allgemein in der Bedeutung des „Bleibens bei einem andern" findet oder bloß intransitiv „Verweilen" bedeuten kann[11]. Nach alledem kann von einer einheitlichen und für alle Fälle verbindlichen Definition des Begriffs παραμονή in den Quellen nicht die Rede sein. Umgekehrt ist die Frage aufzuwerfen, ob es sich bei ihr überhaupt um einen Rechtsbegriff handelte, oder sie nicht vielmehr eine bloße Folge war, die sich aus Liturgie, Freilassung, Beamtentätigkeit, Ehe, Bürgschaft- und privatem Dienstverhältnis ergab. Der äußerst vielfältige Gebrauch eines und desselben Terminus in so grundsätzlich voneinander unterschiedenen Lebensbereichen, wie etwa dienstlicher Tätigkeit und Ehe, ist uns aus den römischen Quellen nicht bekannt. Doch rechtfertigt dieser Unterschied nicht den immer wieder gerne erhobenen Vorwurf, die griechische Rechtssprache sei weniger prägnant und klar gewesen, als die römische[12].

Wenn für so verschiedene Vorgänge des Lebens die gleiche Terminologie gewählt wird, liegt es daran, daß es dem Gräco-Ägypter bei seiner Betrachtungsweise weniger auf die tatsächlichen Unterschiede als auf die einheitliche Sicht juristischer Vorgänge und ihrer Folgen ankam[13]. So konnte es zu der Vielschichtigkeit des Begriffs παραμονή kommen; denn alle hier aufgezählten Gruppen haben die Verpflichtung einer Person, bei einer anderen zu παραμένειν, gemeinsam. Daher ist es gerechtfertigt, die παραμονή als Rechtsinstitut mit variablem Inhalt anzusehen, das insofern mit der römischen *locatio-conductio* vergleichbar ist[14]. Demzufolge ist bei jeder Urkunde zunächst zu fragen, zu welcher Gruppe sie gehört, mag dies auch das Verständnis nicht immer erleichtern. Nach dem heutigen Quellenstand scheint es so gewesen zu sein, daß die Hauptbedeutung der παραμονή im täglichen Leben der Bevölkerung Ägyptens auf dem Sektor der Diensverhältnisse lag, hinter denen die anderen Typen zahlenmäßig zurückstanden. Gerade im Arbeitsleben hat sie eine klar erkennbare Typisierung erfahren, die es rechtfertigt, von ihr als einem festen Rechtsbegriff auszugehen.

---

[10] P. Grenf I, 21 (= Mitt. Chrest. 302), 126 v. Chr.

[11] P. Oxy. I, 120 (4. Jhdt.), sowie Oxy. VIII, 1117 (ca. 178 n. Chr.), Flor. III, 365 (3. Jhdt. n. Chr.), Oxy. IX, 1222 (4. Jhdt.), XX, 2268 (spätes 5. Jhdt.), SB I, 5656 (568 n. Chr.).

[12] So auch Herrmann, Bodenpacht, S. 5, H. J. Wolff, ZSS 70, 1953, S. 418 [vgl. aber unten S. 44 Anm. 107 am Ende].

[13] So auch Wolff an der soeben genannten Stelle.

[14] Vgl. Dazu Mayer-Maly, Locatio-conductio, S. 113ff.

Wiederholt ist das Postulat aufgestellt worden, die moderne antikrechtliche Forschung dürfe in der Pandektendoktrin nicht mehr die geeignete Grundlage zur Erkenntnis der Eigentümlichkeiten heterogener Rechte erblicken, sondern müsse die antiken Rechte für sich selbst erschließen und könne erst danach ihre Einwirkungen auf das römische Recht oder umgekehrt herausstellen[15]. Diese Forderung erweist sich als richtig, nachdem es längst Gemeingut der Rechtsgeschichte geworden ist, daß die Einverleibung der verschiedenen Gebiete in das *Imperium Romanum* nicht auch gleichzeitig eine Übernahme des römischen Rechts zur Folge hatte. Dies läßt sich anhand der παραμονή, wie sie hier verstanden wird, deutlich zeigen. Sie wird daher losgelöst von der *locatio-conductio operarum* behandelt und so in ihrem rechtlichen Gehalt erschlossen. Dabei war es nicht zu umgehen, ihre Eigenarten in engster Anlehnung an die Quellen und die Literatur zu erarbeiten, denn erst wenn feststeht, was Sinn und Zweck der Urkunden war, können die sie tragenden Rechtsgrundsätze herausgearbeitet werden.

Zeitlich betrachtet, reichen die Quellen vom Beginn der Ptolemäerzeit bis hinein in die Araberherrschaft. Sie umfassen mithin einen Zeitraum von ca. 1000 Jahren. Daher läge es nahe, den Stoff entsprechend der herkömmlichen Einteilung der ägyptischen Geschichte dieser Zeit in die Ptolemäer-, Römer- und Byzantinerherrschaft zu unterteilen. Dabei ließen sich aber ständige Überschneidungen nicht vermeiden, da sich die Dienstverträge fast bis zuletzt sehr ähnlich geblieben sind. „Die Zäsuren der politischen Geschichte" waren „wie häufig, so auch hier, nicht zugleich ... Einschnitte in der Privatrechtsentwicklung"[16]. Daher wird hier Zusammengehöriges auch zusammenhängend behandelt. Maßgebend ist nicht so sehr die zeitliche Einteilung als vielmehr die nach typischen Interessen. Die Probleme der Beschaffung freier Arbeitskraft können nicht nach chronologischen Gesichtspunkten untersucht werden, sondern müssen aus dem Blickwinkel der Bedürfnisse gesehen werden, um deren Befriedigung es ging.

Trotz der langen Spanne, die von unsern Quellen umfaßt wird, ist deren Anzahl nicht allzu groß — aus vielen Jahrhunderten fehlen sie völlig, aus anderen fließen sie in reichlicherem Maße. Ihr Schwerpunkt liegt in der Prinzipatszeit, den Jahrhunderten zwischen der Eroberung Ägyptens durch Rom bis zu Diokletian, einer Zeit also, die auch für das römische Recht von besonderer Bedeutung ist; fällt doch in sie die Epoche der großen Klassiker. Der Einfluß römischer Jurisprudenz macht sich in Ägypten allerdings nur ganz allmählich bemerkbar und

---

[15] Vgl. dazu Herrmann, Bodenpacht, S. 4f. mit den dort Zitierten.

[16] So Herrmann, a.a.O. S. 6.

konnte die alten volksrechtlichen Vorstellungen lange Zeit nicht verdrängen, wenn sich auch gewisse äußere Einflüsse des römischen Rechts nachweisen lassen.

§ 3. Andere Formen menschlicher Arbeitsleistung außerhalb des Dienstverhältnisses Freier

Mit Rücksicht auf die eingangs erwähnte starke Betonung der Sklavenarbeit in der modernen Forschung erscheint es angebracht, vor Beginn der Untersuchung der παραμονή auf sonstige Formen unselbständiger menschlicher Arbeit in Ägypten hinzuweisen, wie sie aus den Papyri zu erschließen sind. Hier ist zunächst die Fronarbeit zu erwähnen, die seit ältesten Zeiten eine große Rolle spielte. Der Pharao gebot über riesige Arbeiterheere, die er nach Belieben einsetzte, sei es zum Bau von Dämmen und Kanälen zur Flußregulierung, sei es zur Errichtung von Pyramiden, Palästen und Tempeln. Zwar waren die Arbeiter theoretisch frei, aber sie wurden nicht gefragt, sondern herangezogen, wo und wie es der Verwaltung paßte. Von vertraglichen Abmachungen irgendwelcher Art kann keine Rede sein, jedoch war die Verwaltung verpflichtet, den Lebensunterhalt der Arbeitermassen sicher zu stellen. In dem auf Naturalwirtschaft abgestellten Staat der Pharaonen war der Frondienst der geeignete Weg zur Erfüllung staatlicher Aufgaben[17].

Trotz des Vordringens der Geldwirtschaft hielt sich die Fronarbeit weiter. Auch unter der Römerherrschaft mußte der Ägypter seine „Liturgie" wie eine Steuer entrichten. Jedes öffentliche Bedürfnis wird nun durch sie befriedigt. „Vom Nachtwächter bis zum Ratsherrn sind alle Zwangsarbeiter, die unentgeltlich, ja sogar erschwert durch eine unsinnig hochgeschraubte Erfolgshaftung mit ihrem Privatvermögen, das an Arbeit leisten, was der Staat braucht"[18].

Typisch ägyptisch war die Einrichtung der sogenannten „Sklaven der Götter", der Hierodulen. Es handelte sich um Personen, die nicht zur Priesterschaft gehörten, sondern das Tempelland bebauten, in den Tempelfabriken arbeiteten, die Tempelherden hüteten und auf son-

---

[17] Vgl. dazu meine „Fragen altägyptischer Finanzverwaltung", München-Pasing 1956, 34ff., 50ff.

[18] So Seidl, RöPrivatR, S. 75. Es galt als selbstverständliche Rechtsauffassung des Altertums, daß jeder zur Deckung der Bedürfnisse des Gemeinwesens mit Leib und Gut herangezogen werden konnte, vgl. Kübler, RE, *munus*, 31. Halbbd., Sp. 644ff. Oertel, Die Liturgie, Studien zur ptolemäischen und kaiserlichen Verwaltung Ägyptens, Leipzig 1917.

stige Weise „im Dienst des Gottes“ tätig wurden. Man kann in ihnen keine Sklaven in der griechischen Bedeutung des Wortes sehen, doch ist ihre rechtliche Stellung noch immer nicht geklärt. Dazu wäre wohl ein eingehendes Studium der demotischen Urkunden erforderlich, die aber größtenteils noch der Veröffentlichung und Durchforschung harren[19].

Ein weiteres Mittel zur Beschaffung von Arbeitskraft bot nun die Sklaverei, bei der zwischen Staats- und Privatsklaven zu trennen ist. Doch ist ihre Bedeutung für das Arbeitswesen in Ägypten umstritten. Für die Ptolemäerzeit wurde bislang vorwiegend angenommen, sie habe keine besondere Rolle gespielt[20].

In den letzten Jahrzehnten hat sich die Forschung allerdings gerade der „Sklavenfrage“ in besonderem Maße angenommen. Dies ist vor allem von marxistischer Seite her geschehen, die die gesamte hellenistische Zivilisation unter dem Stichwort „Sklavenhaltergesellschaft“ registriert hat. So wurde auch für das ptolemäische Ägypten unlängst die These vertreten, daß zwischen den „beiden antagonistischen Klassen den Sklaven einerseits, die im ptolemäischen Ägypten sehr vielgestaltig war, und den Sklavenhaltern andererseits“ ... ein erbitterter Klassenkampf stattgefunden habe. Es sei nicht übertrieben, festzustellen, daß fast die gesamte arbeitende Bevölkerung Ägyptens zu Sklaven erniedrigt und ihre Arbeitskraft rücksichtslos ausgepreßt worden sei[21].

---

[19] Rostovtzeff, Die Hellenistische Welt, I, Stuttgart 1955, 251f., dazu der sehr eingehende Quellennachweis mit zahlr. Verweisungen in Bd. III, 1139, der zusammen mit dem Text zu lesen ist. Walter Otto, Studien zur Hierodulie im hellenistischen Ägypten, Abh. Akad. München, NF. 29 (1950).

[20] So die Mehrzahl der bisherigen Autoren: vgl. Rostovtzeff, an der soeben angegebenen Stelle (Bd. I, dazu Anm. 119 in III, 1150), Wilcken in Mitteis-Wilcken, Grundzüge und Chrestomathie der Papyruskunde, I, 1, Leipzig 1912, S. 260, Westermann, The slave systems of greek and roman antiquity, Philadelphia 1955, 46ff. (= RE, Sklaverei, Suppl. VI, Sp. 894ff.), Préaux, Les grecs en Egypte d'après les archives de Zenon, Bruxelles 1947, 49.

Zu Westermann vgl. die zum Teil ablehnende Kritik von H. J. Wolff, Iura 7, 1956, 308ff. Dagegen zustimmend Kupiszewski, SDHI 22, 1956, 429ff. Eine eingehende juristische Untersuchung der Sklaverei bietet Taubenschlag, „Das Sklavenrecht im Rechte der Papyri“, ZSS 50, 1930, 140ff. (= Opera Minora II, Warszawa 1959, 223ff.), ferner sein Law², S. 66ff.

[21] So Härtel, „Sozialökonomische Verhältnisse im ptolemäischen Ägypten“, in „Sozialökonomische Verhältnisse im alten Orient und im klassischen Altertum“, Berlin (Ost), 1961, 106ff., hier S. 111, dort auch weitere Hinweise auf sowjetische Autoren.

Es ist nicht Aufgabe dieser Arbeit, auf das „Für und Wider" beider Ansichten einzugehen. Man sollte aber den zweifellos bestehenden Gegensatz zwischen Freien und Sklaven in der antiken Welt nicht zu sehr dramatisieren und zuviel modernes Gedankengut auf antike Verhältnisse übertragen. Mir scheint die vorsichtig abwägende Stellungnahme Lauffers auf dem 11. internationalen Kongreß für historische Wissenschaften in Stockholm das Richtige zu treffen, wenn er darauf hinweist, daß die Sklaverei als solche von den Sklaven selbst nicht in Frage gestellt wurde. Offenbar werde von uns Heutigen die antike Freiheitsberaubung, Verknechtung und Rechtlosigkeit mit ihren Wirkungen der Unfreiheit, Privatabhängigkeit und Sklaverei allgemein als unerträglich empfunden und gleichsam voll erlitten. Dies ist aber eine Nachempfindung aus weltgeschichtlicher Distanz, die den tatsächlichen Faktoren in der griechisch-römischen Welt schwerlich gerecht wird[22]. Die Zeitgenossen selbst haben den Grundcharakter der Sklaverei nicht so empfunden, was sich nicht zuletzt auch aus der Einstellung des frühen Christentums zu dieser Frage ergibt. Bekanntlich hat es das Sklavenwesen im Großen und Ganzen hingenommen, wenn es auch dafür sorgte, daß dessen Auswüchse zurückgedrängt wurden, ein Wesenszug, der der stoischen Philosophie vor der allgemeinen Verbreitung der neuen Religion ebenfalls eigentümlich war[23].

Bei dem gegenwärtigen Stand der wissenschaftlichen Diskussion dürfte allerdings die „Sklavenfrage" noch auf längere Sicht eine Rolle spielen. Ob und inwieweit das bisherige Bild von ihrer geringen Bedeutung für Ägypten zu korrigieren sein wird, kann zur Zeit noch nicht entschieden werden. Die Papyri sprechen eher für einen Vorrang der freien Arbeit in der Ptolemäer- und Prinzipatszeit, doch mag das daran liegen, daß wir über die Verhältnisse in den großen Zentren, vor allem in Alexandria, nicht viel wissen, weil es hier an Quellenmaterial mangelt. Außer beim Erwerb und der Vermietung eines Sklaven oder seiner Veräußerung war es auch schwerlich nötig, Urkunden über ihn zu

[22] Lauffer, „Die Sklaverei in der griechisch-römischen Welt", XIe Congrès international des sciences historiques, rapports II, Antiquité, Stockholm 1960, 71 ff., hier 77 f. Man vgl. weiter den Sammelband „Slavery in classical Antiquity", herausgegeben von M. I. Finley, Cambridge 1960, mit 11 grundlegenden Beiträgen aus den letzten Jahrzehnten, darunter von deutscher Seite die menschlich warme Tübinger Rektoratsrede von Josef Vogt „Wege zur Menschlichkeit in der antiken Sklaverei", S. 33 ff. Überall finden sich weitere Hinweise auf das ständig wachsende Schrifttum.

[23] Zur Frage Christentum und Sklaverei vgl. die ausführliche Darstellung bei Westermann, Slave systems, S. 149 ff., wo die einschlägige Literatur nachgesehen werden kann.

errichten, denn zur totalen Arbeitsleistung war er ohnehin verpflichtet. Der Knappheit der Quellenlage kommt daher nur eine relative Bedeutung zu, die zu einer vorsichtigen Abwägung zwingt.

Zwar war der Grad der Abhängigkeit des Dienstverpflichteten vom Dienstherrn unterschiedlich. Mitunter durfte sich eine zu starke Einschränkung der Bewegungsfreiheit des Arbeitnehmers im tatsächlichen Ergebnis wie Sklaverei ausgewirkt haben. Besonders in den späten Texten aus der Byzantiner- und frühen Araberzeit scheint die Bindung des Dienstnehmers an seinen Herrn stärker gewesen zu sein, als in den vorangegangenen Jahrhunderten. Aber von einem Verlust der Freiheit ist auch in solchen Fällen nicht die Rede. Nur in einem einzigen Fall aus dem Ende der Ptolemäerzeit, der uns noch beschäftigen wird, scheint er bezeugt zu sein[24]. Doch trägt dieser Text Ausnahmecharakter.

---

[24] PSI V, 549 (= Montevecchi 1), vgl. dazu unten S. 24 und die weiteren Stellen im Quellenregister.

II. DIE ΠΑΡΑΜΟΝΗ-URKUNDEN

§ 4. Urkundenübersicht*

Zur Klärung der Frage nach der rechtlichen Natur der παραμονή sei im Folgenden ein Blick auf diejenigen Urkunden geworfen, in denen der Ausdruck im Zusammenhang mit abhängiger Arbeit vorkommt oder sich der Sachverhalt darauf bezieht[25].

P. Cairo Zenon IV, 59 636 — 3. Jhdt. v. Chr.

Fragment eines Briefes (?) an Zenon. Der Schreiber erbietet sich, Bürgen für eine παραμονή zu stellen. Offenbar sitzt derjenige, für den gebürgt werden soll, im Gefängnis, und der Bürge möchte ihn wieder für die Landwirtschaft entlassen haben.

PSI IV, 424 — 3. Jhdt. v. Chr.

Hypomnema an Zenon in verschiedenen Angelegenheiten. Z. 10ff. verspricht der Schreiber, er werde noch, bevor er auf eine Reise gehe, dem Zenon seinen Sohn Ptolemaios für 100 Drachmen verpfänden (ὑποθήσειν) „und nichts von Dir nehmen". Der Junge wird als gut erzogen gerühmt. Obwohl von παραμονή nicht direkt gesprochen wird, legt die Verpfändung des Jungen eine solche nahe.

P. Ent. 48 — 218 v. Chr.

Eingabe eines Dieners zur Prozeßeinleitung gegen seinen früheren Arbeitgeber wegen rückständigen Lohns von 10 Drachmen. Der Diener hatte sich verpflichtet, „ihm Gefolgschaft zu leisten im Feldzug, ihm seine Dienste zu gewähren ... und ihn" zu einer bestimmten Stadt zu bringen. Der Gegner verweigerte die restliche

* [Der Verf. hatte wohl die Form dafür im Auge, die Herrmann, Bodenpacht S. 247ff. gewählt hat. Doch hätte die Bildung von Rubriken zuviel von fremder Hand hinzugefügt. So mag die vorliegende Form stehen bleiben, obwohl dadurch Wiederholungen im späteren Text entstehen, die der Verf. vermieden hätte.]

[25] Die letzte Übersicht über die in Betracht kommenden Texte gab Westermann, JJP 2, 1948, S. 37ff., zuvor Zambon in Aegyptus XIII (1933), 653 und Johnson, bei Frank „An economic survey of ancient Rome", Bd. II, Roman Egypt, Paterson NY, 1959, S. 452ff.

Diese Übersichten sind jedoch teils durch neu hinzugekommene Texte überholt, teils enthalten sie nicht alle in Frage kommenden Urkunden.

Zahlung. Zwar kommt auch hier das Wort παραμονή nicht vor, doch liegt es in der Sache nahe, sie anzunehmen.

P. Tebt. III, 815 228—221 v. Chr.

Vertragsliste, meist mit Pachtverträgen. Fragm. 1 Ro, col. II. Z. 25—34 enthält wohl eine παραμονή. Es verpflichtet sich jemand, alles zu tun, was ihm aufgetragen wird. Lohnregelung unvollständig.

BGU VI, 1258 2. Jhdt. v. Chr.

Vertragsrolle. Z. 4ff. verpflichtet sich ein Gärtner, das Wasserrad eines Bades 11 Monate lang zu bedienen und verspricht für den Fall seines Nichtbleibens (ἐὰν δὲ μὴ παραμένηι) eine Vertragsstrafe. Tageslohn ist vereinbart. Z. 17ff. gibt ein Vater seinen ältesten Sohn in die παραμονή, „er muß bei ihm bleiben und alles tun, was ihm aufgetragen wird".

PSI V, 549 (= Montevecchi 1 in Vbdg. m. BL III) 42/1 v. Chr.

Übersetzung eines demotischen Vertrages, durch den sich Schuldnerin verpflichtet, auf 99 Jahre in den Dienst einer Gläubigerin zu treten. Sie verpflichtet sich, alles zu tun, was ihr von dieser und ihren Hausgenossen aufgetragen wird, wo immer das auch geschehe, und immer vor Gläubigern „aufrecht zu stehen". Diese verpflichtet sich, Verpflegung und Kleidung zu stellen und alles, was der Schuldnerin sonst zusteht. Schuldnerin wird im Hause bleiben und Tag und Nacht zu Diensten stehen.
Obwohl das Wort παραμονή auch hier nicht vorkommt, sind die Klauseln, durch die sich Schuldnerin verpflichtet, doch dafür typisch. Selbstversklavung nicht ausgeschlossen.

BGU IV, 1153 II 14 v. Chr.

Rückzahlung eines δάνειον mit παραμονή. Gläubigerin bekennt, von Schuldnerin ein δάνειον über 300 Drachmen zurückerhalten zu haben, das sie ihr zwei Jahre zuvor gegeben hatte. Zugleich erlosch die auf Grund des Vertrages vereinbarte παραμονή des Sohnes der Schuldnerin.

BGU IV, 1154 10 v. Chr.

Ähnliche Quittung wie vor. Gl. hatte einem Geschwisterpaar zwei δάνεια gewährt. Das eine hatte er mit Zinsen zurückerhalten. Für das andere war παραμονή des Sohnes eines der Schuldner vereinbart worden. Es war 7 Jahre gelaufen und zinslos, aber mit Dienstverpflichtung verbunden.

BGU IV, 1126 9 v. Chr.

Synchoresis-Urkunde aus Alexandria zwischen 2 Frauen. Gläubigerin hat der Schuldnerin als δάνειον 100 Drachmen gezahlt. Diese verpflichtet sich nun ihrerseits, anstelle der Rückzahlung der Haupt-

summe, der Zinsen, des (ihr zustehenden?) Verpflegungsgeldes und Kleidergeldes 3 Jahre lang in der der Gläubigerin gehörenden Bierkneipe zu arbeiten, b. Gläubigerin zu bleiben, alles zu tun, was ihr aufgetragen wird, Tag und Nacht dort zu sein und sich nicht ohne Erlaubnis der Gl. zu entfernen. Es folgen detaillierte Bestimmungen über Ersatzpflichten der Schuldnerin hinsichtlich des ihr anvertrauten Gutes, Regelung der Abnützung, Vertragsstrafe zu Lasten der Schuldnerin und der Gläubigerin.
Erfüllt Schuldnerin alle Pflichten, sollen Schuld und Dienstverhältnis nach Ablauf der Zeit erlöschen. Gläubigerin hat dann noch zusätzliche 40 Drachmen an Schuldnerin zu zahlen.

BGU IV, 1139 — 5 v. Chr.

Beschwerde an den Statthalter wegen Kindesentführung durch einen Sklaven nach παραμονή ἄγραφος (?).

Tebt. II, 384 — 10 n. Chr.

2 Brüder erhalten von einem Weber ein ἀργύριον (παραμονῆς?) in Höhe von 16 Dr. Anstelle der Zinsen stellen sie dafür ihren Bruder, der ein Jahr bei dem Weber im Handwerk arbeiten soll und sich weder bei Tage noch bei Nacht vom Gläubiger entfernen darf. Dieser stellt Kost und Unterkunft des Mannes, zahlt seinen Lohn und übernimmt λαογραφία und Webersteuer. Außerdem kommt er für die Bekleidung des Arbeiters auf. Der Mann hat alles zu tun, was ihm aufgetragen wird. Nach Ablauf der Zeit ist das Geld zurückzuzahlen. Gläubiger hat dabei die Quittungen über die öffentlichen Abgaben den Schuldnern auszuhändigen. Vertragsstrafe für den Fall, daß sich deren Bruder unerlaubt entfernt.

P. Mich. V, 241, Z 24ff. — 16 n. Chr.

Kurzgefaßter Auszug aus einer Vertragsrolle. Ein Vater und sein Sohn bekennen gegenüber einem Töpfer, von ihm 40 Drachmen erhalten zu haben. Dafür wird sich der Sohn dem Gläubiger bei Tage in dessen Werkstatt stellen und Lehm treten und auch sonst alles tun, was ihm aufgetragen wird. Er erhält dafür außerdem einen festen Monatslohn, und zwar zunächst für 2 Monate 22 Drachmen und sodann weiter 10 Drachmen pro Monat. Die Kopfsteuer des jungen Mannes, sowie sein Lebensunterhalt und seine Bekleidung gehen zu Lasten der Schuldner. Eine Vertragsstrafe für den Fall, daß der Arbeiter sich entfernt, war wohl vorgesehen, fehlt aber im Text. Die Schuldner werden nach Ablauf der Zeit aus dem Vertrag entlassen.

P. Ryl. II, 128 — ca. 30 n. Chr.

Eingabe eines Ölmüllers an den Epistates der Phylakiten wegen Entlaufens einer Arbeiterin, die von ihren Eltern in παραμονή wegen einer nicht genannten Schuld gegeben worden war. Sie entlief mit Wissen ihres Vaters und nahm Geld und ein Gewand ihres Arbeitgebers mit.

P. Oxy. II, 322 — 36 n. Chr.

Fragment einer Lehrlings-παραμονή.

Mil I (Aegpytus Serie Scientifica I, 1), 7 — 39 n. Chr.

Z. 17—22 Quittung eines Gläubigers über zwei vertragliche Rückzahlungen, insgesamt 80 Dr. Diese schuldete ihm eine Schuldnerin, und zwar 60 Drachmen für παραμονή, 20 als „Darlehen" aus einem nicht mit Sicherheit auszumachenden Grund.

Mich. II, 121 — 42 n. Chr.

Große Vertragsrolle aus Tebtynis mit nachfolgenden Eintragungen betreffend παραμονή:

Vo. II,	17	ὁμολογία παραμονῆς	über 100 Drachmen,	2 Beteiligte,
IV,	14	dto.	über 60 Dr.,	2 Beteiligte,
V,	13	dto.	über 40 Dr.,	2 Beteiligte,
V,	21	dto.	über 60 Dr.,	mehrere Schuldner,
VI,	3	dto.	kein Wert,	2 Beteiligte,
VII,	21	dto.	über 100 Dr.,	2 Beteiligte,
IX,	7	dto.	über 80 Dr.,	mehrere Schuldner,
IX,	8	dto.	über 84 Dr.,	2 Beteiligte,
IX,	18	dto.	über 80 Dr.,	mehrere Beteiligte,
XI,	3	dto.	über 100 Dr.,	2 Beteiligte,
XII,	15	dto.	über 60 Dr.,	mehrere Beteiligte.

Ro. III, 3

ist der Inhalt des VO. II, 17 aufgeführten Vertrages. Schuldner bekennt, von Gl. 100 Dr. erhalten zu haben (argyrion). Gl. gibt ihm monatlich 1½ Artaben (von was?) als Naturallohn und Wolle von 4 Schafen pro Jahr. Außerdem zahlt Gl. für ihn die λαική σύνταξις. Dafür leistet Schuldner παραμονή-Dienste, desgl. anstelle der Zinsen für das ihm gezahlte Geld.
In der folgenden Eintragung machen die beiden gleichen Personen ein anderes Geschäft. Schuldner erhält hier vom Gl. ein „Darlehen" über 16 Dr. in bar mit der Verpflichtung, es an einem festgelegten Tag zurückzuzahlen.

IV, 8

auf dem Vo. nicht eingetragen. Schuldner hat von Gl. 100 Drachmen erhalten (nicht als „Darlehen" bezeichnet) und an Stelle aller Zinsen, sowie gegen ihm zu gewährende Nahrung und Bekleidung verspricht er, sich selbst ein Jahr lang zu stellen, täglich Dienste zu leisten und alles zu tun, was ihm aufgetragen wird. Wegen der Hauptsumme soll der Gläubiger nicht geschmälert werden.

Mich. II, 123 45—46 n. Chr.

Ähnliche große Liste, wie vorher.

Ro II,	5	ὁμολογία παραμονῆς	über 24 Dr., 6 Ob., 2. Beteiligte,
III,	11	dto.	40 Dr., 12 Ob., Schuldner und Frau,
III,	18	dto.	40 Dr., 14 Ob., 2 Beteiligte,
VI,	7	dto. (Öl),	— 12 Ob., 2 Beteilgte,
VI,	41	dto.	24 Dr., 8 Ob. (von denen er 1 Ob. schuldet), Vater und Sohn,
VIII,	3	dto.	60 Dr., 10 Ob., fragm.,
X,	32	dto.	100 Dr., 1 Ob., 2 Beteiligte,
XI,	25	dto.	100 Dr., 2 Dr., Schuldner und Frau,
XII,	37	dto.	100 Dr., 4 Dr., 2 Beteiligte,
XII,	41	dto.	40 Dr., 14 Ob., 2 Beteiligte,
XII,	47	dto.	40 Dr., ? Ob., fragm.,
XIII,	12	dto.	40 Dr., 14 Ob., 2 Beteiligte,
XIV,	7	dto.	fehlt Mann und Frau
XIX,	17	dto.	60 Dr., 2 Dr., dto.
XI,	26	Quittung über Ende der παραμονή,	100 Dr., 8 Ob., für Mann und Frau,
XXII,	11	desgl.	Betrag fehlt, für Mann und Frau.

Mich. II, 124 46—49 n. Chr.

Ähnlich große Liste wie vor.

Ro. I, 15	ὁμολογία παραμονῆς	60 Dr.,	7 Ob.,	2 Beteiligte,
II, 10	dto.	24 Dr.,	6 Ob.,	dto.,
Vo. I, 27	dto.	20 Dr.,		dto. (?),
Mich. II, 125				45 n. Chr.,
Zeile 15	dto.	—.—	6 Ob.,	2 Beteiligte,
Mich. II, 128				46—47 n. Chr.,
III, 19	dto.	44 Dr.,	19 Ob.,	2 Beteiligte.

In allen Eintragungen ist außer den Namen der Beteiligten nur von ὁμολογία παραμονῆς und dem Geldbetrag die Rede, z.B. ὁμολογία παραμονῆς zwischen X und Y, xx Drachmen, yy Obolen.

Mich. V, 237 43 n. Chr.

Kürzere Vertragsrolle.

Zeile	4	ὁμολογία παραμονῆς	Betrag fehlt,	mehrere Beteiligte,
	6	dto.	dto.	2 Beteiligte,
	13	dto.	dto.	Mann und Frau,
	17	dto.	dto.	2 Beteiligte.

Mich. V, 238 — 46. n. Chr.

Umfangreiche Vertragsrolle.

Col. I, 21	dto.	48 Dr.,	8 Ob.,	2 Beteiligte,
II, 56	dto.	60 Dr.,	10 Ob.,	Mann und Frau,
69	dto.	20 Dr.,	7 Ob.,	2 Beteiligte,
104	dto.	24 Dr.,	8 Ob.,	2 Männer,
IV, 167	Quittung über	παρ.,	6 Ob.,	2 Beteiligte,
168	ὁμολογία παραμονῆς	—.—	5 Ob.,	gleiche Beteiligte wie in 167,
207	dto.	24 Dr.,	6 Ob.,	2 Beteiligte,
208	dto.	—.—	8 Ob.,	2 Beteiligte,
212	dto.	500 Dr.,		2 Beteiligte, χάρις dem Gläubiger,
213	dto.	100 Dr.,		2 Bet., wie vor.

Mich. V, 240 — 46—47 n. Chr.

Vertragsrolle

Col. I, 39	ὁμολογία παραμονῆς	54 Dr.,	19 Ob.,	2 Beteiligte,
II, 58	dto.	48 Dr.,	2 Dr.,	dto.

Mich. V, 355 (= PSI VIII, 902, = Montev. 5), — 1. Jhdt. n. Chr.

Ein Weber verpflichtet sich (subjektiv stilisierte Urk.), auf 2 Jahre bei seinem Gl. Dienste zu tun, alles zu tun, was dieser verlangt, insbesondere zu weben. Als Gegenleistung wird Gl. alle Abgaben zahlen (es folgen diese), monatlich eine Artabe Weizen als Arbeitslohn und außerdem jährlich 28 Dr. für Bekleidung und Öl. Schuldner darf sich bei Tage nicht entfernen, sondern muß Gl. überall hin folgen gemäß dem Gesetz. Vertragsstrafe. Es fehlen jedwede Angaben über evtl. Vorauszahlungen.

P. Fouad 37 — 48 n. Chr.

Lehrlings-παραμονή.

Oxy. II, 275 — 66 n. Chr.

Lehrlings-παραμονή.

PSI X, 1120 — 1. Jhdt. n. Chr.

Schluß eines Vertrages über παραμονή. Es sind nur noch die Schlußklauseln erhalten. Offenbar lief der Vertrag auf ein Jahr. Wenn Schuldner ihn erfüllt, und dann erst heimkehrt, soll er frei sein von 24 Silberdrachmen und allen Verpflichtungen aus dieser παραμονή.

Oxford 10 — Anfang 2. Jhdt. n. (Trajan)

Ares und seine Frau bekennen, von Lucius Bellenus Gemellus 20 Silberdrachmen bar erhalten zu haben. Anstelle der Zinsen wird der Mann ein Jahr lang die Schweine des Gläubigers versorgen. Für diese Arbeit erhält er einen Monatslohn, alles einbegriffen, von 20 Silberdrachmen, darf sich aber während des Jahres nicht entfernen. Vertragsstrafe für den Fall des Verlassens : 2 Dr. pro Tag, zusätzlich das empfangene Geld plus ½. Nach Ablauf der Zeit muß Schuldner die 20 Silberdrachmen zurückzahlen, geht er vorher, das Doppelte.

Dura 20 — 121 n. Chr.

Pergament aus Paliga (ehem. Seleukidenreich). Der Schuldner bekennt, von seinem Gl. ein „Darlehen" in Höhe von 400 Dr. bekommen zu haben, wofür er zunächst einmal seine ganze Habe verpfändete. Anstelle der Zinsen muß Schuldner dem Gl. während der Laufzeit (ein Jahr) des „Darlehens" Knechtsdienste leisten und alles tun, was ihm aufgetragen wird. Er darf sich weder bei Tage noch bei Nacht vom Gl. ohne dessen Einverständnis entfernen, muß vielmehr für jeden Tag des Zuwiderhandelns 1 Dr. zahlen. Ist er länger als 7 Tage krank, gilt das gleiche. Gl. stellt den Unterhalt und die Bekleidung. Flucht, Tod, Schäden und sonstige Gefahren gehen den Gl. nichts an. Den Betrag und evtl. Schadenersatz hat Schuldner nach einem Jahr zurückzuzahlen, andernfalls hat er so lange weitere Dienste zu leisten, und zwar zu gleichen Bedingungen, bis das Geld zurückbezahlt ist.

Dura 21 — 1. Hälfte des 2. Jhdt.

ist der Schluß eines ähnlichen Vertrages mit fast gleichen Klauseln.

Cairo Preisigke 31 — 139/140 n. Chr.

Vertragsmelderolle. (a. d. Faijum). Fragment 14 (Z. 61—66) scheint παραμονή zu sein,
Fragment 3 (Z. 7—12) dürfte ebenfalls παραμονή gewesen sein. (= Ross. Georg II, 18 Z. 299—304)

P. Ross. Georg. II, 18 — 140 n. Chr.

Große Melderolle von Bankdiagraphai (a. d. Faijum). Z. 77—82 scheint παραμονή gewesen zu sein. Es ist von einem Angeld, πρόδομα, von 24 Dr. monatlichem Lohn und von der Verpflichtung zum Bleiben die Rede. Es scheinen Dienste beim Beheizen einer Badeanstalt geschuldet gewesen zu sein.
Z. 108—114 dürften ebenfalls παραμονή gewesen sein. Es ist von πρόδομα die Rede. Offenbar hat der Schuldner seinen Bruder gestellt. Strafklausel f. d. Fall des Nichtbleibens ist erkennbar.
Z. 151—154 handeln ebenfalls von παραμονή und einer damit im Zusammenhang stehenden vertraglichen Vorauszahlung.
Z. 273—276 wieder παραμονή.
Z. 299—304 (= Cairo Preisigke 31 Fragm. 3). Schuldner hat ein πρόδομα erhalten und verpflichtet sich, Dienste zu leisten und alles,

was dazu gehört, gewissenhaft zu erfüllen. Dafür erhält er einen Tageslohn von ... Dr. 9 Obolen. Verpflichtung, sich Tag und Nacht nicht zu entfernen. Rückzahlungspflicht des πρόδομα und Strafklausel erkennbar.

Z. 345—348 (= Cairo Preis. 31, Z. 51—54) handelt von παραμονή.

P. Flor. I, 44 — 158 n. Chr.

Bankdiagraphe aus Arsinoe. Gl. gibt einer Ehefrau ein „Darlehen" in Höhe von 120 Dr. Hauptsumme. Anstelle der Zinsen dafür geben sie und ihr Ehemann, der bei dem Geschäft als κύριος und Bürge seiner Frau mitwirkt, den gemeinsamen Sohn dem Gl. in Dienst. Gl. muß ihn ernähren und bekleiden. Sohn muß bei ihm bleiben, alles tun, was ihm aufgetragen wird und darf sich nicht ohne Wissen des Gl. entfernen. Wenn er aber aus irgendwelchem Verschulden wegbleibt, müssen die Eltern an seiner Stelle einen anderen (Sohn?) stellen (so Ergänzungen in BL, 1).

P. Aberdeen 56 — 176 n. Chr.

Beginn einer παραμονή-Urkunde. Schuldnerin bekennt, vom Gl. ein „Darlehen" von 200 Dr. unter der Bedingung bekommen zu haben, daß sie in seinem Hause bleibt und alles tut, was ihr aufgetragen wird, wobei sie Nahrung und Verpflegung erhält. Rest fehlt.

Oxy. IV, 725 — 183 n. Chr.

Lehrlings-παραμονή.

Dura 17 D — ca. 180 n. Chr.

Vertragsrolle. „Darlehen" über 780 (?) Dr. Sicherung Generalhypothek am Vermögen des Schuldners. Außerdem muß dieser Knechtsdienste leisten und darf sich weder bei Tage noch bei Nacht entfernen. Strafklausel noch erkennbar. Rest fehlt.

PSI VI, 710 (= Montevecchi 11) — 2. Jhdt.

Ein Sklavenkind wird in παραμονή gegeben. Schluß d. Vertrages erhalten. Vielleicht nur reine Sklavenmiete oder Lehrvertrag (?).

Oxy. X, 1295 — 2. oder Anfang 3. Jhdt.

Schreiben einer Mutter an einen gewissen Dionysios mit der Drohung ihren Sohn von ihm wegzunehmen. Das Wort παραμονή kommt im Text nicht vor, doch scheint der Sohn bei D. gewesen zu sein, um dort Dienste zu leisten. Es ist von Aufwendungen der Mutter für ihn und von Lohn die Rede.

SB V, 7612 (= Aeg. 13, 1933, 651 f.) — 2./3. Jhdt. n. Chr.

2 Texte über Abarbeiten vorausbezahlten Arbeitslohnes. Im ersten erklärt der Gläubiger gegenüber einer Frau und deren κύριος, der

aber nicht ihr Ehemann zu sein scheint, daß sie von ihm 400 Silberdrachmen als vorausbezahlten Arbeitslohn von 5 Jahren und 8 Monaten erhalten hätten. Dafür muß der Sohn der Frau, Atreias, in Alexandria Dienste in einer Küche und Schenke leisten (die wohl dem Kapitalgeber gehört haben?). Er darf während der Zeit weder fehlen, noch augenkrank werden, sondern muß solche Tage, an denen er aus diesen Gründen fehlet, nach Ablauf der Zeit nacharbeiten. Sollte er während der Zeit sterben, ist dem Geldgeber ein entsprechender Anteil des Kapitals zurückzugeben. Hält er aber aus, so bekommt die Frau ein Kleid im Wert von 12 Drachmen.
Im 2.Text ist weiter davon die Rede, daß der Kapitalgeber den Jungen weiter „vermieten" darf, ihn aber auch in diesem Fall verpflegen und bekleiden muß. Die Nachdiene-Verpflichtung ist ausgedehnt auf jeden anderen Grund außer Krankheit. Weiter muß der Junge alles unversehrt zurückstellen, was ihm übergeben wurde. Die Rückzahlungsverpflichtung im Fall des Todes ist präziser gefaßt auf „der Zeit entsprechend, die er nicht gearbeitet hat", und hier soll nicht die Frau etwas bekommen, falls der Junge durchhält, sondern der Mann. Was das sein soll, ist nicht mehr erkennbar.
Das Wort παραμονή kommt im Text nicht vor, in der Sache kann aber kaum Zweifel daran bestehen, daß es sich um eine solche handelt.

P. Rein. II, 113 ca. 263 n. Chr.

Bittbrief eines alten, fast erblindeten Schmiedes an einen hohen Herren, ihm „zu Füssen" dienen zu dürfen. Empfänger möge sich des alten Mannes erbarmen und ihn in seiner Schwäche beschützen. Dafür wolle er alle Arbeiten erledigen, die Empfänger ihm übertrage, ohne Lohn aber gegen Gestellung des Materials. Absender scheint in seinem Dorf noch Lehrlinge zu beschäftigen, die er noch weiter beaufsichtigen möchte (?). Den Schluß bildet die Bitte, den Phrontistes von Bebrychos anzuweisen, ihm das freizugeben (?), was er dort habe, damit er die ihm aufgetragenen Arbeiten erledigen könne.
Der Text spricht zwar nicht von παραμονή, aber dem Absender schwebt wohl ein solches Verhältnis vor.

P. Mich. inv. 2819 (= SB IV 7358) um 280 n. Chr.

Eine Frau Aurelia Taesis bekennt gegenüber einer Aurelia Thaisarion ein Kapital von 18000 Drachmen (3 Talenten) bekommen (ἀργύριον) und es für eine Schuld ihres Vaters ausgegeben zu haben. Sie verpflichtet sich, bei der Gläubigerin zu bleiben und dort für die Zinsen des Kapitals Webe- und sonstige Hausarbeiten zu verrichten. Wenn sie zurücktreten will, muß sie unverzüglich die 3 Talente zurückzahlen. Vollstreckungsklausel für Gl.

Oxy. XX, 2282 spätes 3. Jhdt.

kleines Fragment, wohl Dienstvertrag. Lediglich die Lohnregelung ist erhalten.

Oxy. VIII, 1122 (= Montevecchi 14) 407 n. Chr.

Beginn einer παραμονή-Urkunde, in der Schuldner sich verpflichtet, beim Gl. zu bleiben, mit ihm in die Fremde zu reisen und ihm in allen Aufträgen zu gehorchen. Dafür ist Gl. verpflichtet, ihn zu verpflegen und zu bekleiden. Rest fehlt, so daß keine Bestimmung über Zahlungen etc. erkennbar ist.

P. Rein. II, 105 432 n. Chr.

Eine Urkunde, in der sich ein Teppichweber verpflichtet, sein Handwerk ein Jahr lang beim Gl. auszuüben. Sie enthält zwar die typischen παραμονή-Merkmale, jedoch kommt das Wort (wohl wegen des schlechten Erhaltungszustandes) selbst nicht vor.

P. Oxy. I, 140 (= Montevecchi 17) 550 n. Chr.

Inhaltsangabe siehe unten, S. 38, Anm. 75, Dienste eines Stallmeisters.

P. Straßbg. I, 40 (= Montevecchi 19) 569 n. Chr.

Sehr ausführlicher Dienstvertrag zw. Flavius Phoibammon als Gl. und Aurelios Kolluthos, Sohn des Victor, als Schuldner, für den sich Aurelios Kolluthos, Sohn der Xergios, in allen Einzelheiten verbürgt. Schuldner nennt sich Z. 24 φαμιλιάριος ἑδραῖος κατάδουλος παῖς, Hausbediensteter in fester Stellung eines Haussklaven. Er verpflichtet sich, auszuharren und zur Stelle zu sein, betont, daß er freier Mann ist, nicht bestraft oder sonst sich einer bösen Tat schuldig gemacht hat. Er muß dem Gl. aufwarten und seinen Dienst einwandfrei, ehrlich, sachkundig bei Erledigung der täglichen Geschäfte, allen Anforderungen gewachsen, verrichten. Er verpflichtet sich, auf den gesamten Dienst die nötige Sorgfalt zu verwenden mit der Emsigkeit (?) eines Untergebenen, sei es daheim, sei es außerhalb, unverdrossen und ohne Lässigkeit, sowie keinesfalls die Stelle zu verlassen. Der Vertrag läuft 4 Jahre. Lohn pro Jahr 10 Artaben Weizen, Kleidergeld 1 Goldsolidus — 5 Keratien (= 19 Keratien), ferner 4 Art. Gerste, 12 Xestai Öl und 24 Knidien Wein, alles per Jahr. Dazu kommen die üblichen kleinen Spenden, Festtagsspenden und Gaben zum Erntefest und alle sonstigen Zuwendungen, die Hausgenossen üblich erhalten.

Der Bürge steht für alles das ein, was den Schuldner betrifft, einschließlich Gesinnung und freie Entschließung sowie der Möglichkeit der Durchführung des Dienstvertrages. Seine Haftung erstreckt sich auch darauf, daß Schuldner alle Gegenstände unbeschädigt zurückstellt, weder Diebstahl noch Flucht begeht.

Die Vertragsstrafe (wohl nur zu Lasten des Schuldners und seines Bürgen) beträgt 12 Goldsolidi. Kyria- und Stipulationsklausel. Das Verbum παραμένειν findet sich nur in Z. 30. Die Parteien selbst nennen ihre Vereinbarung eine μισθωτική ὁμολογία (Z. 12/13, 20, 25) bzw. μίσθωσις (Z. 54).

Cairo Masp. 67 023 (= FIRA III, 12) 569 n. Chr.

Pfandvertrag zwischen dem *scriniarius* der Kanzlei des *dux* der Thebaidis und einer Pökelfischhändlerin zwecks Auslösung der durch den Vater der Händlerin verpfändeten jüngeren Tochter. Der Vater hatte in großer Not die eine Tochter gegen einen Goldsolidus zur Dienstleistung verpfändet. Ihre Schwester versucht nun nach dem Tod des Vaters die Auslösung. Sie hat sich die Hälfte des Betrages erspart. Da der Rest des Textes fehlt, ist nicht ersichtlich, ob sie durch diese Urkunde mit dem *scriniarius* ein Darlehen über die andere Hälfte vereinbart (aber wahrscheinlich, so Meyer, JurPap Nr. 12).

Princ. II, 78 6. Jhdt.

ist der Beginn einer Eingabe an eine städtische Behörde, durch die sich ein Bürger beschwert, daß er den Sohn eines Mannes vor 7 Zeugen entlassen, aber 2 Keratien nicht bekommen habe. Wahrscheinlich παραμονή für eine Geldleistung an den Vater (?).

PSI XIII, 1344 6. Jhdt.

Entwurf eines Briefes. Der Schreiber erklärt, er habe einen παῖς παραμένων, bei dem er fesgtestellt habe, daß dieser ihn öfters mißachtet habe, weswegen er ihn ins Gefängnis gebracht habe. Jetzt möge man die Gefängnisleitung anweisen, den παραμονάριος 3 Tage lang freizulassen, damit er — Schreiber — das bekomme, was ihm von diesem geschuldet werde.

P. Jand. 62 6. Jhdt.

Subj. stil. Fragment. Der Erklärende hatte seine Schwester zur Sicherung eines „Darlehens" in Dienste gegeben, damit sie im Hause (der Gläubigerin?), Knechtsdienste verrichte. Diese muß Nahrung und Verpflegung stellen. Schuldner darf Schwester nicht vor Ablauf der vereinbarten Zeit wegnehmen (Rest fehlt, große Lücken im Text).
Obwohl das Verbum παραμένειν im erhaltenen Fragm. nicht vorkommt, handelt es sich offenbar um παραμονή.

SB VI, 9456 (= Festschrift A. Steinwenter S. 126) 594 n. Chr.

Subjektiv stilisierte Dialysis-Urkunde aus Arsinoe, durch die der Aussteller, der Inhaber einer Garküche, namens Petros einen Prozeß mit einem Koch namens Paulos beendet. Letzterer war als Lohnarbeiter, μίσθιος, von Petros in seine Garküche aufgenommen worden und hatte seine Arbeit dort, παραμονή, im Stiche gelassen. Daraufhin verklagte Petros ihn „wegen Diebstahls, den Du so gegen mich begangen hast" (περὶ κλοπῆς ὡς γεναμένης μοι παρὰ σοῦ). Beide prozessierten lange miteinander, bis Paulos dem Petros schließlich vergleichsweise ... Goldsolidi zahlte. Petros erklärt jetzt, daß er voll zufrieden gestellt sei und verzichtet auf weiteres Vorgehen gegen Paulos. Vertragsstrafe für den Fall erneuten Vorgehens 2 Goldsolidi. Kyria-Klausel, Stipulationsklausel.

P. Grenf. II, 87 (= Montevecchi 24) 602 n. Chr.

Vertrag eines Purpurfärbers und seiner beiden Söhne als Schuldner mit einem Tuchmacher als Arbeitgeber. Die Schuldner bekennen, vom Gl. als Vorauszahlung (προχρεία) auf ihre Färberdienste je 5 Goldsolidi — 6 Keratien unter der Bedingung erhalten zu haben, daß sie beim Gl. bleiben, sich in seinem Unternehmen niederlassen und für ihn ihre Färberei von Anfang bis zu Ende (= in vollem Umfang) ausüben. Für jeden Goldsolidus — 6 Keratien wollen sie 225 Bündel Stoff färben. Sie stellen selbst die Gerätschaften und dürfen sich nicht von der Arbeit entfernen, bis daß diese völlig beendet ist. Tun sie es dennoch, haben sie außer der Vorauszahlung noch einen Solidus — 6 Keratien zu zahlen. An einem Tag in der Woche bekommen sie vom Gl. für jedes gefärbte Bündel 2 Folleis. Kyria- und Stipulationsklausel ähnlich Straßbg. I, 40.

Stud. Pal. XX, 219 (= Montevecchi 25) 604 n. Chr.

Hier bekennt eine Witwe, daß sie ihren Sohn dem Gl. auf ein Jahr als Stalldiener vermietet habe. Er muß beim Gl. bleiben und Stalldienste verrichten. Lohn für dieses Jahr: 1 Goldsolidus, 5 Artaben Weizen und 6 Sextarien Öl. Davon hat die Mutter den Solidus bereits als Vorauszahlung erhalten und verpflichtet sich, den Sohn nicht vor Ablauf des vereinbarten Jahres aus der Stelle zu nehmen, andernfalls muß sie das Geld zurückzahlen. Stipulationsklausel.

P. Nessana 56 687 n. Chr.

Der Text stammt nicht aus Ägypten.
Ein Vater zahlt einem arabischen Gl. 50 Goldsolidi, wovon dieser 20 wieder zurückgab, so daß ihm 30 zukamen. Grundlage der Zahlung war eine Vereinbarung (hier nicht näher genannt) wegen des Sohnes des Zahlers. Gl. erklärt, daß Vater nunmehr gehen könne, wohin er wolle und er, Gl., keine Ansprüche mehr gegen ihn wegen seines Sohnes habe. Die gleiche Erklärung gibt er wegen des Sohnes ab, auch zu Lasten seiner, des Gl., Nachfolger und Erben.
Der P. ist zweisprachig griechisch und arabisch. Gegenstand des Rechtsgeschäftes zwischen Vater und Gl. war παραμονή des Sohnes gegen „Darlehen", wie Herausgeber annimmt.

P SB I 4490 (= Montevecchi 30) 7. Jhdt.

Der παραμονάριος Theodoros verpflichtet sich gegenüber einer hochgestellten Persönlichkeit in Arsinoe auf ein Jahr in dessen Dienste zu treten („Ich bekenne, mich selbst vermietet zu haben") und alles auszuführen, was ihm befohlen wird, sei es in der Stadt, sei es auf dem Lande. Lohn: 9 Art. Weizen und ein Goldsolidus aus 23 Keratien Wechselgeld, den er schon empfangen hat. Außerdem bekommt er alle sonst noch üblichen Zuwendungen anläßlich der Ernte und der Feiertage. Wenn er vor Ablauf des Jahres aus der παραμονή gehen will (so wörtl. im Text), muß er alles, war er vom Gl. schon an Lohn erhalten hat, wieder zurückgeben und ohne Lohn gehen. Kyria- und Stipulationsklausel.

Koptische Texte zur παραμονή[26]

Arb. 10 (CPR IV, 158)

„Dies ist das Übereinkommen, das zwischen mir und Dir zustande gekommen ist, daß Du für mich arbeitest von heute an, ... (und zwar) jede Arbeit, die ich Dir auftragen werde, sei es auf dem Felde, sei es in der Stadt ..."

Arb. 11 (CPR IV, 159)

„Dies ist das Übereinkommen, das ich mit Plutare (?) abgeschlossen habe, daß er bei mir, Zacharias, bleibt von heute an ..."

Arb. 13 und 14 (CPR IV, 160, 161)

erwähnen im Text ausdrücklich den παραμονάριος in koptisierter Umschreibung. Er ist verpflichtet, vom Tage des Vertragsschlusses an beim Arbeitgeber zu verbleiben und jede Arbeit zu verrichten, die ihm als Diener aufgetragen werde, sei es auf dem Feld, sei es in der Stadt[27].

---

[26] Die Texte sind mir sprachlich nicht unmittelbar zugänglich. Ich folge der Zusammenstellung und Übersetzung von Till in der Taubenschlag-Festschrift (EOS 48, 1, S. 273ff.). Vgl. auch seine Vorbemerkung zu den Arbeitsverträgen in der Neuedition der koptischen Rechtsurkunden der Wiener Sammlung, CPR IV, S. 140. Die ummerierung entspricht hier der der Taubenschlag-Festschrift, dahinter die neue Nummer im CPR. Die Texte dürften sämtlich aus dem 7. oder 8. Jahrhundert stammen.

Zur Frage, ob das „Bleiben" in den kopt. Texten dem griechischen παραμένειν gleichzusetzen sei, nimmt auch Till an, daß es sich um länger dauernde Dienstverpflichtungen handele (Taubenschlag-Festschrift, S. 283).

[27] In Arb. 13 ist auch der Arbeitgeber ein παραμονάριος, worauf Till (S. 285) besonders hinweist. Bemerkenswert ist seine Stellungnahme, daß παραμένειν hier „lieber mit ‚(dir) dienen', als ‚(bei Dir) bleiben' zu übersetzen" sei.

Arb. 21 (CPR IV, 163)
läßt erkennen, daß eine Frau für alle Arbeiten gedungen wird.

Arb. 22 (Ryl. 140)
handelt von der Verrichtung aller Arbeiten auf dem Felde oder in der Stadt.

Arb. 25 (CPR IV, 164)
enthält das Versprechen eines Arbeitnehmers, weiterhin als Gehilfe beim Arbeitgeber zu arbeiten „und jede Arbeit zu verrichten, die Du und Deine Gattin mir zuweisen".

Arb. 33 (CO 106)
enthält das Versprechen eines Klerikers gegenüber einem Klostervorsteher, ins Kloster zu kommen und dort einen Monat lang jede handwerkliche ἐργασία-Arbeit zu verrichten.

§ 5. Zur Herkunft der παραμονή-Urkunden

a) Ihre zeitliche Einteilung

1. Ptolemäerzeit

Aus der vorne gebotenen Aufstellung der Texte wird ersichtlich, daß die Zahl derer aus der Epoche der Lagidenherrschaft gering ist. Das mag an den Fundumständen liegen, und jeder Tag kann mit neuen Funden auch ihre Zahl vermehren.

Aus dem großen Zenonarchiv stammen nur 2 Texte, die zugleich die beiden frühesten derzeit bekannten Urkunden sind, und nur einer von ihnen enthält das Substantiv παραμονή selbst, obwohl der Sache nach wenig Zweifel daran bestehen kann, daß auch der andere Papyrus hierher gehört[28].

Aus der bekannten Enteuxeis-Gruppe aus Médinet-en-Nahas stammt ein weiterer Text der frühen Ptolemäerherrschaft[29], während

[28] Die Zenon-Texte sind Cairo Zenon IV, 59636, undatiert, und PSI IV, 424, ebenfalls undatiert. Daß es sich auch hier um παραμονή handelt, wird auch von Westermann, a.a.O. S. 35f. angenommen, ebenso Seidl, PtolRG², S. 146.

Bei der Cairener Urkunde ist allerdings nicht ganz auszuschließen, daß es sich um eine sog. Gestellungsbürgschaft handelte, wie etwa P. Mich. Zen. 70 (237 v. Chr.). Dies hätte mit παραμονή dann nichts zu tun. Vgl. Seidl a.a.O. S. 12, Westermann a.a.O. S. 15, bes. Anm. 22, Koschaker, Über einige griechische Rechtsurkunden aus den östlichen Randgebieten des Hellenismus, Leipzig 1931, S. 22, Anm. 2.

[29] P. Ent. 48, zu den Fundumständen vgl. die Ausführungen von Guéraud in der Ed. S. IX ff., ferner Seidl, PtolRG², S. 44.

2 weitere aus einem Grapheion herzukommen scheinen[30]. Der letzte und zugleich rechtsgeschichtlich sehr interessante Fall der Selbstversklavung[31] wurde in Oxyrhynchos gefunden und gehört der ausgehenden Ptolemäerherrschaft an (Cleopatra und Caesarion). Auf die Fragen eventuell archivalischer Zusammenhänge werden wir im Anschluß an die zeitliche Einteilung gesondert zurückkommen.

2. Prinzipatszeit

Für die Römerzeit waren die Fundumstände bisher wesentlich günstiger. Während der ganzen Prinzipatszeit[32] läßt sich die παραμονή in zahlreichen Texten nachweisen, ganz besonders in den großen Registern aus Tebtynis, deren frühestes in das Jahr 16 n. Chr. datiert wird, während der Schwerpunkt in den Jahren 46 bis 49 n. Chr. liegt. Die beiden spätesten Urkunden aus dieser Epoche dürften die P. Mich. Inv. 2819 (= SB IV 7358) und Oxy. XX, 2282[33] sein. Bis zu ihnen können wir unschwer von einer lückenlosen Tradition mit Schwerpunkt im 1. nachchristlichen Jahrhundert sprechen. Im 3. Jahrhundert ist allerdings ein bemerkenswertes Absinken der Quellen festzustellen, was vielleicht mit den wirtschaftlichen Krisen jener Zeit in Zusammenhang gebracht werden kann[34]. Ein Hinweis auf diese findet sich in P. Rein. II, 113, diesem menschlich rührenden Dokument, in dem ein alt und schwach gewordener fast erblindeter Schmied um den Schutz eines Großen, des Antonios Philoxenos, nachsucht[35]. Bemerkenswert ist auch P. Mich. Inv. 2819, ein Vertrag zwischen 2 Frauen, bei denen es um ein Kapital von 18000 Drachmen geht, das die eine der anderen zur Verfügung stellt. Hier spürt man deutlich den enormen Verfall der Währung gegen Ende der Prinzipatszeit, dem Diokletian durch sein Höchstpreisedikt zu steuern suchte[36]. Eine derartige Summe

---

[30] P. Tebt. III, 815 und BGU VI, 1258, letzterer wohl aus Hermupolis.

[31] PSI V, 549 (= Montevecchi 1), vgl. oben S. 9.

[32] 27 v. Chr. bis 284 n. Chr.

[33] Zu den Registern aus Tebtynis vgl. Westermann, a.a.O. S. 16, sowie im Anschluß an diesen Abschnitt, unten S. 27ff.

[34] Zu der wirtschaftlichen Lage im 3. Jhdt. vgl. Ostrogorsky, Geschichte des Byzantinischen Staates, 2. Aufl., München 1952 (= Handbuch der Altertumswissenschaft, begr. von Iwan Müller, 12. Abt., I, 2), S. 23f. m. weiteren Nachweisen, weiter Mickwitz RE „Inflation", Suppl. VI, 127ff.

[35] Er läßt sich in den Papyri mehrfach nachweisen, vgl. den Kommentar d. Herausgebers in der Edition S. 79. Man wird nicht fehlgehen, in ihm einen reichen Grundeigentümer zu sehen.

[36] 301 n. Chr., vgl. Blümner-Mommsen, Der Maximaltarif des Diocletian, 2. Aufl., Berlin 1958.

läßt sich vorher zu keiner Zeit in den Texten nachweisen. 100 Drachmen waren in Zeiten fester Währung schon Ausnahmen, wenngleich sich gelegentlich auch höhere Beträge nachweisen lassen[37].

3. Byzantinerzeit

Aus dem ganzen 4. Jahrhundert ist bis jetzt noch kein Beleg für παραμονή ans Tageslicht gekommen, während aus dem 5. bisher auch nur ein einziger zu existieren scheint[38]. Erst ab 550 n. Chr. beginnen die Texte wieder in größerem Maß zu fließen. Dazwischen liegt eine Unterbrechung von ca. 270 Jahren. Es wäre aber falsch, anzunehmen, daß während dieser Zeit der Begriff παραμονή verschwunden und fast 300 Jahre später plötzlich wiederaufgetaucht wäre. Daß dem nicht so war, ergibt sich aus P. Oxy. VIII, 1122 (407 n. Chr.), in dem sich der Schuldner verpflichtet, beim Gläubiger zu bleiben, „παραμένειν παρά σοι" (Z. 9).

Es ist nun allerdings nicht zu übersehen, daß mit den byzantinischen Urkunden Formen auftauchen, die bislang nicht nachweisbar waren. Hatte sich der Gläubiger bisher nur mit Strafklauseln seinem Schuldner gegenüber gesichert, so treten jetzt auch die Kyria- und Stipulationsklausel in Erscheinung. Man gebraucht zwar noch den Begriff παραμονή und spricht von παραμένειν beim Gläubiger, das Rechtsgeschäft nennt sich aber jetzt μίσθωσις bzw. μισθωτική ὁμολογία oder ähnlich. Der Schuldner spricht davon, daß er sich selbst seinem Gläubiger vermietet habe, „μεμισθωκέναι ἐμαυτόν", oder ähnlich[39]. Es ist unverkennbar, daß inzwischen römisch-rechtliche Vorstellungen von der *locatio-conductio* auch in das Recht Ägyptens ihren Einzug gehalten haben. Ob sich daraus Änderungen in der Rechtsnatur der παραμονή ergeben haben, wird zu untersuchen sein[40].

---

[37] Vgl. die Eintragungen P. Mich. II, 121, 123 und V, 238. Höhere Summen: 120 Dr (Flor. I, 44), 200 (Aberdeen 56), 300 (BGU IV, 1153 II), 400 (Dura 20), 780 (Dura 17D), die beiden letzten allerdings aus dem Partherreich. Vgl. Westermann, a.a.O. S. 36, bes. Anm. 88, Mickwitz a.a.O. (oben Anm. 34).

[38] P. Oxy. VIII, 1122 (= Montevecchi 14).

[39] Vgl. den sehr ausführlichen P. Strassbg. I, 40 (= Montevecchi 19), als wohl instruktivsten Beleg. Weiter P. Grenf. II, 87 (= Montevecchi 24), Stud. Pal. XX, 219 (= Montevecchi 25), SB I 4490 (= Montevecchi 30). Außer der neuen Terminologie ist aber auch der berüchtigte sog. Byzantinische Schwulst zu beobachten. Die Texte sind allgemein wesentlich breiter gehalten als zuvor. Vgl. dazu Zilliacus, „Zum Stil und Wortschatz der byzantinischen Urkunden und Briefe", MPÖN 1956, 157ff.

[40] Vgl. dazu unten, S. 98ff.

Aus der Araberzeit liegen nur wenige Texte in griechischer Sprache vor, von denen zudem einer nicht aus Ägypten, sondern aus dem Negev-Gebiet im südlichen Palästina stammt[41].

4. Die koptischen Urkunden

Dagegen sind aus der ausgehenden byzantinischen und frühen arabischen Zeit zahlreiche Urkunden in koptischer Sprache bekannt, unter denen sich auch solche arbeitsrechtlichen Inhalts finden. Aus diesen wird erkennbar, daß die παραμονή unter der koptischen Bevölkerung weiterhin im Gebrauch war[42]. Zwar bringen diese Texte keine wesentlich neuen Erkenntnisse, sie runden aber das Bild ab, das uns die Existenz der παραμονή in Ägypten durch mehr als ein Jahrtausend hindurch verfolgen läßt[43].

b) Die örtliche Herkunft der Urkunden

Unsere Texte stammen fast alle aus Ägypten selbst. Lediglich die Urkunden Dura 20, 21 und 17 D, sowie Nessana 56, sind nicht ägyptischen Ursprungs. Die drei ersten Belege kommen aus Dura-Europos am Euphrat, das damals zum Partherreich gehörte. Nessana war eine byzantinische Festung im südlichen Palästina, die nach der Eroberung des Landes durch die Araber verfiel. Diese Herkunft führt jedoch nicht zu einer abweichenden Würdigung der Urkunden, da sich, wenigstens was παραμονή betrifft, keine durchgreifenden äußeren Unterschiede zu den Texten aus Ägypten feststellen lassen[44]. Es ist daher gerechtfertigt, sie im Rahmen dieser Untersuchung mitzubehandeln.

---

[41] P. Nessana 56 (aus Palästina) und BGU II, 404.

[42] Vgl. die Zusammenstellung oben, S. 22f.

Die von Till unter der Überschrift „Abtragen einer Schuld durch Arbeitsleistung" aufgeführten Fälle (EOS 48, 1, S. 306ff.) haben sämtlich keine παραμονή zum Gegenstand, sondern beziehen sich auf Ackerbestellung als Gegenleistung anstelle der Rückzahlung einer vom Gläubiger dem Schuldner vorher gezahlten Summe, wobei es sich um einfache Vorauszahlung des Arbeitslohnes für eine einmalige Leistung gehandelt haben wird. Vgl. dazu Tills Anmerkung zu Arb. 42 im gleichen Sinne.

[43] Zum koptischen Recht vgl. Steinwenter, Das Recht der koptischen Urkunden, München 1955. Zum Arbeitsrecht dort S. 39ff. Dazu die Besprechung von Seidl, SDHI 21, 1955, 451. Weiter auch A. A. Schiller, Coptic Documents, Z. f. vgl. Rechtswissensch. 60, 1957, 190ff.

[44] Vgl. zu den Dura-Texten die Bemerkungen von Welles zu Nr. 20, S. 113 m. weiteren Angaben (Anm. 24—26), weiter Seidl, SDHI 27 (1961).

Zu Nessana vgl. die Besprechung von Seidl, SDHI 24 (1958), 407, wo mit

Die Dura-Texte sprechen nun zwar davon, daß der Schuldner δουλικὰς χρείας, Sklavendienste, verrichten müsse, während sich dies in den gleichzeitigen Texten aus Ägypten nicht findet. Dennoch kann hieraus nichts Abweichends gefolgert werden. Denn es ist das gleiche gewollt, was sich aus dem erklärenden Zusatz in Dura 20 Z. 8 ergibt: ποιῶν τὰ προστασσόμεν[α] [αὐτῶι πά]ντα, der sich mit den Bestimmungen der allgemeinen Dienstpflicht der ägyptischen Texte deckt. Man wollte nur den umfassenden Charakter der zu leistenden Dienste herausstellen. Im übrigen ist es nicht ohne Interesse, daß sich gerade in den Delphischen Freilassungen ähnliche Klauseln feststellen lassen. Dort ist davon die Rede, daß der Freigelassene weiter Dienste verrichten müsse ὡς δοῦλος oder δουλεύων[45]. Ob sich allerdings hieraus eine Verbindung zwischen dem Recht in Dura-Europos und dem in Delphi herstellen läßt, muß eine offene Frage bleiben.

Innerhalb der ägyptischen Urkunden lassen sich Unterschiede nach dem Herkunftsort nicht feststellen. Die Klauseln decken sich in den wesentlichen Punkten, so daß rechtlich erhebliche Abweichungen, bedingt durch unterschiedlichen lokalen Gebrauch, nicht ermittelt werden können. Selbstverständlich hat sich der Urkundenstil im Laufe der Zeit gewandelt, teils sind die Texte subjektiv, in anderen Teilen objektiv stilisiert. Für ihre Rechtsnatur ergeben sich aber aus diesen Formalia allein keine Konsequenzen.

c) Archivalische Zusammenhänge

In den letzten Jahrzehnten hat die Methode der Archivforschung in der juristischen Papyruskunde an Boden gewonnen. Mit ihrer Hilfe ist es möglich, das enorm gewachsene Papyrus-Material übersichtlich zu machen und daraus bessere Erkenntnisse rechtgeschichtlicher Zusammenhänge zu gewinnen. Je nach dem Inhalt der Texte lassen sie sich in „Familienarchive“, „Buchführungs-“ und „Amtsarchive“ unterteilen. Bisher ist jedoch nur das ptolemäische Material eingehend nach archivalischen Zusammenhängen studiert worden[46]. Bei den hier zu behandelnden, über ein ganzes Jahrtausend verstreuten Dokumenten fällt es naturgemäß schwer, Zusammengehöriges zu finden.

Recht betont wird, daß die spätantiken Formulare in Palästina die gleichen sind, wie in Ägypten. Dazu im gleichen Sinne auch H. J. Wolff in seiner Besprechung beider Editionen in ZSS 77 (1960), 447.

[45] Dies hat Westermann nachgewiesen, der in seiner Betrachtung über die παραμονή von den Delphischen Freilassungen ausgeht, vgl. a.a.O. S. 13, bes. Anm. 12, 13.

[46] Vgl. dazu Seidl, PtolRG², S. 15ff.

Für die Ptolemäerzeit spielt zunächst nur das Zenonarchiv im Zusammenhang mit unsern Texten eine Rolle. Es ist das umfangreichste, das bisher in Ägypten ans Tageslicht gekommen ist. Leider ist es noch immer nicht vollständig publiziert, so daß vielleicht noch die eine oder andere Urkunde mit παραμονή daraus auftauchen könnte[47]. Bisher sind es jedenfalls nur die bereits erwähnten beiden Texte Cairo Zenon IV, 59636 und PSI IV, 424[48]. Warum Zenon sie aufgehoben hat, ist nicht genau zu sagen. Die Lösung der Frage hängt nicht zuletzt davon ab, was man in seiner Sammlung sehen will. Vor einiger Zeit hatte Grier die Ansicht vertreten, es handle sich überhaupt nur um eine Anhäufung von Altpapier, ohne daß allerdings erkennbar wäre, warum Zenon solche Mengen davon hätte aufgeben sollen[49]. Seidl weist daher mit Recht auf den kaufmännischen und juristischen Zweck hin, dem das Archiv gedient haben muß. Es ist sehr wohl möglich, daß Zenon sein Urkundenmaterial wenigstens teilweise zu Beweiszwecken für mögliche Prozesse aufbewahrt hat[50].

Das würde ganz gut zu den beiden genannten Texten passen. Die Cairener Urkunde läßt erkennen, daß jemand für eine Person als Bürge auftreten wollte, die jetzt noch im Gefängnis saß und wohl in der Landwirtschaft tätig war. Ein Interesse an der παραμονή und ihrer Sicherung durch Bürgschaft dürfte aber derjenige gehabt haben, dem die Arbeitsleistung des Verhafteten sonst zugute kam — und das wird Zenon als Gutsverwalter des Apollonios selbst gewesen sein. Die Urkunde hätte er sich demnach aufgehoben, weil er das Angebot des Bürgen annahm und dafür sorgte, daß der Verhaftete wieder aus dem Gefängnis entlassen wurde. Möglicherweise hatte er ihn selbst verhaften lassen, denn es ist nicht ausgeschlossen, daß er gewisse Amtsfunktionen auf dem Gut seines Herrn ausübte, ohne daß wir dazu schon Genaues sagen können. Der PSI IV, 424 wird sich wohl am ehesten dadurch erklären lassen, daß sich der Absender in Geldverlegenheit befand und sich deshalb an Zenon wandte, dem er seinen Sohn als „Kinderpfand" anbot. Auch in diesem Fall war Zenons Interesse an der Abwicklung des Geschäftes dann der rechtfertigende Grund für die Aufbewahrung des Dokumentes.

Wir hätten von hier aus auch vielleicht eine Erklärung dafür, warum sich in diesem bedeutenden Archiv, in dem arbeitsrechtliche Fragen

---

[47] Seidl, a.a.O. S. 34ff.

[48] Vgl. oben S. 10.

[49] Zitiert bei Seidl, a.a.O. S. 36.

[50] Seidl, a.a.O. S. 35f.

eine große Rolle spielen[51], nur diese beiden auf παραμονή bezüglichen Texte gefunden haben. Es wird sich um 2 dem Zenon irgendwie besonders wichtige Briefe gehandelt haben, die ihm des Aufhebens wert erschienen waren. Jedenfalls möchte ich aus dem Schweigen der sonstigen Texte nicht den Schluß ziehen, die παραμονή habe auf der δωρεά des Apollonios keine Rolle gespielt. Die anderen Fälle mögen glatt abgewickelt worden sein, so daß kein Anlaß mehr bestand, sich auf diese beziehende Urkunden noch länger zu verwahren, wenn überhaupt welche errichtet worden waren — eine Frage, die uns anschliessend beschäftigen wird[52].

Aus der Prinzipatszeit lassen sich 2 Texte bekannten Archiven zuordnen. So gehört der P. Oxford 10 aus der Zeit des Trajan zu einer Gruppe von Urkunden aus dem Geschäftsbereich des urkundlich mehrfach belegten Römers Lucius Bellienus Gemellus[53]. Dieser ließ durch seinen Sklaven und Verwalter Epagathos, der auch hier für ihn auftritt,zahlreiche Geschäfte im Zusammenhang mit der Verwaltung seiner Ländereien vornehmen, so auch für ein Gut in oder bei Theadelphia, wozu der Text gehört. Wir können daher davon ausgehen, daß sich die Urkunde beim Empfänger befand, der sie sich als Beweis für die in ihr festgelegte παραμονή aufhob. Sie wurde im Grapheion in Theadelphia registriert.

Weniger deutlich scheint mir in dieser Hinsicht der Brief Rein. II, 113 zu sein, der vom Herausgeber dem Archiv des Heroninos zugeschrieben wird, über das wir ebenfalls gut unterrichtet sind. Es fällt indessen auf, daß der Brief nicht an Heroninos, sondern an Antonios Philoxenos gerichtet ist, so daß der Zusammenhang nicht klar ist[54].

---

[51] Vgl. dazu Hellebrand, Arbeitsrechtliches in den Zenon-Papyri, Festschrift f. Paul Koschaker, Bd. 3, Weimar 1939, 241 ff.

[52] Vgl. unten, S. 30 ff.

[53] Vgl. dazu die ausführlichen Nachweise der Herausgeberin in der Edition S. 40 ff., mit Diskussion der Frage, ob es sich bei ihm um einen gebürtigten Römer oder einen Gräco-Ägypter handelte.

[54] Zur Korrespondenz des Heroninos vgl. die Nachweise d. Herausg. i. d. Edition S. 76, zu Antonios Philoxenos S. 79. Der Absender des Briefes wohnte in Kaminoi. Dieser Umstand scheint Collart veranlaßt zu haben, Kaminoi als Fundort anzugeben. Es dürfte eine Verwechslung vorliegen, da das Heroninos-Archiv in Theadelphia gefunden wurde. Wie der Brief allerdings vom Empfänger dorthin gelangte, ist nicht geklärt.

Ein Philoxenos wird neben einem Kyrillos auch als Dekaprot genannt in den Ostraka Jouguet, SB I 1497—1500 (ca. 250 n. Chr.). Ihnen gegenüber quittiert Heroninos die Übernahme von Korntransporten.

Von unserm Brief abgesehen sind bis jetzt übrigens aus dem Heroninos-Archiv keine Belege für παραμονή bekannt geworden. Vielleicht war Heroninos nur Verwalter ohne weitergehende eigene Befugnisse[55].

§ 6. Zur Frage der Schriftform bei den παραμονή- und verwandten Urkunden

Mit Rücksicht auf die nicht sehr große Zahl der Texte, die Gegenstand dieser Untersuchung bilden, mag die Frage erlaubt sein, ob sich aus ihnen ein richtiges Bild für die Häufigkeit der Dienstverhältnisse in der Ptolemäer- und Prinzipatszeit gewinnen läßt. War für unsere Urkunden die Schriftform allgemein vorgeschrieben, so würde das für nicht allzu große Verbreitung sprechen, war sie es nicht oder nicht für alle Abschlüsse, so kann davon ausgegangen werden, daß die Zahl der tatsächlichen Fälle in keinem abschätzbaren Verhältnis zu der der überlieferten Texte steht.

Für die Ptolemäerzeit ergeben sich die Schwierigkeiten aus der ganz besonders geringen Zahl der erhaltenen Dokumente. Wenn unsere oben geäußerte Vermutung richtig ist, daß Zenon sich die beiden an ihn gerichteten Briefe aus Beweisgründen aufhob[56], so könnte daraus auf einen formlosen Abschluß der Vereinbarungen geschlossen werden, falls die Briefe im Streitfall als ausreichender Beweis für das Zustandekommen der παραμονή gewertet wurden. Das würde Zenon's Interesse an der Aufbewahrung erklären.

Dem steht zunächst aber entgegen, daß die älteste bisher bekannte Ammenurkunde, der demotische P. Cairo 30604 aus dem Jahre 233/32 vor Christus den griechischen Registrierungsvermerk trägt. Sie war also dem Depositionsamt vorgelegt und dort mit dem Vermerk ver-

---

[55] Bei dem Heroninos-Archiv handelt es sich ebenfalls um ein Buchführungsarchiv. Es stammt aus der Mitte des 3. Jhdts. n. Chr. Die meisten bisher veröffentlichten Texte, P. Flor II, 118—277 u.a. sind Anweisungen an Heroninos, aus denen auf nur geringen Umfang seiner eigenen Befugnisse geschlossen werden kann. Es bleibt allerdings abzuwarten, ob sich dieses Bild nicht durch die weitere Veröffentlichung der in Prag befindlichen Archivteile ändert, die Varcl seit einiger Zeit betreibt, vgl. SB VI, 9052—9064, 9072—9083, 9406—9415 m. weiteren Nachweisen. In SB 9055 wird ihm z.B. ausdrücklich mitgeteilt, daß 2 Personen zur Bewachung von Dattelpalmen abgestellt worden seien. Das läßt darauf schließen, daß alle Anstellungen und dergl. von einer Zentrale aus erfolgten und Heroninos selbst an Ort und Stelle keine eigenen Befugnisse in dieser Hinsicht hatte.

[56] Vgl. oben S. 28.

sehen worden, was zur Voraussetzung hatte, daß die Urkundensteuer entrichtet worden war[57]. Der ptolemäische Staat hatte sich auf diese Weise eine Einnahmequelle erschlossen, die sicherlich zunächst ergiebig war. Wahrscheinlich konnten demotische Urkunden ohne Registrationsvermerk nicht vor Gericht verwendet werden[58]. Damit wäre dann der Zwang zur Schriftform gegeben, auch wenn „materiellrechtliche Gründe" nicht dafür sprachen. Indessen ist dieser Text der einzige, von dem wir mit Sicherheit sagen können, daß er einer staatlichen Stelle zur Registrierung vorgelegen hatte.

Bei P. Tebt. III, 815 und BGU VI, 1258 ist die Feststellung, woher die dort enthaltenen Register stammen, schwerlich mit Sicherheit zu treffen. Den Berliner Text bezeichnen die Herausgeber in der Edition schlicht als „Verzeichnis von Privaturkunden", wobei nicht ausgeschlossen ist, daß er aus einem Grapheion stammte. Wir wissen, daß diese Einrichtung im Jahre 145 v.Chr. von Philometor an die Stelle der bisherigen Depositionsämter gesetzt wurde, und daß nunmehr

---

[57] Vgl. dazu Seidl, PtolRG² S. 63.

[58] Seidl ebendort, man vgl. aber auch die zahlreichen von ihm aufgeführten Fälle, in denen keine Depositionsvermerke nachzuweisen sind. Hierfür gibt er zwei Erklärungen: einmal kann das urkundlich verbriefte Geschäft nicht in Ordnung gewesen sein. Zum anderen mag es auch mitunter an einer gewissen Schwäche der königlichen Vorschriften gelegen haben (S. 64 m. Bezug auf Préaux). Vgl. weiter Wilckens Untersuchung zu griechischen Vermerken auf demotischen Urkunden aus Memphis, UPZ I, 596ff. (zum Cairener Ammen-Text S. 603). Auch er hält die Registrierung für nicht obligatorisch. „Wer sicher zu sein glaubte, keinen Prozeß wegen des Rechtsgeschäfts führen zu müssen, wird auf die Einregistrierung verzichtet haben" (601).

Allerdings läßt er die Frage offen, wie es um die materielle Rechtswirksamkeit nicht registrierter demotischer Verträge bestellt war, doch scheint auch er der Meinung zuzuneigen, daß solche Urkunden lediglich vor Gericht keinen Beweis erbrachten, dagegen materiell voll gültig waren. Vgl. dazu den Streitstand, S. 601. Im gleichen Sinne auch Schönbauer, ZSS 50, 1930, S. 695.

Claire Préaux, L'Economie Royale des Lagides, Bruxelles 1939, S. 317ff., geht einen Schritt weiter und macht in ihrer Untersuchung zum „Enregistrement" in der Ptolemäerzeit überhaupt keinen Unterschied mehr zwischen demotischen und griechischen Urkunden seit der Mitte des 2. Jahrhunderts v. Chr. Sie hält dafür, daß die Bevölkerung überhaupt nur besonders wichtige Verträge registrieren ließ. Weniger wichtige nur dann, wenn zu befürchten war, daß es evtl. zum Prozeß kommen könnte, S. 323ff.

Über die Bedeutung der Urkunde im Prozeß vgl. Seidl, PtolRG² S. 92. Mit der Préauxschen Ansicht stimmt es überein, daß Euergetes II. in seiner großen Friedensordnung vom Jahre 118 v. Chr. die Zuständigkeit der Gerichte von der Sprache der Urkunden abhängig machte, vgl. Seidl, ebendort.

dort auch die nicht vor dem Agoranomos errichteten griechischen Urkunden registriert werden mußten[59]. Es könnte daher durchaus sein, daß es sich um ein dort geführtes Urkundenregister gehandelt hat.

Die gleiche Frage wurde auch bei P. Tebt. III, 815 erörtert. Doch hat Wilcken m. E. überzeugend nachgewiesen, daß es sich bei der Liste um Bruchstücke aus dem Tagebuch einer Schreibstube handelte, in der private Sechszeugenurkunden aufgesetzt wurden[60]. Die Fragmente enthalten demzufolge Aufzeichnungen über die täglichen Arbeiten und die dafür eingenommenen Gebühren[61]. Ein amtliches Register scheint also nicht vorzuliegen, sondern ein geschäftsinternes Hilfsmittel, modern gesprochen: eine Kontrolle der Geschäftsvorfälle in Verbindung mit einem Kassenbuch.

Von besonderem Interesse wäre es, zu wissen, woher PSI V, 549 stammt, doch schweigt die Urkunde dazu völlig. In dieser Übersetzung aus dem Demotischen verdingt sich eine Frau auf 99 Jahre als „Dienerin" einer anderen. Sollte sie aus einem Grapheion stammen, so läge die Annahme nahe, daß dieses sich zu einer offenkundigen Umgehung des Verbots der Selbstversklavung hergegeben hätte.

Für die Ptolemäerzeit läßt sich daher nicht mit Sicherheit sagen, daß die Schriftform für die hier interessierenden Abmachungen zwingend vorgeschrieben war. Manches spricht dafür, aber nicht minder spricht der Umstand dagegen, daß wir gerade aus den Archiven sehen, wie nachlässig man dort mitunter mit der Beobachtung der Registrierungsvorschriften war. Mag das daran gelegen haben, daß die verbrieften Geschäfte nicht immer in Ordnung waren oder an der, Schwäche des Regimes außerhalb Alexandrias, wie Seidl annimmt[62]. Es ist nicht zu übersehen, daß die Vorschriften von der Bevölkerung nicht streng eingehalten wurden. Sollte das etwa zur Nichtigkeit einer Vielzahl von täglichen Geschäften des Lebens geführt haben? Oder hätten die lokalen Machthaber nicht gerade die Schwäche des Regimes in ihrem eigenen steuerlichen Interesse ausgenutzt und die Abgaben aus den Registrierungen für sich behalten?

---

[59] Seidl, a.a.O. S. 64f. Bemerkenswert ist auch hier, daß die Registrierung nicht konsequent durchgeführt wurde, was Seidl mit lokalen Verschiedenheiten als Folge der Schwäche des Regimes begründet.

[60] Vgl. AP 11 (1935), S. 151, Dagegen glaubt Claire Préaux, L'Economie Royale des Lagides, S. 319, an den amtlichen Charakter der Urkunde.

[61] Hinweise auf eingenommene Gebühren finden sich auch bei den Michigan-Registern, wo häufig kleinere Beträge bei den einzelnen Geschäftsvorfällen aufgeführt werden, und zwar hinter dem jeweiligen Geschäftswert.

[62] Vgl. unsere Anmerkungen oben S. 31, Nr. 58 und 59.

Auch für die Prinzipatszeit wird das Bild nicht viel klarer. Hier haben wir allerdings den Vorteil besserer Quellen. An erster Stelle sind die Grapheion-Register aus Tebtynis zu nennen[63]. Bei ihnen enthält

P. Mich. II, 121
auf dem Verso 11 Eintragungen von παραμοναί, wozu auf dem Recto noch ein weiterer Vermerk kommt, zu dem das Gegenstück fehlt. Es lassen sich hier mithin 12 Eintragungen nachweisen. Diesen stehen aber insgesamt ca. 250 Eintragungen auf dem Verso gegenüber, so daß nur etwa jede 20. Eintragung eine παραμονή zum Gegenstand hatte. Die Rolle umfaßt einen Zeitraum von 4 Monaten. Es wurden also 3 παραμοναί pro Monat registriert. Für die Lehrlings- und Ammenverträge ist das Bild nicht günstiger.

P. Mich. II, 123
umfaßt das 6. Jahr des Kaisers Claudius, 45/46 n. Chr., wobei 16 Eintragungen nachzuweisen sind bei insgesamt ca. 780 eingetragenen Geschäften (auf dem Recto). Hier war sogar nur ca. jede 48. Eintragung eine παραμονή.

P. Mich. V, 238
umfaßt wieder nur 4 Monate von Ende August bis Ende Dezember 46 n. Chr., anschließend an 123. Es haben insgesamt 10 Eintragungen Bezug auf παραμοναί von insgesamt ca. 245.

Das Bild für die Orte Tebtynis und Kerkesucha Orus, die zum Bereich des Grapheions gehörten, schwankt daher zwar etwas, zeigt aber eine relativ geringe Dichte der schriftlich vereinbarten παραμονή in einem Landwirtschaftsgebiet. Für die Lehrlings- und Ammenurkunden ändert es sich nicht wesentlich[64].

Die Frage ist daher auch hier zu stellen, ob diese Geschäfte an die umständliche Schriftform gebunden waren oder ob nicht doch Formfreiheit — wenigstens in gewissem Maße — zulässig war.

In der Tat scheint es einen Beleg für παραμονή ἄγραφος zu geben, denn in dem sehr schwer verständlichen P. BGU IV, 1139 aus Alexandria (5 v.Chr.) wird sie erwähnt. Die Bittsteller scheinen eine solche für Kinderpflege vereinbart zu haben, die sie später wohl durch Urkunde, ἀσφάλεια, wieder aufhoben. Das Kind muß dann aber ent-

---

[63] Zu diesen vgl. die Bemerkungen des Herausgebers (Boak) in der Einleitung zur Edition Mich. II, ferner JEA IX, 1923, S. 164, Wilcken in UPZ I, 612ff., Segrè, Aeg. 7, 1926, 97ff. Siehe auch Westermann, a.a.O. S. 16f.

[64] Die übrigen Michigan-Register bleiben wegen der zu kurzen Zeiträume, die aus ihnen noch erkennbar sind, hier außer Betracht.

führt worden sein[65]. Der Text kann Anlaß zu Zweifeln geben, weil der Zusatz ἄγραφος in Z. 5 schon vom antiken Schreiber wieder gestrichen wurde, so daß der Beleg nicht als absolut sicher gewertet werden darf.

Die Lösung des Problems wird aber klar, wenn man sich die Gepflogenheiten bei der Errichtung der Ammenverträge in Alexandria vor Augen führt, über die wir aus den Berliner Griechischen Urkunden verhältnismäßig gut unterrichtet sind. Es gibt unter ihnen Texte, die nicht, oder mindestens nicht sofort den Behörden vorgelegt wurden. Das wohl früheste Beispiel dieser Art ist BGU IV, 1108 (5 v. Chr.), bei dem als Gläubiger der römische Legionär Marcus Senpronius beteiligt war, von dem man am ersten erwarten sollte, daß er einen Ammenvertrag sofort hätte registrieren lassen, wenn er dazu verpflichtet gewesen wäre. Dagegen steht in Z. 7, daß die Amme Erotarion den Säugling des Marcus schon 3 Monate in Pflege hatte. Für diese Zeit hatte sie bei Abschluß des notariellen Vertrages auch schon Ammenlohn und Öl erhalten. Jetzt erst wird auf 15 Monate kontrahiert, ohne daß in diesen die bereits verflossenen 3 enthalten wären. Da von keinem früheren Vertrag die Rede ist, wird man davon ausgehen müssen, daß hier zunächst nur eine mündliche Vereinbarung getroffen worden war, die die Beteiligten als selbstverständlich wirksam angesehen haben.

Der nächste Text dieser Art ist BGU 1110 (ebenfalls 5 v. Chr.). Hier heißt es, daß ein Sklavensäugling zwar übergeben, aber „über die Nährung des Sklavenkindes mit Namen Agalmation noch keine Sicherungsurkunde errichtet worden ist" (Z. 5ff.). Nun ist die Milch der Amme verdorben. Die Parteien wickeln daher jetzt das Ammenverhältnis in notarieller Form ab und geben sich gegenseitig Quittung über die Leistungen bzw. Rückgabe des Säuglings. Der „vertragslose Zustand" hatte 8 Monate gedauert (Z. 13).

Ähnlich ist die Lage im folgenden Text (BGU 1111, 15 v. Chr.), bei dem allerdings nicht ganz klar ist, ob noch Ammendienste zu erbringen waren, oder ob es sich um ein schon größeres Kind gehandelt hat. Auch hier war ein Römer beteiligt, vielleicht als Herr der Amme oder Kinderpflegerin. Am Anfang der Urkunde steht (Z. 6ff.): „In Sachen des Vertrages, hinsichtlich dessen die Parteien beschlossen haben, daß er vor das Notariat gebracht (und dort notariell geschlossen) werden sollte"[66]. Dazu war es aber nicht gekommen, denn auch hier bekennen die Beteiligten jetzt, gegenseitig zufrieden gestellt worden zu sein.

[65] Zum Text vgl. Schubart, AP V, 1913, bes. S. 61 Anm. 1 und 73 Anm. 2.

[66] Vgl. die Übersetzung der Stelle bei Preisigke, WB II, Sp. 386.

Alle drei Urkunden stammen aus dem Notariat in Alexandria. In 2 Fällen hielt man also die Abwicklung eines nicht notariell geschlossenen Vertrages notariell fest, während man in dem ersten Fall davon ausging, daß man nicht — oder jedenfalls nicht sofort — zum Notar zu gehen brauchte, sondern dies auch später während der Laufzeit der Vereinbarung nachholen konnte.

Das alles zeigt, daß sich in der frühen Kaiserzeit an der bisherigen ptolemäischen Praxis nichts geändert hat. Immerhin könnte man beim ersten Ammenvertrag noch darauf hinweisen, daß der Gläubiger zunächst überhaupt sehen wollte, ob die Amme stillfähig war und daher erst einmal 3 Monate wartete, ehe er den Vertrag schloß. Dann wäre für die Wartezeit ein vertragsloser Zustand geschaffen worden. Gerade dies war aber nicht der Fall. Die Amme hatte genährt und dafür ihren Lohn erhalten. Beide Teile hatten also ihre Leistungen voll erbracht. Hier kann nicht mehr von einem Schwebezustand gesprochen werden. Offenbar war man daran gewöhnt, notarielle Beurkundungen überhaupt erst später vorzunehmen, was dann aber ein Argument für die Auffassung darstellt, daß der förmliche Abschluß fakultativ war[67].

Bei den beiden anderen Texten war die Sachlage aber anders. In BGU 1110 hatte die Amme 8 Monate lang ihre Dienste erbracht und dafür ihren Lohn erhalten. Bei einer so langen Laufzeit einer formlosen Vereinbarung kann man schwerlich noch damit argumentieren, man habe erst die Stillfähigkeit der Amme erproben wollen. Dazu brauchte man nicht so lange zu warten, wie das Beispiel im Falle BGU 1108 zeigt. Auch BGU 1111 spricht eine deutliche Sprache, denn hier erfahren wir von den Parteien selbst, daß es in ihr Belieben gestellt war, den Vertrag notariell abzuschließen. Warum hätten sie es sonst zu Anfang betont?

Der Grund, warum nun beide nicht notariell geschlossenen Verträge notariell aufgehoben wurden, muß m. E. in der schon von Wilcken und Préaux gegebenen Erklärung liegen[68]. Man quittiert sich jetzt die gegenseitigen Leistungen in notarieller Form, um im Falle eines späteren Rechtsstreits Beweisschwierigkeiten zu vermeiden. Jeder wollte dem anderen durch Urkundenbeweis belegen können, daß er seine Leistung erbracht und die Gegenleistung erhalten habe. Dazu bedurfte es vollwirksamer, gerichtsfähiger Urkunden, die man über das Notariat erhielt. Wenn die diesen Vereinbarungen zugrundeliegenden Verträge rechtlich bedeutungslos gewesen wären, hätte das

[67] Vgl. Wilcken, UPZ I, S. 611, Anm. 6, im gleichen Sinne.

[68] Vgl. oben S. 31, Anm. 58.

alexandrinische Notariat sicherlich die Aufhebungsverträge nicht beurkundet. Der Umstand, daß es das tat, kann m.E. nur den Rückschluß zulassen, daß die formlosen Ammen- bzw. Pflegevereinbarungen voll wirksam waren, wenn es vielleicht auch Beweisschwierigkeiten gegeben hätte, falls es während der Laufzeit dieser Verträge zum Prozeß zwischen den Beteiligten gekommen wäre.

Viel spricht daher dafür, daß die aus fiskalischen Gründen erlassenen Registrierungsvorschriften auf den materiellen Inhalt der Vereinbarungen keinen Einfluß hatten. Sie konnten allerdings die Beteiligten vor Gericht in eine schwierige Situation bringen, wenn sich der Richter auf den Standpunkt stellte, daß nur solche Urkunden, für die die Abgaben gezahlt waren, vor ihm Beweis zu erbringen vermochten. Daß damit ein Druck auf die Beteiligten ausgeübt wurde, ihre Abmachungen auch formgerecht zu schließen und registrieren zu lassen, ist unverkennbar. Dieser Zwang beruhte aber auf fiskalischen, nicht auf materiell-rechtlichen Erwägungen. Er kann auch nicht als so drückend empfunden worden sein. Wir dürfen nicht übersehen, daß wir immerhin nur eine kleine Anzahl schriftlicher Verträge haben. Ihr wirkliches Vorkommen wird viel höher gewesen sein, weil man es meist bei formlosen Vereinbarungen belassen haben wird.

Dafür scheinen auch die ausführlich gehaltenen Quittungen über Ammenlohn aus dem 1. und 2. Jahrhundert n.Chr. zu sprechen, die alle näher auf den ihnen zugrunde liegenden Vertrag eingehen und diesen ausdrücklich umreißen[69]. Damit sollte wohl nachträglich zu Beweiszwecken der wesentliche Vertragsinhalt festgehalten werden, falls es später zum Streit kommen sollte. Auch dies spricht dafür, daß der förmliche Vertragsschluß nicht zwingend war. Bezeichnend dafür ist eine Stelle in P. Tebt. II, 399 (Z. 12) wo über den Empfang einer früher ohne Urkunde erbrachten Teilleistung quittiert wird, was nur sinnvoll war, wenn diese Leistung auch wirsam war. Das aber hatte einen gültigen Vertrag zur Voraussetzung.

Nach alledem scheint mir ein Argument zur Begründung der nur teilweisen Einhaltung des Formzwanges jedenfalls nicht überzeugend: die These von der Schwäche des Regimes. Mag die Zentralregierung in der Ptolemäerzeit gelegentlich schwach gewesen sein, so wäre doch anzunehmen, daß die lokalen Machthaber streng darauf geachtet hätten, sich selbst diejenigen Finanzquellen zu sichern, die sonst

---

[69] Vgl. BGU I, 297, PSI IX, 1065, Oxy. I, 91, Tebt. II, 399. Die beiden Quittungen aus späterer Zeit, Oxy. XIV, 1717 und Grenf. II, 75 sind kürzer und enthalten beide die römische Stipulationsklausel. Hier scheinen schon römische Rechtsvorstellungen eingedrungen zu sein.

nach Alexandria flossen. Auch sie hatten ja echte finanzielle Interessen zu wahren und auf die Erhaltung aller Einkunftsmöglichkeiten zu achten.

Vollends dürfte ein derartiges Argument für die frühe Prinzipatszeit nicht durchschlagen, aus der die BGU-Texte stammen. In Alexandria, wo die Urkunden errichtet worden waren, hätte die römische Verwaltung auf jeden Fall die Einhaltung übernommener ptolemäischer Bestimmungen durchsetzen können, dies umsomehr, als sie ja gerade darauf aus war, aus der Provinz Ägypten einen möglichst hohen Wirtschaftsertrag zu ziehen.

Ohne dem Ergebnis der Untersuchung vorgreifen zu wollen, glaube ich vielmehr sagen zu können, daß man den Grund für die nur teilweise Einhaltung besonderer Formen eher im gräco-ägyptischen Rechtsdenken zu suchen hat. Doch kann an dieser Stelle darauf noch nicht eingegangen werden.

§ 7. Die bisherige Lehre von der παραμονή

Das bisherige Bild der παραμονή, so wie sie hier verstanden wird, ist nicht einheitlich. Das gilt bereits im lexikographischen Bereich.

Preisigke-Kießling führen unter παραμονή in erster Linie auf: „Ausharren, Festigkeit, das auf Durchhalten gegründete Dienstverhältnis, Gehorsam des Hörigen". Entsprechend notieren sie bei dem Verbum παραμένειν: „bei jemand bleiben, dienend bei jemand bleiben, jemandem Dienste leisten, dienend aufwarten"[70].

Liddell-Scott übersetzen παραμονή mit „obligation to continue in service, of a slave whose manumission is deferred" und παραμένειν mit „to stay, of slaves whose manumission was deferred"[71].

Im Neuen Testament scheint nur das Verbum παραμένειν vorzukommen, das dort im Sinne von „bleiben, verharren" gebraucht wird, z.B. bei einer Beschäftigung bleiben[72].

Sophocles gibt παραμονή wieder mit „keeping, preservation, continuance, attendance, waiting on"[73].

Somit schwankt die Wortbedeutung vom bloßen „warten auf etwas" über „verbleiben bei einer Beschäftigung" bis hin zu einem „auf Durchhalten gegründetem Dienstverhältnis". Die Übersetzung bei

[70] Wörterbuch, Bd. 2, Sp. 252.

[71] Lexicon S. 1318.

[72] Wörterbuch Sp. 1230.

[73] Lexicon Bd. 2, S. 847.

Lidell-Scott berücksichtigt zudem das papyrologische Material nicht, da sie einseitig auf die sog. Delphischen Freilassungen allein abstellt[74].

In der Beurteilung des juristischen Gehalts der παραμονή-Dienstverträge ist das Bild nicht einheitlicher. In der papyrologischen Literatur wurde zunächst angenommen, es handele sich um echte Dienstverträge. Hier sind Grenfell, Hunt und Vitelli zu nennen[75], die diese Entscheidung allerdings nicht ausdrücklich begründeten. Sie fanden — wenn auch nicht expressis verbis — Zustimmung bei Berger[76], Costa[77], P. M. Meyer[78] und Ludwig Mitteis[79], sowie

---

[74] Dies rügt Westermann, παραμονή, JJP 2, 1948, S. 14f.

[75] Grenfell und Hunt sahen schon im ersten Band der Oxyrhynchos-Papyri in der παραμονή einen „service-contract". Vgl. P. Oxy. I, 140, a. d. Jahre 550 n. Chr. Hier hatte sich ein Stallmeister gegenüber einem Stalleigentümer verpflichtet, auf ein Jahr in dessen Dienste zu treten. Er hatte dafür als ἀρραβών 4½ solidi empfangen und war die Verpflichtung eingegangen, sich während der Zeit nicht aus dem Dienst zu entfernen. Die Vereinbarung war durch Strafklausel gesichert.

Die Herausgeber bemerken dazu, daß das Strafgeld im Falle der vorzeitigen Beendigung der παραμονή (= service) zu zahlen war. Eine Begründung für die Gleichsetzung von παραμονή und service fehlt.

Gleicherweise übersetzt Vitelli, P. Flor. I, 44, Z. 19, 158 n. Chr., παραμονή schlechthin mit „eufemismo commune per ‚servire'", ebenfalls ohne eine Begründung dafür zu geben.

Zu beiden Stellen vgl. Westermann, JJP 2, S. 13. Beide Texte stammen aus der Frühzeit der juristischen Papyrologie. Es ist nicht zu verkennen, daß damals das vorhandene Material zu spärlich war, um die Frage nach der Rechtsnatur der παραμονή zu klären.

[76] Die Strafklauseln in den Papyrusurkunden, Leipzig und Berlin 1911, S. 171ff. und 198f. Vgl. insbes. 171 Anm. 2, wo er klar zwischen Darlehenshingabe und Dienstleistungspflicht trennt.

[77] I contratti di lavoro nei papiri greco-egizi (Mem. R. Acc. Bologna, Sc. morali, sez. giur., vol. VI, 1911/1912), 13f.

[78] Juristische Papyri, Berlin, Weidmann, 1920, S. 128. Er rubriziert sie unter *Locatio-conductio operarum* als „sonstige Dienstverträge".

[79] Mitteis, L. und Wilcken, U., Grundzüge und Chrestomathie der Papyruskunde, 2. Bd., 1. Hälfte, Grundzüge, Leipzig und Berlin 1912. S. 67, Anm. 6 wird παραμονή als ein Vertrag definiert, durch welchen eine Person (bes. ein Kind) für eine Schuld in Dienst gegeben wird. S. 154 lesen wir, daß in gewissen „Urkunden ... zur Deckung der Zinsen einer Forderung die Dienstleistung (παραμονή) des Schuldners oder einer anderen Person für eine bestimmte Zeit zugesagt wird". Hiernach dürfte auch für Mitteis das Wesentliche der παραμονή die Dienstleistung sein. Es ist daher nicht recht einzusehen,

Manigk[80], die teils mehr, teils weniger deutlich die Dienst- bzw. Arbeitsverpflichtung als das Charakteristikum der παραμονή herausstellten, wenn sie auch mit der Hingabe eines Darlehens, oder wie die Geldzuwendung des Gläubigers an den Schuldner sonst genannt worden sein mag, verbunden war.

Betonen die vorgenannten Autoren den Charakter der παραμονή als Dienstvertrag, so unterstreichen andere ihre Bedeutung als Sicherungsmittel des Dienstgläubigers für die Hingabe von Geld. Am eingehendsten hat sich Koschaker zu dieser Auffassung bekannt. In seinen auf eingehender Analyse vergleichbaren altorientalischen Materials und der Delphischen Urkunden beruhenden Untersuchungen über einige „Griechische Rechtsurkunden aus den östlichen Randgebieten des Hellenismus"[81] definiert er die παραμοναί als „Verträge, in denen der Schuldner ein Kind, einen Sklaven oder endlich sich selbst dem Gläubiger zur Verfügung stellt (παρέχειν) mit der Maßgabe, daß er ‚bei ihm bleibe' (παραμένειν). Zweck dieser Paramone ist ganz überwiegend Zinsantichrese durch Arbeit des Paramonars, ausnahmsweise auch Tilgung der Schuld selbst, wobei der Gläubiger regelmäßig für Kleidung und Verpflegung des Paramonars aufkommt".

Er bezieht sich auf die typische Ausgestaltung des Instituts, und folgert daraus, daß ein besonderes Gewaltverhältnis des Gläubigers über den Schuldner vorliege, das dessen Freizügigkeit aufhebe, ihn verpflichte, in die Hausgemeinschaft des Gläubigers einzutreten, dort nach dessen Weisungen zu arbeiten und ihm Gehorsam zu schulden. Der Gläubiger habe das Recht, den Schuldner zur Arbeit bei Dritten zu verdingen, den flüchtigen oder störrigen Paramonar „zur Raison zu bringen" und ihn in gewissen Grenzen zu züchtigen[82].

Er begründet dies alles mit der Denkform des geteilten Eigentums, auf Grund dessen sich die παραμονή für Schuld als eine partielle Veräußerung des Paramonars darstelle, wenn dieser eine gewaltunterworfene Person des Schuldners sei, beziehungsweise als partielle Selbstveräußerung, wenn der Schuldner sich selbst in die παραμονή begebe. In beiden Fällen komme es zur Aufteilung des Eigentums an

---

warum Koschaker in seiner in Anm. 6 zit. Abhandlung. S. 20 Mitteis eher für seine Auffassung in Anspruch zu nehmen scheint.

[80] Gläubigerbefriedigung durch Nutzung, Berlin 1910, S. 26. Er sieht in der παραμονή die Dienstnutzung und wehrt sich ausdrücklich dagegen, etwa eine Verpfändung des Dienenden anzunehmen, S. 27ff.

[81] Abhandlg. d. Sächs. Akademie d. Wissensch. Bd. 42, Leipzig 1931. Weitgehend übereinstimmend Berneker, RE παραμονή, Bd. 18,3, Sp. 1212.

[82] A.a.O. S. 20.

einer Person unter die Beteiligten, möge es sich um das Eigentum an einen Sklaven handeln, der in die παραμονή für Schuld gegeben werde, oder um das Eigentum an sich selbst, das der freie Paramonar für Schuld zum Teil auf den Gläubiger übertrage[83].

Von dieser Auffassung ist es nur ein kleiner Schritt weiter zu der Erklärung der παραμονή als Selbstverpfändung in den Fällen, in denen der Schuldner sich selbst dem Gläubiger als Arbeitskraft zur Verfügung stellt, bzw. Fremdverpfändung, wenn es sich um ein Kind oder Sklaven handelt. So kommt Koschaker denn zu dem Schluß, daß die παραμονή ein Pfandrecht im Sinne griechischen Rechtsdenkens darstelle[84]. Für ihn ist sie ein Personenpfand für Schuld, durch das der Schuldner seine Arbeitskraft oder die einer seiner Gewalt unterworfenen Person dem Gläubiger an Stelle der Zinsen oder des Kapitals überließ. Ihre juristische Bedeutung liegt nach seiner Auffassung mithin nicht auf rein schuldrechtlichem Gebiet, da sich damit das personenrechtliche Gewaltverhältnis des Paramonars nicht begründen lasse.

Unter den Autoren aus jüngster Zeit erblicken auch Pringsheim und Wenger in der παραμονή ein Pfandrecht[85]. Ähnliche Gedanken sind schon zu Beginn der juristisch-papyrologischen Forschung erörtert worden. Schon Partsch hatte ursprünglich behauptet, die παραμονή sei Dienstknechtschaft gewesen, „bei der ein Freier eine Schuld durch seine Arbeit abtrug und sich in ähnlicher Knechtsstellung befand, wie der wirksam freigelassene Hierodule, dem die Pflicht auferlegt worden war, ‚bei' seinem Herrn als Dienstbote zu ‚bleiben'"[86]. War diese Bemerkung auch auf das Attika des 4. Jahrhunderts v. Chr. bezogen — sie stützte sich auf Menanders Ἥρως — so sind doch die damals bekannte Papyri zur Stützung mit herangezogen[87]. In seiner wenig später erschienenen Arbeit über Gläubigerbefriedigung durch Nutzung dagegen hat sich Manigk ausdrücklich gegen jede Form von Selbstverpfändung in diesem Zusammenhang ausgesprochen[88].

Die These von der antichretischen Dienstknechtschaft findet sich

---

[83] A.a.O. S. 49.

[84] A.a.O. S. 60.

[85] Pringsheim, Law of sale S. 459, bes. Anm. 7—10, Wenger, Quellen, S. 759, Anm. 268.

[86] Griechisches Bürgschaftsrecht, Leipzig u. Berlin, 1909, S. 42, bes. Anm. 8.

[87] A.a.O. S. 41, Anm. 5.

[88] Manigk, a.a.O. (vgl. Anm. 12).

auch bei Lewald[89], doch hat sich Partsch selbst später wieder davon abgewendet[90].

Die pfandrechtliche Betrachtungsweise ist die konsequente Weiterentwicklung der Auffassung, die in der παραμονή das Element des „Dienens" zurücktreten läßt gegenüber der Verpflichtung aus der Geldhingabe. Schon Wilcken hatte sehr früh von Dienstverträgen in Form von Darlehensverträgen gesprochen und damit den „Darlehensdienstvertrag" in die Debatte eingeführt[91]. Unter den modernen juristischen Papyrologen hat er damit bis in allerneueste Zeit Anklang gefunden.

So betrachtet H. J. Wolff die παραμονή als einen Vertrag, „in welchem der Entleiher von Geld eine in seiner Gewalt befindliche Person oder sich selbst ... dem Verleiher zur Verfügung stellt, um die Zinsen und manchmal sogar das geschuldete Kapital abzuarbeiten"[92]. Bei ihm ist ebenfalls die Geldhingabe primär, die Arbeitsleistung dagegen eine Tilgungsmodalität für die aus der Zahlung entstandene Schuld. Taubenschlag bezieht in seinem großen Compendium keine klare Stellung. Einmal rechnet er die παραμονή zu den antichretischen Darlehen[93], das andere Mal zur *locatio-conductio operarum*[94].

Koschakers Lehre von der παραμονή als einem auf geteiltem Eigentum beruhenden Personenpfand wurde nachdrücklich von

---

[89] Zur Personalexekution im Recht der Papyri, Leipzig 1910, S. 54.

[90] Vgl. seine Besprechung zu Lewald, Personalexekution etc., Berliner Philologische Wochenschrift 1911, S. 678 = Nachgelassene und kleinere verstreute Schriften, Berlin 1931, S. 285. Hier heißt es ausdrücklich, es handele sich „hier nur um einen Vertrag über Dienste, in welchem das Entgelt auf die Darlehensschuld verrechnet wird" (Sperrung von mir, Verf.).

Wenig später bemerkt er zu Manigk, Gläubigerbefriedigung, AP V (1913) S. 512 „Große Schwierigkeit machen dabei nur die Urkunden, welche die Dienstknechtschaft des freien Menschen vereinbaren. Von Pfandhaftung darf hier nicht gesprochen werden. Und doch fragt es sich, wie hier der Zugriff auf den freien Menschen dem Antichresten gesichert war". Koschaker bemerkt dazu, a.a.O. S. 20, Anm. 4, P. sei hier zwar zweifelhaft geworden, habe aber deshalb die Idee des Pfandrechts nicht aufgegeben. Im Hinblick auf die beiden Zitate ist diese Ansicht allerdings kaum verständlich.

[91] Vgl. seine beiläufige Bemerkung im Papyrusreferat in AP V, 1913, S. 241. Dazu Westermann (s. Anm. 2) S. 14.

[92] Consensual Contracts in the Papyri?, JJP 1 (1946), S. 72 = Beiträge zur Rechtsgeschichte Altgriechenlands etc. S. 150.

[93] Law² S. 288 Anm. 83.

[94] Ebendort S. 373, bes. Anm. zu D.

Schönbauer zurückgewiesen[95]. Er sieht darin zwar auch — hier stimmt er mit Koschaker überein — die Stellung des Paramonarios unter einen bestimmten Gewalthaber und lehnt auch seinerseits einen rein obligatorischen Charakter der παραμονή ab, er hält es aber nicht für zulässig, daß der Schuldner sich oder eine seiner Gewalt unterworfene Person durch einfache Vereinbarung zum Gegenstand der Eigentumsgewalt habe machen können. Vielmehr glaubt er in dem angeblichen besonderen Gewaltverhältnis ein solches familienrechtlicher oder quasi-familienrechtlicher Art erblicken zu können. Nach seiner Auffassung ist das Vorbild der παραμονή das griechische Patronat. Die Gehorsamspflicht, das Züchtigungsrecht, die Verpflichtung zum παραμένειν, die Ausschließung aus dem Asyl seien Ausdrücke familienrechtlicher Gewalt[96]. Wirtschaftlich sieht Schönbauer eine Beziehung zwischen παραμονή und Nutzungspfand, das Gewaltverhältnis erst bringe dem Herrn die Nutzung der Arbeitskraft, verpflichte ihn aber andererseits auch zu ihrer Erhaltung. Die stärkste Annäherung zwischen Dienstantichrese und Nutzungspfand bestehe dort, wo Kinder und Gewaltunterworfene in die παραμονή gegeben würden[97].

Wie man sieht, erweist sich die παραμονή auch in der juristisch-papyrologischen Literatur nicht minder vieldeutig als im lexikographischen Bereich. In einem Punkt sind sich die Autoren allerdings einig. Sie alle halten sie für einen festen Rechtsbegriff, wenn sie ihn auch verschieden deuten. Neuerdings wird sie jedoch wieder vorwiegend arbeitsrechtlich aufgefaßt. So sieht Westermann in ihr unter ausdrücklicher Ablehnung der Überbetonung des Darlehenselements einen „general-service contract"[98]. Auch Seidl reiht sie unter das Arbeitsrecht ein[99].

Die von Koschaker entwickelte Lehre von der παραμονή als einem auf geteiltem Eigentum am Paramonar beruhenden Personenpfand hat ihre Ursache letztlich in der Gleichbehandlung der ägyptischen Texte mit den Freilassungsurkunden aus Griechenland, von der auch Schönbauer, Westermann und Kaser ausgehen[100]. Trotz der

[95] Paramone, Antichrese und Hypothek, in ZSS 53 (1933), 422ff., bes. 435ff. Dazu wieder Koschaker ZSS 58 (1938), S. 255ff.

[96] A.a.O. S. 441.

[97] A.a.O. S. 442.

[98] Vgl. die wiederholt zitierte Abhandlung (JJP 2 [1948] 9f.).

[99] Ptolemäische Rechtsgeschichte, 2. Aufl., Glückstadt 1961, S. 145f., SDHI 15, 1949, S. 343 (Besprechung von Westermann).

[100] Vgl. Koschaker, a.a.O. S. 24ff., Schönbauer, ZSS 53, 1933, S. 435,

Ähnlichkeit in der Terminologie ist aber dennoch der Ausgangspunkt in beiden Fällen grundverschieden, so daß eine Gleichsetzung nicht angebracht erscheint.

Es ist nicht verwunderlich, daß ein Sklavenhalter, der seinem bisherigen Sklaven die Freiheit schenkt, sich selbst dessen Dienste auch für die Zukunft sichern will und ihm daher Auflagen macht, die eine andauernde starke Bindung des Freigelassenen an seinen früheren Herrn mit sich bringen. Wenn in solchen Fällen eine Arbeits- und Residenzpflicht festgelegt wird, so kann man mit Koschaker darin eine personenrechtliche Verpflichtung erblicken, die der insoweit noch fortdauernden Gewalt aus dem früheren Zustand entspricht. Hier kann man sagen, die παραμονή bedeute nicht „die Formulierung einer Bedingung, sondern einen unmittelbar durch die παραμονή-Freilassung eintretenden rechtlich relevanten Dauerzustand, einen besonderen Status des Freigelassenen"[101] im Sinne einer Gruppe von Eigentumsbeschränkungen, die sich der Freilasser vorbehält, mag dieser nun als Auswirkung eines geteilten Eigentums[102] oder als familienrechtliches besonderes Gewaltverhältnis angesehen werden[103]. Für den Freigelassenen war die παραμονή eine „geminderte Freiheit und nicht eine gehobene Sklaverei"[104].

Hier geht es an, von einem Wandel der Rechtstellung zu sprechen, ein Wandel, der auf jeden Fall für den von ihm Betroffenen viel vorteilhafter war, als sein bis dahin bestehender Zustand. Die typischen Freilassungsvorbehalte der griechischen Texte fehlen aber in den Papyri. So vermochte der Bruch der παραμονή zwar Schadensersatzverpflichtungen und andere noch zu untersuchende Folgerungen haben, er führte aber nicht zum Verlust der Freiheit, der in Griechenland in solchen Fällen möglich war[105]. Der ägyptische παραμονάριος lebte nicht unter einem Sonderrecht, das derartige Nachwirkungen einer früheren Rechtsstellung gekannt hätte. Entsprechend fehlen in den Papyri Bestimmungen über besondere Pflichten des Schuldners, die mit der Bestattung des Freilassers, seinem Totenkult und dgl. zusammenhingen. Von der Bezahlung eines Eranosdarlehens erfahren wir nichts, Alimentation des früheren Herrn, Auszahlungen an dessen

---

Westermann, a.a.O. S. 9ff., Kaser, Römisches Privatrecht II, S. 94 und 295 m. Nachweisen.

[101] So Koschaker, a.a.O. S. 45.

[102] Koschaker, S. 46.

[103] Schönbauer, S. 440.

[104] Koschaker, S. 45.

[105] Vgl. dazu Koschaker, a.a.O. S. 28ff.

Erben, Gestellung von Sklavenkindern für die Gewährung der Freiheit — alle diese von Koschaker hervorgehobenen typischen Freilassungsauflagen[106] fehlen — und müssen fehlen, weil sie zu der Natur der παραμονή in den Papyri als eines von den Beteiligten vereinbarten Rechtsverhältnisses nicht passen. Oft mag sich der Arbeiter seinem Arbeitgeber gegenüber in einer wirtschaftlichen Notlage befunden haben, das änderte aber nichts daran, daß er ihm nicht als Sklave gegenübertrat, dem man mit der παραμονή-Freilassung eine Wohltat erwies. Die Interessenlage war in beiden Fällen zu sehr voneinander verschieden. Die äußere Ähnlichkeit in der Terminologie bei beiden Gruppen von παραμοναί darf darüber nicht hinwegtäuschen. Umstände, die in der einen gerechtfertigt und üblich waren, können nicht zur Erklärung der anderen herangezogen werden, wenn der Ausgangspunkt in beiden Fällen so sehr divergiert. Es ist allerdings nicht zu leugnen, daß die uns ungewohnte griechische juristische Denkweise[107] mit ihren vielschichtigen Begriffen für die Verwischung der Trenungslinien zwischen beiden Arten von παραμοναί bei den modernen Autoren ursächlich ist[108].

§ 8. Zum Begriff der παραμονή

a) Freiheitsminderung durch παραμονή

Ein wichtiger Text aus der ausgehenden Ptolemäerzeit scheint allerdings zunächst für alle die zu sprechen, die in der παραμονή einen Wandel in der persönlichen Rechtsstellung[109] des Schuldners sehen wollen, PSI V, 549 (= Montevecchi 1). Hier verdingt sich eine Frau einer anderen auf 99 Jahre als Hausdienerin und übernimmt in diesem Zusammenhang die Verpflichtung, bei Tag und bei Nacht im Hause der Gläubigerin zu bleiben (Z. 11f.). Außerdem hat sie alles auszuführen, wie es ihr von der Herrin und ihren Leuten aufgetragen wird, wie sie sich überhaupt in allen Dingen unterwerfen muß. So scheint mir die Klausel (Z. 8) καὶ ὀρθὴ στήσομαι ἀπέναντί σου aufgefaßt wer-

[106] Vgl. im einzelnen Koschaker, a.a.O. S. 32ff.

[107] Dazu oben S. 4.

[108] Auch in den Papyri wird nicht genau getrennt. So wurde dem Präfekten Rutilius Lupus gegen 115 n. Chr. die Frage vorgelegt, ob ein Freigelassener nach ägyptischem Recht noch zu *operae* für seinen Patron verpflichtet sei. Obwohl er diesem Geld gegeben und dafür eine Verzichtsurkunde erhalten hatte, wurde er dennoch zu παραμονή verurteilt und ihm Prügel angedroht, P. Oxy. IV, 706. Hier handelt es sich um Freilassungs-παραμονή.

[109] Oben S. 11.

den zu müssen. Vielleicht spielen hier volksrechtliche Vorstellungen hinein, denn der „Vertrag" wird unter Ägypterinnen geschlossen und bezeichnet sich selbst als Übersetzung einer ägyptischen Urkunde. Unter allen Texten ist dieser derjenige, der die schwersten und einschneidensten Bedingungen auf Seiten der Schuldnerin enthält. Und dazu muß sie auch noch ein Strafgeld zahlen, falls sie sich etwa entfernen sollte (Z. 12). Mit Recht betonen alle Autoren, die sich mit diesem Text näher befaßt haben, daß es sich hier um eine klare Selbstversklavung handelte, die nicht zulässig war[110].

Der Zweck der Umgehung des Verbotes ist offenkundig, wenn die Parteien auch versuchen, dies zu verschleiern, indem sie nur auf 99 Jahre abschließen statt auf hundert[111], womit sie wohl darüber hinwegtäuschen wollen, daß die Frau sich in Wirklichkeit für den Rest ihres Lebens verdingt. Ein Kündigungsrecht ihrerseits ist daher selbstverständlich nicht einmal erwähnt. Was hier im Gewande der παραμονή erscheint, ist daher in Wirklichkeit eine getarnte Selbstversklavung. Der Zweck der Gesetzesumgehung ist aber so deutlich, daß aus dieser Stelle keine Rückschlüsse auf die Natur der παραμονή gezogen werden können.

Die Beobachtung, daß hinter der Bezeichnung παραμονή mitunter andere Lebensvorgänge entdeckt werden können, als die ausschließliche Beschaffung von Arbeitskräften, ist nicht selten. Außer dem soeben erwähnten Fall der Selbstversklavung liegt manchmal Sklavenmiete vor, wie in den Fällen BGU IV, 1139 oder PSI VI, 710[112]. Es kann sich ebenso um das Abarbeiten einer Schuld handeln, oder um Fälle des Dienstes bei einem Gläubiger zu dessen Sicherung für

---

[110] Vgl. Arangio-Ruiz, Lineamenti, S. 55, bes. Anm. 2 mit wertvollen Ergänzungen des Textes, die ich hier zugrunde lege. Weiter neuestens Seidl, PtolRG², S. 105 und 146 mit den dortigen Verweisungen, Westermann, a.a.O. S. 37, sowie „Slave Systems" S. 52, Taubenschlag, Arch. d. hist. du droit oriental I, 1937, 249 (= Opera Minora II, 447), ZSS 50, 1930, 145 (= Op. Min. II, 229).

[111] Westermann (obige Anmerkung) sieht in den 99 Jahren lediglich den Ausdruck einer nicht näher bestimmten Zeitdauer der παραμονή. Dem wird man nicht beipflichten können. Die Zahl 99 für ein Rechtsverhältnis auf unbestimmte Zeit erscheint auch in einem Warschauer Papyrus inv. 148 288, einem demotischen „Pachtvertrag" aus Djeme a. d. Jahr 119 v. Chr., obwohl es sich dort um einen Grundstückskauf gehandelt haben wird. Diesen wollte man wohl als Pacht auf 99 Jahre verschleiern, so auch Andrzejewski, JJP 13, 1961, S. 102.

[112] Zu PSI VI, 710 vgl. die Vorbemerkungen von Montevecchi zu Nr. 11 ihrer „contratti di lavoro".

die Zinsen hingegebenen Kapitals (Antichrese). Fälle von Vollstrekkungserfüllung oder Selbstverpfändung lassen sich nicht minder nachweisen[113]. Je nach der Betrachtungsweise der einzelnen Autoren wurde daher dieser oder jener Gesichtspunkt in den Vordergrund gerückt, was sich für das Verständnis der παραμονή nachteilig auswirkte.

Eine besondere Rolle spielte in dieser Beziehung die Pergamene Dura 20, ein Text aus Dura-Europos, den die Anhänger der Lehre vom Wandel in der persönlichen Rechtsstellung des Schuldners immer wieder zur Stützung ihrer Auffassung herangezogen haben[114].

Hier hatte ein parthischer Offizier seinem Burschen 400 Drachmen gegeben und sich dafür dessen Dienste ausbedingen. Der Betrag war für das Jahr 121 n.Chr. eine außerordentlich hohe Summe. Dem Geldgeber war daher daran gelegen, sich entsprechend zu sichern. Die Beteiligten vereinbarten demzufolge außer der Dienstpflicht des Mannes auch noch eine Generalhypothek an dessen gesamter Habe, Einschränkung seiner Bewegungsfreiheit und Verlängerung des Vertrages auf Verlangen des Gläubigers, wenn der Schuldner nicht in der Lage sein sollte, das Geld innerhalb eines Jahres zurückzuzahlen. Für diesen Fall sollte er verpflichtet bleiben, seine Dienste so lange weiter zu erbringen, bis das „geliehene" Geld zurückgegeben sei. Welles betont mit Recht, es sei fraglich, ob der Bursche überhaupt je in der Lage gewesen sei, die Summe zurückzuzahlen[115]. Die Beteiligten scheinen auch damit nicht

---

[113] Vgl. dazu Seidl PtolRG², S. 146. Dort wird in der παραμονή „die Verpflichtung der dienenden Partei, bei dem Dienstherrn auszuharren und jede von ihm verlangte Arbeit zu tun" gesehen. Diese Auffassung beruht auf Westermanns Lehre, vgl. dazu Seidl, SDHI 15, 1949, 343.

[114] Oben S. 26f. Vgl. dazu Koschaker, a.a.O. S. 2ff. Koschaker zitiert dort allerdings noch nach der alten Zitierweise als Dura 10. Wir folgen hier der endgültigen Edition von Welles u. a., in der der Text die Nummer 20 erhalten hat. Aus letzter Zeit vgl. dazu noch Wolff, Beiträge, S. 152, Anm. 61 m. Zit. und Kaser in unserer Anm. oben S. 1, Nr. 1.

[115] Vgl. seine Bemerkung in der Edition S. 110f. mit weiteren Nachweisen, Westermann, Slave Systems, S. 123. Zur soziologischen Seite des Falles vgl. die lebendige Skizze von Welles, S. 113. Der Bursche wird schon auf seine Kosten gekommen sein, denn die Truppe, der er beitrat, scheint hohes Ansehen genossen zu haben, so daß es ihm möglich gewesen sein dürfte, sich selbst auf Kosten der Landbevölkerung und all' derer, die sich um die Gunst seines neuen Herrn bewarben, zu bereichern.

Allgemeine arbeitsrechtliche Schlußfolgerungen können aus diesem Sonderfall, der vor dem Hintergrund der feudalistisch organisierten parthischen Gesellschaft gesehen werden muß, allerdings schwerlich gezogen werden. Von der

gerechnet zu haben, so daß das ganze Geschäft die Begründung einer antichretischen Dienstknechtschaft auf unbestimmte Zeit gewesen sein kann. Aber daß es bei der ganzen Abmachung darum ging, dem Offizier einen Burschen zu verschaffen, dessen Dienste er auf längere Zeit haben wollte, ist aus dem Text deutlich zu spüren. Die Dienstleistung war das Entscheidende, nicht die juristische Form, die zu ihrer Begründung gebraucht wurde.

Diese Beobachtung trifft auch für die zahlreichen Fälle zu, in denen Kinder verpfändet wurden. Auch hier werden langfristige Arbeitsleistungen der in Pfand gegebenen Kinder vereinbart. Die in diesen Fällen festgelegte Anwesenheitspflicht der Jugendlichen beim Geldgeber kann eine teilweise Übertragung elterlicher Gewalt auf diesen, sie kann aber nicht minder auch eine Maßnahme der Sicherung des Pfandes gewesen sein. Familienrechtliche und pfandrechtliche Gesichtspunkte können dabei konkurrieren.

Der älteste Fall dieser Art ist PSI IV, 424, aus dem Zenonarchiv, „ein Hypomnema, worin ein Vater von Zenon etwas wünscht, was ihm sehr dringlich ist, was wir aber nicht mehr verstehen, weil wir den vom Schreiber vorausgesetzten Zusammenhang nicht kennen. Dafür will er sich unter Königseid verpflichten, Zenon seinen Sohn für 100 Drachmen als Hypothek zu geben, ohne aber sonst etwas von Zenon für diese Leistung zu verlangen"[116]. Ähnlich liegt ein späterer Text, BGU IV, 1154, in dem berichtet wird, daß ein Jugendlicher 7 Jahre bei einem Geldgeber gearbeitet hatte. Auch hier muß es diesem also darauf angekommen sein, sich eine Arbeitskraft auf lange Sicht zu verschaffen. Solche Texte lassen sich bis in die Byzantinerzeit hinein nachweisen[117].

Sache her gesehen steht ein Offiziersbursche zu seinem Vorgesetzen in einem disziplinarisch zu beurteilenden Rechtsverhältnis, nicht in einem Verhältnis „Arbeitnehmer zum Arbeitgeber".

Auch Westermann, Paramone, S. 14 in Anm. 15 a. E., wendet sich gegen Überbewertung dieses Textes und weist darauf hin, daß Koschaker das Material zur παραμονή in P. Mich. II nicht genügend beachtet habe.

[116] So Seidl, PtolRG², S. 146. Vgl. auch Westermann, Paramone, S. 35f. und Anm. 87, 88.

Aus der Ptolemäerzeit stammt weiter BGU VI, 1258, Z. 17ff., auch hier gibt ein Vater seinen ältesten Sohn in die παραμονή.

[117] Weitere Texte dieser Art sind BGU IV, 1153 II, P. Tebt. II, 384, wo 2 Brüder einen anderen Bruder einem Weber in die παραμονή geben. Vgl. auch P. Ryl. II, 128, Flor. I, 44, Oxy. X, 1295, SB V, 7612, Princ. II, 78, PSI XIII, 1344, Jand. 62, Stud. Pal. XX, 219, Nessana 56.

Sehr instruktiv ist einer der letzten Texte dieser Gruppe: P. Cairo Maspero 67023 (569 n. Chr.). Ein Vater hatte in großer Not seine jüngere Tochter gegen

Bekanntlich waren alle Versuche der Kaiser, den orientalischen Brauch der Kinderverpfändung zu bekämpfen, im Ergebnis ohne Erfolg, da derartige „Geschäfte" vom Volksrecht trotz allem anerkannt wurden. Es erwies sich hier stärker, als das Reichsrecht[118].

Koschaker hatte auf Grund seiner Studien in den keilschriftlichen Rechtsquellen die Ansicht vertreten, die soeben erwähnte Pergamene Dura 20 stimme mit dem dort nachweisbaren Personenpfand überein[119]. Daraus kann aber schwerlich etwas für die Frage gewonnen werden, ob die παραμονή in den gräko-ägyptischen Texten ebenfalls auf orientalische Bräuche zurückgeht, denn die Urkunde stammt einerseits nicht aus Ägypten, andererseits sind nur Orientalen und keine Griechen an ihr beteiligt, wenn sie auch Griechisch schreiben. Im übrigen ist auch trotz der für die Frage der Rezeption orientalischer Rechtsvorstellungen in Ägypten optimistischen Stellungnahme Koschakers und Taubenschlags eine solche nicht nachzuweisen[120]. Soweit sich ähnliche Entwicklungen beobachten lassen, erscheint es daher eher angebracht, von einer Parallelentwicklung auf Grund gleichartiger Bedürfnisse auszugehen, auch ohne daß sich eine Berührung der einzelnen Rechtskreise nachweisen läßt[121].

---

einen Goldsolidus zur Dienstleistung verpfändet. Darauf war er verstorben, ohne sie ausgelöst zu haben. Nun will die ältere Schwester die jüngere frei bekommen und bietet ihr erspartes Geld dafür an. Da es aber nicht ausreicht, muß sie ihrerseits den Rest aufnehmen. Dazu Taubenschlag, ZSS 37, 1916, 177ff. (= Op. Min. II, 261ff.). Er wägt ab zwischen Dienstnutzung mit Zins- und Amortisationsantichrese und Verpfändung, vgl. auch sein Law², 140, Anm. 33 und 291, Anm. 90, sowie Studi Bonfante I, 367ff. (= Op. Min. I, 181ff.), hier S. 436 (282), sowie Westermann, Slave Systems, S. 135.

[118] Gegen Kinderverpfändungen wendet sich Diocletian Const. IV, 10, 12 sowie IV, 43,1 und VIII, 16,6, außerdem Justinian in Novelle 134,7. Dabei ist bemerkenswert, daß letztere aus dem Jahr 556 stammt und der in der vorangehenden Anmerkung erwähnte Cairener Text nur 13 Jahre jünger ist. Die Novelle muß daher in Ägypten bekannt gewesen sein. Und trotz des jungen Datums der kaiserlichen Vorschrift wurde sie hier offen ignoriert.

[119] A.a.O. S. 9ff., 61ff. Zu ähnlichen Problemen vgl. auch Lautner, Altbabylonische Personenmiete und Erntearbeiterverträge, Leiden 1936. San Nicolò, Der neubabylonische Lehrvertrag in rechtsvergleichender Betrachtung, München 1950 (= Sitzungsber. d. Bayer. Akad. d. Wissensch. 1950,3).

[120] Vgl. Koschaker an den soeben angegebenen Stellen, ferner Taubenschlag, JJP 7/8, 1953/54, 182f. mit sehr reichhaltigen Literaturangaben, sowie Op. Min. I, 461ff.

[121] Der Bastiansche Elementargedanke. Vgl. dazu Seidl, Römische Rechtsgeschichte und römisches Zivilprozeßrecht, 2. Aufl., Köln 1962, 6f. (Abschnitt 17).

Ob in den griechischen Urkunden altägyptisches Recht enthalten ist oder spezifisch griechisches, kann ebenfalls nicht mit Sicherheit gesagt werden, dies um so weniger, als wir dazu keine Überlieferung von Gesetzestexten haben. Zwar ist das Gros der demotischen Papyri noch immer nicht veröffentlicht, doch wäre es erstaunlich, wenn sich aus ihnen starke Abweichungen erkennen ließen, denn das materielle Recht Ägyptens dürfte in einer so alltäglichen Sache, wie den Dienstverträgen, schwerlich nach Nationalitäten verschieden gewesen sein. Ob der Arbeitgeber griechischer oder ägyptischer Herkunft war, dürfte für die Frage nach Ausgestaltung und Inhalt der ihm zu erbringenden Arbeitsleistungen im Rahmen eines alltäglichen Verkehrsgeschäftes keinen Unterschied bedeutet haben. Ein strenges Personalitätsprinzip wäre dessen Ausgestaltung nicht förderlich gewesen[122].

b) Dauernde Anwesenheitspflicht des Paramonars

Nachdem nunmehr die Vorfragen geklärt sind, kann mit der Analyse der Texte begonnen werden. Ihnen allen ist die Verpflichtung des Arbeiters zum παραμένειν bei seinem Arbeitgeber gemein. Dieses Verbum wird durchwegs mit „bei ihm bleiben" übersetzt. Das παραμένειν ist die Hauptpflicht des παραμονή-Schuldners, die vielfach als solche vorausgesetzt und nicht näher erläutert wird. Es gibt aber Fälle, in denen sie schärfer gefaßt ist, so wenn es heißt, daß sich der Arbeiter „weder bei Tage noch bei Nacht ohne Wissen seines Dienstherrn aus dessen Haus entfernen dürfe", oder ähnliche verdeutlichende Bestimmungen gebraucht werden. Es empfiehlt sich daher, von diesen Texten auszugehen, wobei sich alsbald unschwer einige Gruppen herausschälen lassen.

So finden wir sowohl in der frühen Ptolemäer- wie auch der frühen Byzantinerzeit einen Fall, in dem der Schuldner sich nicht von seinem Gläubiger entfernen darf, weil er ihm u.a. als Reise-

---

[122] Aus der bereits oben S. 11 zitierten Selbstversklavungsurkunde und einem demotischen Ostrakon Brooklyn Inv. 37.1821 E. (Acta Orientalia 25, 1960, S. 250ff.) könnte zwar auf eine allgemein längere Dauer der Dienste bei Ägyptern geschlossen werden, weil dort von 99 bzw. 30 Jahren ununterbrochener Dienste die Rede ist. Dies ist aber kein entscheidendes Kriterium für eine Abgrenzung, denn auch den Griechen waren langfristige Dienstverträge nicht fremd, wie noch zu zeigen sein wird. Speziell bei den Kinderverpfändungen finden sie sich, z.B. BGU IV, 1154 (7 Jahre) oder SB V, 7612 (5 Jahre, 8 Monate). Es kann daher auch nicht geltend gemacht werden, die Griechen seien in der Ausgestaltung ihrer Dienstverträge allgemein humaner gewesen, als die einheimische ägyptische Bevölkerung.

begleiter Dienste zu leisten hat[123]. Daß er in einem solchen Fall seinen Dienstherren nicht verlassen darf, leuchtet ohne weiteres ein. Das Interesse des Dienstgebers verlangt eine derartige Verpflichtung des Dienstnehmers.

Auf der gleichen Linie liegen die Fälle, in denen sich jemand zu Arbeiten im Betrieb des Gläubigers verpflichtet. Hier haben wir den instruktiven Fall aus Alexandrien aus der Zeit des Augustus[124], in dem eine Frau einer anderen gegenüber die Arbeit in der der Gläubigerin gehörenden Bierkneipe übernimmt. Sie muß sich expressis verbis binden, bei Tage und bei Nacht dort zu bleiben und sich nicht ohne Wissen der Gläubigerin zu entfernen. Auch hier lag es im Interesse der letzteren, sich dagegen zu sichern, daß sie plötzlich ohne Hilfe dastand. Es scheint auch so gewesen zu sein, daß die Schuldnerin den Betrieb selbst führte, denn es finden sich ganz detaillierte Bestimmungen über Ersatz verbrauchter und abgenutzter Gegenstände, die nur Sinn haben können, wenn die Arbeitnehmerin diese Sachen, die im übrigen nicht näher angegeben werden, tatsächlich in ihrer Gewalt hatte.

Ähnlich liegt der Fall der Purpurfärber vom Anfang des 7. Jahrhunderts n.Chr.[125]. Hier hatte ein Unternehmer einem Färber und seinen beiden Söhnen ausdrücklich die Pflicht auferlegt, „zu bleiben und sich in dem Unternehmen (ἐργαστήριον) niederzulassen", was auf eine ähnlich starke Bindung an den Betrieb hinausläuft, wie der Fall der Bierkneipenarbeiterin. Auch hier war wieder das Interesse des Arbeitgebers maßgeblich für die Regelung.

Eine weitere Gruppe bilden die Texte, in denen Eltern oder Geschwister Kinder oder Familienangehörige in die παραμονή geben. Es scheint sich in den 4 Fällen dieser Art um Minderjährige gehandelt zu haben, doch erfahren wir nichts über das Alter der betreffenden Personen. Wenn es sich um voll geschäftsfähige Familienangehörige gehandelt hätte, hätten diese die Abmachungen doch wohl im eigenen Namen getroffen[126]. Hier erklärt sich das „Bleiben beim Gläu-

---

[123] P. Ent. 48 und P. Oxy. VIII, 1122.

[124] BGU IV, 1126. Um langfristige Arbeit im Gasthaus geht es auch in SB V, 7612. Wenn auch hier so großer Wert auf die ununterbrochene Anwesenheit des Jungen während 5 Jahren und 8 Monaten gelegt wird, so liegt dies im gleichen Interesse des Gläubigers begründet!

[125] Grenf. II, 87.

[126] Es sind dies P. Tebt. II, 384, P. Ryl. II, 128, wobei hier allerdings die Verpflichtung der Tochter, sich nicht zu entfernen, aus dem Zusammenhang geschlossen wird, ferner P. Flor. I, 44 und Cairo Maspero 67023, wo das gleiche gilt. Zur Frage der Kinderverpfändung vgl. unten S. 68f.

biger" sowohl aus der — mindestens teilweisen — Übertragung der elterlichen bzw. vormundschaftlichen Gewalt auf diesen oder aus dem Gesichtspunkt der Sicherung des Pfandes, falls es sich um Verpfändung der Kinder handelte.

In einigen Fällen ist wegen des Zustandes des Textes nicht mehr erkennbar, aus welchem Grunde die παραμονή-Schuldner die Verpflichtung auf sich genommen hatten, den Gläubiger weder bei Tage noch bei Nacht zu verlassen[127].

Den Abschluß dieser Gruppe bilden die Texte aus Dura-Europos und ein weiterer Beleg aus Ägypten. Bei diesen wird daher deutlich, daß die Beschränkung der Bewegungsfreiheit der Schuldner dem Interesse des Gläubigers an einer möglichst starken Sicherung ihre Entstehung verdankt. Dies ergibt sich aus den hohen Beträgen, um die es ging. In Dura 20 stand immerhin ein „Darlehen" von 400 Drachmen zur Debatte, während es sich bei Dura 17 D sogar um 780 Drachmen handelte. Auch in P. Aberdeen 56 war die Summe ziemlich hoch, nämlich 200 Drachmen, ebenfalls als „Darlehen", χρῆσις, gegeben. Immerhin ist hier die Klausel nicht ganz so streng, denn hier mußte sich die Schuldnerin nur zum παραμένειν ἐν τῇ οἰκίᾳ des Gläubigers verpflichten, ohne gleichzeitig Tag und Nacht dort sein zu müssen. Alle drei Urkunden stammen aus dem 2. Jahrhundert n. Chr., einer Zeit, in der die Währung noch stabil war[128]. Für den Gläubiger standen daher in allen drei Fällen höhere Summen auf dem Spiel, die er sich dadurch zu sichern gedachte, daß er die Geldnehmer bei sich behielt.

In einigen anderen Fällen ist der παραμονή-Schuldner nur dazu verpflichtet, bei Tage beim Gläubiger zu sein. Es handelt sich hier zunächst darum, daß ein Vater und sein 20jähriger Sohn 40 Drachmen erhalten hatten. Diese waren offenbar als Lohnvorauszahlung gegeben. Der Sohn verpflichtet sich, Lehm in der Töpferei des Gläubigers zu kneten[129]. Es ist klar, daß dazu seine Anwesenheit während des Betriebes erforderlich war. Ein ähnlich gelagerter Fall betrifft Dienste als Weber[130].

---

[127] PSI X, 1120, wobei der Gl. an den Diensten sehr interessiert gewesen sein muß, weil der Schuldner das Geld (das er im Voraus erhalten hat), nicht zurückzuzahlen braucht, wenn er ein Jahr bleibt. Weiter Ross. Georg II, 18 Z. 299/304.

[128] Dura 20, 121 n. Chr., Aberdeen 56, 176 n. Chr., Dura 17 D, 180 n. Chr.

[129] Mich. V, 241, hier ist der Passus „bei Nacht" noch auf dem Text gestrichen worden.

[130] Mich. V, 355. Mich. II, 121, Ro IV, 8, ist ein ähnlicher Fall, doch fehlen nähere Angaben.

Schließlich sind noch 2 Lehrlings-παραμοναί zu erwähnen, auf die später noch einzugehen sein wird. Es handelt sich in beiden Fällen um Weberlehre[131]. Die Lehrlinge müssen bei Tage von Sonnenaufgang bis -untergang anwesend sein, wie P. Oxy. IV, 725, formuliert.

In diesem Zusammenhang verdient P. Nessana 56 hervorgehoben zu werden, eine Urkunde vom Jahr 687 aus dem südlichen Palästina. Sie stammt nicht aus Ägypten und gehört zeitlich schon der frühen Araberherrschaft an. Wir hören hier, daß ein arabischer Gläubiger von einem Mönch, Vater Kyrin, 50 Solidi erhielt. In der Urkunde erklärt er, der Vater könne nun hingehen, wohin er wolle und der Gläubiger habe nun gegen ihn keine Ansprüche mehr wegen des Sohnes. Dieser selbst könne sich ebenfalls wieder frei bewegen und niemand, weder der Gläubiger noch seine Erben oder Nachfolger, haben mehr Rechte gegen ihn.

Dieser Text wird von allen, die ihn bisher studiert haben, als Freistellung von der παραμονή aufgefaßt. Er ist der einzige Papyrus dieser Art. Wahrscheinlich hatte Vater Kyrin seinen Sohn dem Araber in παραμονή gegeben. Um sie zu beenden, zahlte er das Geld, das er von ihm erhalten hatte, wieder zurück, worauf er selbst und sein Sohn von den Verpflichtungen freigestellt wurden. Der Geldgeber wird sich wohl ausbedungen haben, daß der Sohn während der Dauer der Dienste bei ihm zu bleiben hatte, womit auch dieses Geschäft einen gewissen pfandrechtlichen Einschlag erhalten haben könnte. War dem aber so, so mußte der Gläubiger den jungen Mann besonders freistellen, nachdem die Dienste beendet waren. Man wird in der Urkunde jedenfalls einen außergewöhnlichen Vorgang erblicken müssen, denn vergleichbare andere Texte dieses Inhalts sind bisher nicht ans Tageslicht gekommen[132].

Nach allem wird numehr deutlich, daß nur eine kleine Gruppe von παραμονή-Urkunden eine Beschränkung der Bewegungsfreiheit des παραμονάριος dahingehend erkennen läßt, daß er sich nicht ohne

---

[131] P. Fouad 37 und P. Oxy. IV, 725.

[132] Zum Text vgl. die eingehenden Vorbemerkungen des Herausgebers in der Ed., ferner Westermann, a.a.O. S. 47ff. und „Slave Systems" S. 137, sowie Falenciak, JJP 2 (1948), S. 73ff. Westermann, JJP S. 26, scheint anzunehmen, daß solche besonderen ἀπολύσεις aus der παραμονή erforderlich gewesen wären. Dem steht entgegen, daß sie für das papyrologische Material sonst nicht nachweisbar sind und auch nur dann sinnvoll gewesen wären, wenn der παραμονάριος immer beim Gl. hätte bleiben müssen.

Interessant ist, daß der Gl. dem Vater K. 20 Solidi zurückgab. Darin wird man mit dem Herausgeber den Arbeitslohn zu erblicken haben, das ἀργύριον hat zwar 50 Solidi betragen. Der Gl. benutzte es seinerseits aber gleich wieder, um daraus den Arbeitslohn zu regulieren, vgl. auch die oben genannten Autoren.

Wissen des Dienstherrn aus dessen Hause entfernen durfte, sondern zur ständigen Anwesenheit gezwungen war. Eine Minderung in der persönlichen Rechtsstellung ist indessen auch aus diesen Texten nicht zu entnehmen, es sei denn, man wolle in der Beschränkung der Freizügigkeit zugleich eine Minderung der Rechtspersönlichkeit sehen. Dafür geben die Texte aber keinen Anhaltspunkt.

Die Verpflichtung, das Haus des Gläubigers nicht zu verlassen, ist bei dem gegenwärtigen Quellenstand nur dann erkennbar, wenn besondere Interessen auf seiner Seite eine solche Regelung erforderten. Als solche sind einmal die ordnungsgemäße Durchführung seines Wirtschaftsbetriebes zu nennen sowie persönliche Dienste als Reisebegleiter und dergleichen. Dann hat aber auch das Bestreben nach Sicherung besonders hoher Geldbeträge eine Rolle gespielt. Wenn der Geldnehmer in solchen Fällen ständig beim Geldgeber bleiben mußte, so erklärt sich das aus dessen Versuch, sich auf diese Weise den Zugriff auf den Schuldner zu erhalten. Hier kann es sich durchaus um Personenpfand gehandelt haben, woran auch bei der Hingabe von Kindern in die παραμονή zu denken ist. Aber auch in diesen Fällen darf nicht übersehen werden, daß die Dienstleistung entscheidend war. Die „Pfandpersonen" hatten zu „bleiben" und zu dienen. Die Dienstleistung war mit dem Aufenthalt notwendig gekoppelt. Dem Geldgeber kam es nicht darauf an, einen Esser in seinem Hause zu haben, sondern einen Arbeiter.

Lagen derartige besondere Interessen nicht vor, so genügte es, wenn sich der παραμονάριος seinem Dienstherrn zur Verfügung stellte, auch ohne daß er Mitglied von dessen Hausgemeinschaft wurde. Das Verbum παραμένειν bedeutet hiernach bei Dienstverhältnissen nicht einfach „bleiben", sondern „sich zum Dienst zur Verfügung stellen". Es sollte damit eine andauernde Dienstpflicht ausgedrückt werden[133]. Dafür spricht nicht zuletzt auch der Umstand, daß die Byzantiner bei ihrer bekannten Vorliebe für breite und wortreiche Darstellung in ihren Urkunden[134] eine Verpflichtung zum „Bleiben" sicherlich entsprechend ausführlich erläutert hätten, wenn damit grundsätzlich eine Beschränkung der Freizügigkeit verbunden gewesen wäre. Ihre Texte sind aber in dieser Hinsicht nicht viel anders, als die ihrer Vorgänger.

---

[133] So auch im Ergebnis, wenn auch mit anderer Begründung, Westermann, Paramone, S. 26. Für die koptischen Urkunden erchließt Till den gleichen Sinngehalt (vgl. seine Ausführungen in der Taubenschlag-Festschrift, EOS 48, 1, S. 283).

[134] Vgl. dazu Zilliacus, „Zum Stil und Wortschatz der byzantinischen Urkunden und Briefe", MPÖN, 1956, 157ff.

c) Gegenstand der Arbeitspflichten

Mit der Frage des Inhalts der Arbeitsverpflichtung bei der παραμονή hat sich Koschaker in seiner bereits mehrfach zitierten Studie nicht auseinandergesetzt, sondern lediglich festgestellt, daß dem „Paramonar zur Pflicht gemacht wird, für den Gläubiger nach dessen Weisungen zu arbeiten (ποιεῖν τὰ ἐπιτασσόμενα)“[135]. Er meint zwar, gelegentlich werde die Art der Arbeit näher angegeben[136], geht aber nicht weiter auf die Frage nach dem Inhalt der Dienstleistungen ein. Demgegenüber hat sich Westermann mit Entschiedenheit dafür ausgesprochen, in der παραμονή einen „general-service contract“ zu sehen, eine Abmachung also, in der die Art der vom Arbeiter angebotenen und vom Gläubiger angenommenen Dienste nicht festgelegt war. Er trennt in seiner Untersuchung Verträge über ganz bestimmte Einzeldienste und παραμοναί und meint, letztere hätten allgemeine Dienste im Hause, Hilfsarbeiten in der Landwirtschaft und überhaupt nicht näher bestimmte Arbeitsleistungen ähnlichen Inhalts umfaßt. Nach ihm ist παραμονή ein Vertrag über Dienste allgemeiner Art im Gegensatz zu Arbeitsverträgen über genau festgelegte Leistungen[137]. Orsolina Montevecchi unterscheidet in ihren contratti di lavoro ebenfalls Verträge über spezielle Leistungen und Dienstverträge mit dem Recht des Gläubigers, beliebige Dienste zu verlangen. Davon trennt sie jedoch die παραμονή, in der sie Arbeit als Gegenleistung für Darlehenszinsen sieht[138].

In den Texten werden erneut gewisse typische Gruppen erkennbar. Die griechischen Urkunden zerfallen in einen Teil, in dem die zu erbringenden Dienste nicht näher definiert werden, der Schuldner sich vielmehr dazu verpflichtet, πάντα τὰ ἐπιτασσόμενα o. ä. zu vollbringen. Die koptischen Abmachungen entsprechen in ihren Formulierungen diesem Typ, da auch sie die zu leistenden Dienste nicht näher bezeichnen.

Fast gleichstark mit den griechischen Texten der ersten Art ist eine zweite Gruppe, die Art und Inhalt der zu erbringenden Dienste genau festlegt. In der Mitte zwischen beiden stehen einige Belege, die zwar auch bestimmte Dienste bezeichnen, daneben aber einen Zusatz enthalten, der eine allgemeine Dienstverpflichtung ausspricht. Auch hier empfiehlt es sich wieder, von der Interessenlage auszugehen und die einzelnen Kategorien für sich zu untersuchen.

[135] A. a. O. S. 17.

[136] Ebendort, Anm. 6.

[137] A. a. O. S. 25, 26, 37 u. passim.

[138] Contratti S. 7, 8.

aa) Urkunden mit nicht näher bestimmter Dienstverpflichtung

Diese Gruppe führt zunächst in die Ptolemäerzeit, aus der wir einige Belege aufführen können, P. Tebt. III, 815, col. II, Z. 25ff. und BGU VI, 1258, Z. 17ff. Es handelt sich bei beiden Stellen um Auszüge aus Vertragsrollen, die in ihrer lapidaren Kürze heute keine Rückschlüsse auf den Inhalt der zu leistenden Arbeit mehr zulassen. Anders ist es dagegen bei dem bereits erwähnten Fall der Selbstversklavung PSI V, 549 (= Montevecchi 1), kurz vor Beginn der Römerherrschaft[139]. Wenn sich die Schuldnerin hier verpflichtet, Tag und Nacht bei ihrer neuen Herrin zu bleiben und alles zu tun, war ihr von dieser und ihren Leuten aufgetragen wird, so folgt diese Vereinbarung logisch aus der Art der in Aussicht genommenen Dienste. Wer sich einem anderen in der Weise unterwirft, daß er damit auf seine persönliche Freiheit verzichtet, kann sich naturgemäß keine Vorbehalte mehr erlauben, sondern muß sich damit abfinden, daß er für alle Arbeiten in Anspruch genommen wird, die während der Dienstzeit auftreten können. Jede nähere Umschreibung wäre schon eine Einschränkung.

Die nächsten Texte dieser Gruppe gehören dem 2. Jahrhundert n. Chr. an. Es handelt sich um die beiden Texte Dura 20 und 17 D, auf die ebenfalls schon Bezug genommen wurde[140]. Wenn hier ganz allgemein „Knechtsdienste" versprochen werden, so erklärt sich dies aus dem Sonderfall der militärischen Unterordnung der Leibburschen, um die es dabei ging[141]. Mögliche arbeitsrechtliche Komponenten traten hinter der militärisch-dienstlichen Bindung zurück.

Nach Ägypten zurück führen einige weitere Urkunden aus dem gleichen Jahrhundert. Hier ist zunächst P. Flor. I, 44 zu nennen, durch den Eltern ihren Sohn dem Gläubiger in Dienst geben. Er hat alles zu tun, was ihm aufgetragen wird, sei es zu Hause, sei es auf dem Felde. Dem Gläubiger muß an diesen Dienstleistungen sehr gelegen gewesen sein, denn die Eltern müssen einen anderen (Sohn?) stellen, falls der erste wegbleiben sollte. Im allgemeinen erwartet man an dieser Stelle eine Verpflichtung zum Nachdienen oder Schadenersatz in Geld, die hier fehlt. Offenbar war der Arbeitgeber an der ununterbrochenen Anwesenheit des Gestellten sehr interessiert, den er wohl als Hausburschen haben wollte. Seine Dienste mögen ihm lieber gewesen sein als Geld. Ähnlich umfassend war die Dienstverpflichtung auch bei P. Aber-

---

[139] Vgl. oben S. 11 Anm. 49.

[140] Vgl. oben S. 26f.

[141] Der Fall Dura 17 D scheint — den Klauseln nach zu urteilen — ähnlich gelagert gewesen zu sein, wie Dura 20.

deen 56[142] und vielleicht auch bei Mich. II, 121, Ro. IV, 8, wo allerdings wegen der nur kurzen Inhaltsskizzierung nichts weiter gesagt wird.

Was sich der Bittsteller in P. Rein. II, 113 genau vorgestellt hatte, als er sich an den Adressaten mit der Bitte wandte, dieser möge sich seiner erbarmen und ihm, dem alten und fast erblindeten Mann in seiner Schwäche Schutz gewähren, wissen wir nicht. Wenn er aber sagt, er wolle ihm „zu Füßen dienen“, kann man sich vorstellen, daß auch dies im Hause des Empfängers bei leichten Arbeiten geschehen sollte, die für den Greis noch erträglich waren. Etwas derartiges scheint ihm auch vorgeschwebt zu haben, wenn er von seinen Lehrlingen spricht, die er noch weiter beaufsichtigen möchte.

Die restlichen Texte dieser Gruppe gehören sämtlich der Byzantinerzeit an. Der früheste von ihnen ist P. Oxy. VIII, 1122 (= Montevecchi 14). Hier verlangte die Interessenlage beim Gläubiger die möglichst umfassende Dienstpflicht des Arbeitnehmers, der mit ihm als Reisebegleiter in fremde Länder gehen sollte. Am besten wird man in dem Schuldner eine Art „Kammerdiener“ zu sehen haben.

In P. Straßbg. I, 40 handelt es sich um einen Hausdiener, der sich selbst als φαμιλιάριος ἑδραῖος κατάδουλος παῖς bezeichnet, was von Preisigke als „Hausbediensteter in fester Stellung eines Haussklaven“ übersetzt wird, wobei allerdings zu beachten ist, daß das Substantiv δοῦλος um diese Zeit (6. Jahrhundert) einen Bedeutungswandel erlebt hat. Es bezeichnet jetzt nicht mehr sozialen Status, sondern allgemeine Unterwürfigkeit[143]. Man sollte daher hier nicht mehr von einem Haussklaven sprechen, sondern allgemein von einem Hausdiener. Um Hausbedienstete geht es auch bei P. Jand. 62 und SB I, 4490, wo sich der Schuldner selbst παραμονάριος nennt. Man wird das Substantiv am besten mit „Hausangestellter“ übersetzen. Preisigke hat dafür „Diener, Dienstbote“, doch dürfte eine Klarstellung als Hausdiener ratsam sein. Der sehr späte Text ist eine Brücke zu den von Till veröffentlichten Arbeitsverträgen in koptischer Sprache, in denen uns der παραμονάριος in koptisierter Form begegnet[144]. Es handelt sich auch jetzt um Dienste in Haus und Feld.

[142] Vgl. dazu Westermann, a.a.O. S. 27. Sein Zitat in Anm. 58 muß natürlich Nr. 56 heißen (statt Nr. 6).

[143] Vgl. dazu Zilliacus, MPÖN, 1956, S. 163, δοῦλος nennt man sich jetzt in Petitionen an Herren und Vorgesetzte.

[144] Vgl. oben S. 26, Anm. 42ff. Es handelt sich zunächst um die Fälle Arb. 13 und 14.

In Arb. 13 ist sowohl der Arbeitnehmer wie der Arbeitgeber παραμονάριος. Till wirft dazu (a.a.O. S. 285) die Frage auf, „ob der Umstand, daß sich ein

Die Urkunden der Gruppe a) bestätigen im Ergebnis die Westermannsche These von der Natur der παραμονή als „general-service contract". Sie tun dies jedoch nur insoweit, als es sich bei ihnen um Dienste in Haus und Feld handelt. Diese waren — und sind — naturgemäß immer umfassender Natur. Für diese Gruppe von Dienstleistungen lassen sich Nachweise in allen Perioden erbringen, für die Papyri vorliegen. Sie zeigen immer den gleichen Sachverhalt, nämlich Hausarbeit. Eine Ausnahme bilden lediglich P. Dura 20 und 17 D, die aber, genau so wie der Fall des Reisebegleiters, Oxy. VIII, 1122, eine gewisse Verwandtschaft mit den anderen Texten von der Interessenlage her erkennen lassen, denn Leibburschen und Kammerdiener stehen, was ihre Arbeitsleistung angeht, Hausangestellten sehr nahe. Dennoch können aus dieser Gruppe allein keine allgemeinen Schlüsse auf die mit der παραμονή verbundenen Arbeitsleistungen gezogen werden.

bb) Texte mit bestimmten Dienstleistungen

Auch hier können wir mit einer Urkunde aus der Ptolemäerzeit beginnen, der Prozeßeinleitung P. Ent. 48, die zwar das Substantiv παραμονή nicht hat, der Sache nach aber eine betrifft. Hier hatte der Diener seinem Herrn versprochen, ihm in einen Feldzug zu folgen, ihm Dienste (wohl wieder als Leibbursche) zu leisten und ihn in eine bestimmte Stadt zu bringen. Das Dienstverhältnis scheint wieder militärischer Natur gewesen zu sein.

παραμονάριος einen anderen zulegt, mit der Bedeutung des Wortes" wie sie sich aus den griechischen Urkunden erschließt, vereinbar sei. M. E. kann diese Frage, die Till selbst unentschieden läßt, nunmehr bejaht werden. Wir werden unten S. 66, 109 sehen, daß nicht nur niedere Dienste geschuldet wurden, sondern auch höhere (z.B. Leitung des Rennstalles in Oxyrhynchos). Es kann daher durchaus sein, daß der Gl. in Arb. 13 nicht „gewöhnlicher" παραμονάριος war, sondern höhere Dienste im Hause einer hochgestellten Persönlichkeit verrichtete, so wie etwa in England neben einem Butler niedere Hausangestellte beschäftigt werden.

Vgl. weiter: Arb. 21 Hausgehilfin und Kindermädchen, Arb. 22 allg. Haus- und Feldarbeit, Arb. 23 Feldarbeit, Arb. 25 Vieh- und Weidearbeit, Arb. 33 allgemeine Handwerksarbeiten in einem Kloster. (Sie sind ausdrücklich nicht näher aufgeführt. Der Schuldner ist hier aber Diakon, also auch selbst Kleriker. Dann wäre seine Arbeitsverpflichtung vielleicht auch aus einer Ordensregel zu erklären, was aber gegen die Existenz einer freien Vereinbarung spräche.)

Die Dienstpflicht gegenüber einem Kloster kann auch auf einer sog. „Kinderschenkung" beruhen, durch die Eltern ihre Kinder einem Kloster übergeben, damit sie dort niedere Dienste leisten. Sie werden dadurch nicht zu Sklaven, sondern zu halbfreien Hierodulen. Vgl. dazu Steinwenter, Recht der koptischen Urkunden, S. 17 und 37, jeweils mit weiteren Nachweisen.

Etwas jünger ist die Urkundenrolle BGU VI, 1258, die uns auch schon in der Gruppe a) am Anfang begegnet ist. Sie enthält nicht nur einen Beleg für diese, sondern auch für eine bestimmte Dienstleistung, Z. 4ff. Hierbei handelt es sich um die Arbeit am Schaduf, κηλωνεῖον, eines Bades, das ein Gärtner 11 Monate lang in Betrieb halten muß[145]. Es könnte sich dabei wohl um die am meisten anstrengende Arbeit in einem Badebetrieb gehandelt haben. Daß die Beteiligten hier an παραμονή dachten, ergibt sich aus der Strafklausel ἐάν δὲ μὴ παραμένηι. Westermann nimmt diese Stelle für sich in Anspruch[146], obwohl der Gärtner doch gerade keine „undefined kinds of work" verspricht, sondern die bestimmte Verpflichtung eingeht, die Wasserversorgung des Bades in Betrieb zu halten. Gerade dieser Berliner Text zeigt den Unterschied deutlich: die erste Eintragung sieht spezielle Dienste vor, die zweite dagegen generelle.

Auch der schon erwähnte „Bierkneipenfall" BGU IV, 1126, aus der frühen Prinzipatszeit spricht nicht für Westermann, obwohl er in Z. 9 und 10 die Bestimmung enthält, daß die Schuldnerin „in der der T. gehörenden Bierkneipe arbeite und insgesamt alles ausführe, was ihr von der T. aufgetragen werde". Daß es sich hier um einen echten Arbeitsvertrag handelt, hat schon Berger gesehen[147]. Trotz der Formulierung ist aber entgegen Westermann[148] nicht von einem unbestimmten Charakter der Dienste auszugehen, vielmehr sollte die Schuldnerin das Geschäft der Gläubigerin führen, wie sich aus den Bestimmungen über die Ersatzpflicht der ihr anvertrauten Gegenstände ergibt[149]. Die Klausel wird daher so zu verstehen sein, daß sie dabei an die Weisungen der Arbeitgeberin gebunden war und nicht einfach tun und lassen konnte, was ihr in den Sinn kam. Ihre Befugnisse sollten dadurch eingeschränkt und das Weisungsrecht der Gläubigerin klargestellt sein. Man würde hier im modernen Sprachgebrauch von einem Angestelltenverhältnis sprechen.

Aus P. Ryl. II, 128 erfahren wir zwar, daß ein Mädchen, das κατὰ παραμονήν (Z. 20) in der Ölpresse des Gläubigers arbeitete, auf Anstiften ihres Vaters davongelaufen war und dabei verschiedene Gegen-

---

[145] Vgl. Seidl, PtolRG², S. 146.

[146] A.a.O. S. 36.

[147] Strafklauseln, S. 172f.

[148] A.a.O. S. 27 und 37 Anm. 92.

[149] Vgl. oben S. 17f.; in dem ähnlich gelagerten Fall SB V, 7612 sind die Dienste des Jungen in Küche und Schankstube ausdrücklich als μαγειρική καί καπηλική ἐργασία bezeichnet, Z. 7f., 19f.

stände mitgenommen hatte, wir wissen aber nicht, was im einzelnen vereinbart war.

Interessant ist der Fall Oxford 10, in dem sich ein Ehepaar verpflichtet und der Mann die Schweine des Gläubigers ein Jahr lang hüten muß. Es heißt dort, daß Ares „die Schweinchen, welche Lucius hat, auf die Weide treibt, indem er sie auf die gehörigen Wege und Weiden führt und alles das verrichtet, was einem Hirten obliegt". Westermann meint dazu, „the work was to be a general oversight of the herd of pigs. Ares and his wife agreed to lead them out to the right places and to do everything which it was fitting for a pig herder"[150]. Gerade das aber spricht gegen nicht näher bezeichnete Dienste. Zwar enthält der Vertrag keine bis ins Detail gehende Regelung der Pflichten des Schuldners, aber er sagt klar, was von ihm verlangt wurde: alle diejenigen Leistungen nämlich, die ein (ordentlicher) Hirt zu erbringen hat. Diese Dienste aber waren — und sind — keineswegs unbestimmter und nicht näher festgelegter Art, sondern setzen ein gehöriges Maß an Erfahrung und Kenntnis voraus. Ares sollte daher auch nicht einfach irgend etwas mit den Schweinen machen, sondern er sollte sie hüten, hegen und pflegen. Eine allgemeine Beaufsichtigung der Herde — so Westermann — war dazu nicht genug und entsprach gewiß nicht dem, was sich die Beteiligten selbst dabei gedacht haben mögen. Gewiß hatte der Gläubiger kein Interesse daran, seine Herde nur allgemein beaufsichtigt zu sehen, sondern er wollte einen Nutzen aus ihr ziehen. Das konnte er aber nur, wenn sie gehörig gehegt und gepflegt wurde.

In P. Ross. Georg II, 18, Z. 77—82 scheinen Dienste beim Beheizen einer Badeanstalt geschuldet gewesen zu sein. Der Fall erinnert an die Wasserversorgung des Bades aus der Ptolemäerzeit. Interessant ist auch hier, daß eine andere Eintragung, Z. 299—304, wieder von allgemeinen Diensten gehandelt zu haben scheint.

Damit verlassen wir die Texte aus der Prinzipatszeit und kommen zu P. Oxy. I, 140 (Montevecchi 17, 550 n.Chr.). Hier geht es um die Dienste des Stallmeisters Aurelios Serenos in dem Rennstall einer hochgestellten Persönlichkeit in Oxyrhynchos. Er übernimmt die Verpflichtung, ein Jahr lang alle Dienste eines Stallmeisters gewissenhaft auszuführen. Auch dieses Verhältnis bezeichnen die Parteien als παραμονή (Z. 25), was wieder gegen Westermann spricht, denn der Leiter eines Rennstalls schuldet ohne Zweifel mehr als nur allgemeine Dienste. Von ihm wird ein ganz besonderes Maß an Sachkenntnis ver-

---

150 A.a.O. S. 44.

langt. Montevecchi betont daher zu recht, daß wir uns hier in einem ganz anderen Rahmen als bei einer großen Zahl der sonstigen Urkunden befinden. „Die sozial niedere Stellung des Arbeitnehmers wird hier weniger stark gefühlt und ausgedrückt. Es handelt sich um mehr als bloße Arbeit, sondern um eine Beschäftigung, die bestimmte Fähigkeiten voraussetzt und demzufolge eine gewisse Verantwortung mit sich bringt"[151]. „Allgemeine Dienste" können hier nicht geschuldet sein. Das gilt auch für P. SB VI, 9456 (Festschrift Steinwenter), bei dem der Inhaber einer Garküche einen Koch in seine Dienste, παραμονή, genommen hatte. Von diesem durfte er mit Recht nicht irgendwelche Künste erwarten, sondern Kochkünste!

Das gleiche gilt von P. Grenf. II, 87 (Montevecchi 24), in dem sich ein Vater mit seinen beiden Söhnen als Purpurfärber einem Fabrikanten verdingt. Sie müssen παραμένειν, sich in der Fabrik niederlassen und für den Gläubiger in vollem Umfang in ihrem Färberhandwerk arbeiten (Z. 17ff.). Auch hier kann keine Rede davon sein, daß nur allgemeine Dienste geschuldet würden, vielmehr haben die Schuldner ihr Handwerk im Interesse des Arbeitgebers ordentlich auszuführen. Sie dürfen sich nicht eher entfernen, bis die Arbeit völlig beendet ist. Auch der Gläubiger, der sich den Stallburschen dang (Stud. Pal. XX, 219, Montevecchi 25), wollte gewiß von diesem alle einschlägige Arbeit geleistet haben, ohne sich sonstwie zufrieden zu geben. So vermögen die Texte der Gruppe b) Westermanns Auffassung von der „παραμονή as general-service contract" nicht zu stützen. In allen Fällen hatte das Arbeitsverhältnis nicht allgemeine Dienste, sondern konkrete Pflichten des Arbeitnehmers zum Gegenstand. Diese umfaßten einen sehr weitgesteckten Bereich, vom Stallburschen, Heizer und Gärtner angefangen über den Schweinehirten, die Gasthausangestellte, Koch und Purpurfärber bis hin zum Stallmeister in verantwortlicher Stellung — wahrlich ein buntes Gemisch mehr oder weniger selbständiger Verrichtungen.

cc) *„Gemischte" Fälle*

Blicken wir nun auf die Texte, die zwar eine bestimmte Arbeit als geschuldet angeben, aber eine zusätzliche Klausel im Sinne Westermanns enthalten. Zwei davon befassen sich mit Weberei, P. Tebt. II, 384 und Mich. V, 355. Im ersten Fall ist ein junger Weber von seinen Brüdern in die παραμονή gegeben worden, der beim Gläubiger im

---

[151] Vgl. Montevecchis Vorbemerkung S. 68 ihrer Neuedition.

Webehandwerk zu arbeiten und alles zu tun hat, was ihm aufgetragen wird[152].

In Mich V. 355 (PSI VIII, 902) verpflichtet sich der Schuldner, beim Gläubiger auszuharren (διατρίβειν), alles zu tun, was ihm aufgetragen wird und zu weben, wo immer der Gläubiger jeden Tag wolle. Er will ihn bei Tage nicht verlassen, sondern überall mit ihm hingehen gemäß dem Gesetz.

Hier kann der Sinn der Vereinbarungen schwerlich der sein, daß die Weber schlechthin alles tun mußten, was der Gläubiger von ihnen verlangte, wozu hätten sie in beiden Fällen sonst auf die Webereigenschaft gepocht? Wenn es den Gläubigern darum gegangen wäre, Hausburschen einzustellen, hätten sie keine Weber zu nehmen brauchen. Es steht nichts im Wege, den Passus ἐ]ργαζόμενον [κατὰ τὴν] γερδιακὴν τέχνην καὶ ποιοῦντα τὰ ἐπ[ιταχθη]σόμε[να] πάντα in Tebt. II, 384, Z. 23—25 so aufzufassen, daß sich die Anweisungen auf die Ausübung der Webertätigkeit beziehen. Diesen hatte der von seinen Brüdern in die παραμονή gegebene Junge allerdings zu folgen. Man wird auch den Michigan-Text so zu verstehen haben, denn wenn der Arbeiter ausdrücklich mit dem Gläubiger vereinbart, daß dieser für ihn u.a. auch die Webersteuer zu zahlen habe (τὸ γερδιακόν, Z. 6), so liegt es nahe, anzunehmen, daß er in seinem erlernten Beruf als Weber zu arbeiten hatte[153].

Eine Bestätigung für die Richtigkeit dieser Auffassung scheint mir P. Mich. inv. 2819 (SB 7358) zu sein. Dort hatte sich eine Frau ausdrücklich verpflichtet (Z. 8—10), der Gläubigerin zu dienen und Webearbeiten zu verrichten, so wie sie sie verstehe, sowie Hausarbeiten. Auch hier will Westermann „general services" als geschuldet ansehen[154]. Man wird ihm aber wieder schwerlich zustimmen können, denn der Schwerpunkt der Arbeitsleistung der Schuldnerin dürfte auf dem Weben, nicht auf der Hausarbeit gelegen haben. Mit dem Begriff „Hausarbeiten" muß sich die Vorstellung allgemeiner Dienste im Hause jedenfalls dann nicht verbinden, wenn sie mit ganz bestimmten anderen Diensten gekoppelt sind, wie hier den Weberdiensten. Den Hausarbeiten dürfte neben diesen nur eine untergeordnete Bedeutung zugekommen sein.

---

[152] Vgl. dazu auch Koschaker a.a.O. S. 17, bes. Anm. 6 mit Bezug auf Bergers Interpretation des Textes, Strafklauseln, S. 171, bes. Anm. 4.

[153] Zum γερδιακόν in der Prinzipatszeit vgl. Wallace, Taxation in Egypt from Augustus to Diocletian, Princeton 1938, S. 193ff. und die weiteren Nachweise im Register.

[154] A.a.O. S. 28.

Es verbleibt aus dieser Kategorie nur noch der Text Mich. V 241, Z. 24—38, in dem es darum geht, daß der eine der Schuldner in der Töpferei des Gläubigers Lehm zu treten und alles, was ihm aufgetragen wird, auszuführen hat. Hier scheint es sich in der Tat um niedere Dienste in der Werkstatt des Gläubigers zu handeln, dem es wohl darauf angekommen sein wird, einen Gehilfen einzustellen, den er für alle einschlägigen Arbeiten brauchen konnte. Aber gerade deshalb wird man die Verpflichtung, alles Aufgetragene auszuführen, im Zusammenhang mit den Töpfereiarbeiten zu sehen haben. Innerhalb dieses Rahmens mußte der Schuldner zu Diensten sein. Ob er darüberhinaus auch zu anderen Tätigkeiten herangezogen werden konnte, kann aus der Urkunde zwar nicht erschlossen werden, liegt aber nicht außerhalb des Möglichen. Jedenfalls hatte er keine besonders verantwortungsvolle Aufgabe in der Töpferei. Sein Tagewerk dürfte nicht allein im Lehmtreten bestanden haben. Wir können uns gut vorstellen, daß er auch sonst zur Mitarbeit herangezogen wurde, wenn es erforderlich war. Aber auch das würde der Abmachung nicht ohne weiteres den Charakter einer Vereinbarung über unbestimmte Dienste verleihen. Wozu wäre sonst das „Lehmtreten" betont worden? Vielleicht weil es die schwerste Arbeit war?

Nun stützt Westermann seine These von der unbestimmten Natur der in der παραμονή zu leistenden Dienste u.a. auch auf eine Eintragung in P. Mich. II, 123, Ro. XVII, Z. 17, wo von einer ὁμο(λογία) ... ἔργω(ν) β, einem Vertrag über 2 ἔργα, die Rede ist[155]. Er meint, das Substantiv ἔργον bedeute hier nicht „piece work", sondern „task", „job", wäre also „Dienstleistung", nicht das geschuldete Ergebnis. Dies entspricht dem Sprachgebrauch (vgl. Preisigke, WB)[156]. Er schließt aus dieser Eintragung auf einen Gegensatz zwischen ὁμολογία ἔργων und παραμονή und meint, man müsse zwischen dieser Eintragung und den übrigen Eintragungen von παραμοναί in der Rolle auch der Sache nach scharf trennen. Darin sieht er eine Bestätigung seiner These, „that the type of work was not delimited and the man hired became a handy man, subject to any demand of the work giver within the scope of the requirements customarily required of free workers"[157]. Diese These ist an sich schon anfechtbar im Hinblick auf die äußerst kurzen und lapidaren Eintragungen auf der Rolle, die lediglich die Namen der Beteiligten, eine extrem knappe Bezeichnung der Vereinbarung und den ausgemachten Geldbetrag

[155] A.a.O. S. 24, bes. auch Anm. 46.
[156] Vgl. dagegen Dig. 50, 16, 5, 1.
[157] loc. cit.

angibt (Datum, „ὁμολογία παραμονῆς zwischen X und Y [über] so-und-so-viel Drachmen"). Entsprechend kurz sind die Eintragungen in den anderen Fällen. Die ihnen zugrunde liegenden Abmachungen sind nur in einer verschwindend geringen Zahl erhalten, so daß von hier aus nichts zu gewinnen ist. Es muß daher Bedenken begegnen, aus dermaßen knappen Hinweisen weittragende Schlußfolgerungen hinsichtlich des Inhalts der registrierten Rechtsbegriffe zu ziehen. In der Tat läßt sich die These aber auch vom Ergebnis her nicht halten, denn in einer späteren Veröffentlichung von Texten aus der Sammlung in Michigan — die Westermann allerdings bei Abfassung seiner Abhandlung wahrscheinlich noch nicht bekannt war — finden wir in P. Mich. V, 238, Col. IV, Z. 168 den Vermerk ὁμο(λογία) Θαήσιος πρὸ(ς) Ταρμούθιο(ν) παραμο(νῆς) ἔργω(ν) (ὀβολοὶ) ε.

Hier wird also klar auf eine παραμονὴ ἔργων Bezug genommen. Somit schließt der Begriff παραμονή die Bezugnahme auf einzelne ἔργα nicht aus[158]. Das paßt in das gesamte Bild der Register, die in ihrer sehr knappen Eintragungsweise unbestimmte und näher bestimmte παραμοναί aufzuführen pflegen, ohne sich über deren vertragliche Ausgestaltung zu äußern.

Als Ergebnis kann daher festgehalten werden, daß aus dem Vorkommen der ποιεῖν-τὰ-ἐπιτασσόμενα-Klausel keine verbindlichen Rückschlüsse auf Inhalt und Umfang der zu leistenden Dienste gezogen werden können. Sie findet sich vorwiegend in Fällen, bei denen allgemeine Dienste in Haus und Feld geschuldet werden, fehlt dagegen meist, wenn es sich um bestimmte Arbeitsleistungen handelt. Das ist natürlich, denn in der Regel läßt sich im vorhinein nicht überblicken, was alles an einen Hausbediensteten im Lauf der Dienstzeit herangetragen wird. Bei anderen Arbeitsverträgen wissen die Beteiligten, welche Dienste erwartet werden. Das alles führt zu dem Schluß, daß mit der Klausel lediglich ein allgemeines Weisungsrecht des Arbeitgebers gegenüber dem Arbeitnehmer bezweckt war. Im Rahmen seiner Arbeitspflicht hatte er allen auf sie bezüglichen Anweisungen seines Dienstherren zu folgen. Mehr dürfte aus der Klausel nicht herauszu-

---

[158] Der von Westermann zur Stützung seiner Auffassung noch beigezogene P. Rein. II, 105, ist keine ὁμολογία ἔργων in seinem Sinne, sondern sicherlich παραμονή eines Teppichwebers, wenn auch das Wort selbst nicht mehr vorkommt. Es könnte aber in Z. 6 am Anfang gestanden haben, wenn man die Lücke ergänzen und den Text ἐνεδρεῦσαι τῇ παρ[ὰ σ]οι [παραμονῆι] lesen würde, "... dem Dienst bei Dir nicht hinderlich zu sein". Diese Ergänzungsmöglichkeit soll zur Diskussion gestellt sein. Die Klausel wäre allerdings nicht typisch.

lesen sein. Damit aber entfällt die These, daß die παραμονή ein allgemein nicht näher bestimmter Dienstvertrag gewesen sei. Man bediente sich ihrer vielmehr für Arbeitsleistungen der verschiedensten Art, nicht nur für solche, die ihrer Natur nach weitgefaßt waren — und auch heute noch sind — sondern auch für spezielle auf eine gewisse Dauer angelegte Dienstleistungen niederer wie höherer Art. Sie war das flexible Instrument, mit dem sich der Gräko-Ägypter alle nicht nur auf eine einmalige Leistung gerichteten Dienste zu verschaffen wußte.

d) Die Zahlungen des Arbeitgebers

Von besonderer Wichtigkeit für die Erklärung der παραμονή ist die Würdiging der Zahlungen des παραμονή-Gläubigers an den Schuldner, die sich in den Texten ständig nachweisen lassen. Sieht man mit Koschaker das Kausalverhältnis zwischen den Beteiligten regelmäßig als Darlehen an, so liegt es nahe, den Zweck der παραμονή in der Zinsantichrese durch Arbeit des Paramonars oder in der Tilgung der hingegebenen Hauptsumme durch Arbeitsleistung zu erblicken[159]. Westermann dagegen sieht in den Zahlungen des Gläubigers an den Schuldner Vorauszahlungen, die er damit begründet, daß die „Gelddecke in Ägypten dünn war, so daß demzufolge der Bestand an Bargeld in der Hand ungeschulter Arbeiter in Gestalt von Ersparnissen klein genug" gewesen sei. Der Gläubiger habe mit derartigen Zahlungen einen Anreiz ausüben wollen, um das Arbeitsangebot interessanter zu machen. Daher sei die παραμονή regelmäßig mit einer Vorauszahlung verbunden gewesen[160].

Unter diesen Gesichtspunkten betrachtet, lassen sich die Urkunden wiederum in verschiedene Gruppen aufteilen:

1. Texte, in denen dem Schuldner auschließlich Lohnzahlungen versprochen werden, μισθός oder ὀψώνιον genannt, wobei wieder zu trennen ist zwischen Fällen, in denen der Lohn vorausbezahlt wurde und solchen, in denen das nicht der Fall war,
2. Texte, in denen die Art der Zahlung nicht näher bezeichnet wird, sondern nur von ἀργύριον die Rede ist, das regelmäßig nach Beendigung des Arbeitsverhältnisses zurückgezahlt werden mußte,
3. Texte, in denen die Zahlungen an den Schuldner mit δάνειον, χρῆσις o.ä. bezeichnet werden, die sog. Darlehensfälle.

aa) Die wenigen Texte aus der Ptolemäerzeit gehören zum Teil zur Gruppe 1), so zunächst P. Ent. 48, bei dem wir allerdings von einer

[159] A.a.O. S. 17, bes. Anm. 1,2. Koschakers Blick wurde aber wohl dadurch getrübt, daß er zu stark auf die Pergamene Dura 20 abstellte.

[160] A.a.O. S. 25, 36, Zitat S. 25.

Vorauszahlung irgendwelcher Art nichts hören. Wir erfahren nur, daß dem Petenten ein Teil seines Lohnes nicht bezahlt worden war. Es darf aber nicht außer acht gelassen werden, daß es sich hier um eine Prozeßeinleitung handelte, bei der es dem Arbeitnehmer vielleicht weniger auf die genaue Schilderung des Kausalverhältnisses angekommen sein mag, als vielmehr darauf, daß er einen Teil seines versprochenen Lohnes noch nicht erhalten hatte. Lebhaft klagt er darüber, daß der Arbeitgeber ihm den Restlohn nicht zahlen wolle, weil er ihn wegen seiner Schwäche verachte, Z.7: καταφρο[νῶν διὰ] τῆς ἀσθενείας, worunter wir wohl nicht nur seine evtl. Körperschwäche, sondern seine schwache rechtliche Position zu verstehen haben werden. Denn die Texte sehen regelmäßig keine Haftung des Arbeitgebers hinsichtlich des Lohnes vor[161]; wohl finden sich immer wieder Strafklauseln zu Lasten des Arbeitnehmers, falls er seinen Verpflichtungen nicht nachkam, seltener solche zu seinen Gunsten.

Auch bei der Registereintragung P. Tebt. III, 815, Frag. 1, wissen wir nicht, ob eine Vorauszahlung gemacht wurde. Zwar war Monatslohn zu zahlen, es fehlen aber alle näheren Hinweise. Daß es sich um einen Fall von παραμονή handelte, ist klar, denn es verpflichtet sich jemand, alles zu tun, was ihm aufgetragen wird.

Bei der ersten Eintragung in BGU VI, 1258, Z. 4ff. finden wir ebenfalls nur Hinweise auf Tageslohn, dagegen nichts über eine Vorauszahlung. Die 2. Eintragung auf der gleichen Rolle könnte vielleicht einen Hinweis in den Zeilen 19 oder 20 enthalten haben, doch ist hier nichts Zusammenhängendes mehr zu erkennen. Genaues aber wäre aus diesen drei Stellen wahrscheinlich ohnehin nicht erfahren, weil es sich jeweils um Registereintragungen handelt, die meist nur sehr knapp abgefaßt sind und auf detaillierte Angaben verzichten. Aus welchem Grund die betreffenden Register geführt worden waren, ist unter den Papyrologen streitig[162]. Die Frage, ob in den drei Fällen Vorauszahlungen auf den Lohn gemacht worden waren oder nicht, kann daher auch nicht aus dem evtl. Zweck der Register entschieden werden.

Der Fall der Selbstversklavung, PSI V, 549, ist im Text sehr lückenhaft. Wenn wir aber bedenken, daß es sich um die Übersetzung einer

---

[161] Diesen Umstand hebt Wolff, Beiträge S. 153 mit Recht hervor. Vgl. auch seine Bemerkung an gleicher Stelle zu Ent. 48 betr. den Rechtsgang.

[162] Vgl. unsere Hinweise auf die Erklärungen von Wilcken und Préaux, oben S. 31 zu P. Tebt. III, 815. In BGU VI, 1258 will Westermann einen Bericht sehen, der den amtlichen Anzeigen über die Fischerei im Fayum vergleichbar war, vgl. a.a.O. S. 36, Anm. 89, doch ist er selbst skeptisch.

demotischen Urkunde ins Griechische handelt, so ist aus dem Schema der demotischen Geldbezahlungsurkunde zu schließen, daß Bestimmungen über das Entgelt für den Verzicht auf die persönliche Freiheit zugunsten der Gläubigerin in ihr enthalten gewesen sein müssen, obwohl die Höhe dieses Entgelts nicht angegeben war[163]. Es liegt daher nahe, die Zeile 6, in der davon die Rede gewesen sein dürfte, wie folgt zu ergänzen: πέπεικάς με ἀργυρίωι τοῦ παραμένειν σοι εἰς δουλ]ιχ[ὸν ἔργο]ν[164]. Damit ist aber immer noch nicht gesagt, ob eine echte Vorauszahlung von seiten der Gläubigerin tatsächlich erbracht wurde. Denn die demotischen Urkunden der Ptolemäerzeit geben oft nur an, daß ein Entgelt gegeben wurde, und daß der Empfänger damit zufrieden war. Dafür aber genügte schon eine Leistung *nummo uno*.

Keine Lohnvorauszahlung gibt es auch nach P. Mich. V, 355 (1. Jhdt. n. Chr.), in dem von Barlohn überhaupt nicht die Rede ist. Der Gläubiger zahlt für den Weber alle Abgaben, entlohnt ihn in Natur und gibt ihm ein jährliches Kleider- und Ölgeld von 28 Drachmen.

Damit enden die Fälle der Gruppe 1, in denen Lohnvorauszahlungen nicht nachweisbar sind, für die Ptolemäer- und Prinzipatszeit. Sie tauchen erst wieder im 6. Jahrhundert und in den koptischen Urkunden auf, und zwar zunächst in dem umfrangreichen P. Straßbg. I, 40. Der Vertrag sollte 4 Jahre laufen, wobei Jahreslohn vereinbart war[165]. Der Text stammt aus dem Jahr 569 und steht somit den koptischen Urkunden sehr nahe. Soweit es sich bei diesen um παραμοναί handelte, schweigen auch sie über Vorauszahlungen[166].

Es gibt somit auch Fälle, in denen zwar von παραμονή, nicht aber von Vorauszahlungen die Rede ist. Bei den ptolemäischen Texten mag das an der schlechten Erhaltung der überkommenen Urkunden liegen, vielleicht wurde auch etwas gezahlt, ohne daß es festgehalten wurde. Häufig aber haben die Arbeitnehmer der letzten byzantini-

---

[163] Vgl. dazu Seidl, PtolRG², S. 51 und 114.

[164] Für die Ergänzung bin ich Herrn Prof. Seidl zu besonderem Dank verpflichtet.

[165] Diesen Text würdigt Westermann nicht.

[166] Es handelt sich um Arb. 13, 14, 23. Arb. 21 ist sehr fragmentarisch, scheint aber Entlohnung nur in Gewährung des Lebensunterhaltes vorgesehen zu haben. In Arb. 22 fehlt die Lohnzusage ganz, doch vermutet Till, daß sie „ in irgendeiner Form" festgesetzt war, „da der Vertrag sonst sinnlos wäre". Arb. 25 scheint die Fortsetzung eines schon bestehenden Arbeitsverhältnisses gewesen zu sein, während Arb. 33 keine Lohnvereinbarung erkennen läßt, was aus dem Verhältnis Kleriker/Kloster erklärbar sein dürfte. Vgl. dazu unsere Anm. oben S. 26.

schen und der beginnenden Araberzeit ihre Pflichten übernommen, ohne etwas im Voraus dafür bekommen zu haben. Dies dürfte aus dem Wandel der Rechtsauffassungen heraus zu begründen sein, über den gesondert zu sprechen ist.

Fälle der Gruppe 1 mit Lohnvorauszahlung. Hier ist zunächst P. Mich. V, 241, Z. 24—38 aus der frühen Prinzipatszeit (16 n. Chr.) zu nennen. Vater und Sohn haben von einem Töpfer 40 Silberdrachmen erhalten. Dafür muß der Sohn jetzt einige Monate lang tagsüber in der Töpferei arbeiten und Lehm treten. Für diese Arbeit erhält er aber auch noch einen zusätzlichen Monatslohn von zunächst 11 Drachmen, später 10 Drachmen per Monat (merkwürdig, daß der Monatslohn um eine Drachme sinkt). Bekleidung und Verpflegung des Arbeiters gehen zu Lasten der Schuldner selbst, desgleichen auch die auf den einen entfallende Kopfsteuer. Das widerspricht dem üblichen Bild hinsichtlich Nahrung und Bekleidung, die fast regelmäßig von den Arbeitgebern übernommen werden und einen Teil des Lohnes bilden. Eine Rückzahlungspflicht für die 40 Drachmen ist nicht festgelegt.

Die Herausgeber meinen zwar in der Vorbemerkung, es könne sich bei Zahlung um ein „advance payment to bind the agreement" gehandelt haben, also eine Arrha. Dann wäre die Zahlung aber sicher so bezeichnet worden. Richtig dürfte daher Boaks Ansicht sein[167], daß wir es mit einer echten Vorauszahlung zu tun haben, mit der sich der Gläubiger die Dienste des jüngeren Arbeiters sichern wollte. Das würde dann auch das Fehlen der Übernahme von Nahrung und Bekleidung erklären, denn die Zahlung könnte dann auch als Ausgleich dafür aufgefaßt werden, daß die Schuldner selbst dafür aufzukommen haben. Auch in diesem Falle wäre es immer noch eine echte Vorauszahlung auf den künftigen Arbeitslohn.

Hierher dürfte auch PSI X, 1120 aus dem 1. Jahrhundert n. Chr. gehören, von dem wir nur mehr die sehr ausführlich und überraschend streng zu Lasten des Arbeiters gehaltenen Strafklauseln besitzen. Aber eine Zahlung von 24 Drachmen war erfolgt, von der es am Ende heißt: „Wenn aber der Herakleios das Jahr über bleibt und erst danach weggeht, dann soll er befreit sein von den 24 Drachmen und allem, was diese παραμονή betrifft." Den Gläubigern muß sehr an den Diensten des Mannes gelegen haben, denn eine solche Klausel war nicht üblich. Man wird daher in der Zahlung von 24 Drachmen an den Arbeiter kein ἀργύριον oder dergleichen im Sinne der Gruppen 2 oder 3 erblicken können, sondern sie als Lohnvorauszahlung werten, die

[167] Vgl. seine Anm. zu Z. 27 (S. 87 d. Ed.).

dem Paramonar allerdings nur verbleiben sollte, wenn er seinen Verpflichtungen nachkam und das vereinbarte Arbeitsjahr über auf seiner Stelle blieb.

Die nächste Erwähnung einer Vorauszahlung findet sich in der Vertragsrolle P. Ross. Georg II, 18, Z. 77—82, wo sie πρόδομα genannt wird. (Ein πρόδομα von 400 Silberdrachmen für langfristige Dienste (5 Jahre und 8 Monate) wird in P SB V, 7612, gezahlt.) Dieser Nachweis dürfte gleichzeitig der letzte aus der Prinzipatszeit sein. In das Jahr 432 führt P. Rein. II, 105, Arbeitsvertrag eines Teppichwebers, in dem die Vorauszahlung προχρεία genannt wird. Die gleiche Bezeichnung findet sich auch im Zusammenhang mit einer Vereinbarung über Stücklohn in P. Grenf. II, 87, wo man die Vorauszahlung an die Schuldner als vorweggenommene Abrechnung ansehen kann[168]. Die Bezeichnung ἀρραβών findet sich in P. Oxy. I, 140, während der Text in SB I, 4490 ganz untechnisch sagt, daß der Arbeitnehmer vom Arbeitgeber einen Goldsolidus schon bekommen habe, ὡς ἐδεξάμην παρ' αὐτῆς ἐντεῦθεν ἤδη τὸ εἰρημένον ἓν νομ(ισμάτιον). Die zuletzt genannten Fälle liegen zeitlich alle zwischen dem Text in der Straßburger Sammlung und den koptischen Urkunden[169].

Für die ausgehende Byzantiner- und beginnende Araberzeit gibt es somit ein gemischtes Bild. Es lassen sich Arbeitsverhältnisse nachweisen, bei deren Beginn der Arbeitnehmer keine Vorauszahlung erhielt, es findet sich aber in der gleichen Zeit auch das Umgekehrte. Die Texte halten sich in etwa die Waage.

bb) In den Fällen der Gruppe 2 wird das vom Gläubiger dem Schuldner gegebene Geld nicht näher bezeichnet, sondern schlicht ἀργύριον genannt. Kennzeichen dieses „Silbers" ist, daß es regelmäßig am Ende des Arbeitsverhältnisses wieder zurückgezahlt werden muß.

Am Anfang dieser Gruppe könnte der bereits erwähnte Fall aus dem Zenon-Archiv stehen, PSI IV, 424, in dem ein Vater seinen Sohn Ptolemaios dem Zenon für 100 Drachmen hypothezieren will, doch ist es nicht klar, ob es sich nicht um eine Kinderverpfändung handelt[170].

Der erste sichere Fall einer Zahlung von ἀργύριον παραμονῆς ist P. Tebt. II, 384 aus dem Jahre 10 n. Chr. Hiernach haben zwei Brüder von einem Weber 16 Drachmen ἀργύριον erhalten und übergeben ihm

---

[168] προχρεία auch Stud. Pal. XX, 219, 604 n. Chr.

[169] PSI VI, 710 läßt aus der Strafklausel erkennen, daß eine Vorauszahlung auf den Lohn erfolgte. Doch könnte es sich hier auch um Sklavenmiete gehandelt haben, die in der Form der παραμονή erfolgte. Vgl. Westermann, a.a.O. S. 34 und Anm. 84 (S. 35).

[170] Vgl. oben S. 50.

nun einen anderen Bruder als Handwerker ἀντὶ τῶν τούτων τόκων καὶ [τρο]φ[ῆς] καὶ ἱματισμοῦ καὶ λαογραφίας κώμης Ὀξυρύγχω[ν καὶ] τέλους γέρδιων καὶ τῶν τούτων μισθῶν. Die beiden Brüder haben zwar keine Zinsen zu zahlen, sind aber verpflichtet, nach Ablauf einer Zeit, die aus dem Text nicht mehr erkennbar ist, die 16 Drachmen zurückzuzahlen. Der Weber hat Nahrung, Kleidung und alle Abgaben für den Jungen zu leisten. Außerdem erhält er den üblichen Weberlohn. Der Gläubiger hat also statt der Zinsen die Arbeitskraft des Jungen zur Verfügung, durch die er auf seine Kosten gekommen sein wird. Dahingegen können die Empfänger des Geldes mit diesem solange arbeiten, bis das Arbeitsverhältnis wieder gelöst wird. Sodann haben sie ihre Verpflichtung, dem Gläubiger Arbeitskraft zu stellen, erfüllt, müssen aber das ἀργύριον wieder zurückgeben, das ihnen bis dahin zur Nutzung zur Verfügung stand. Die Parteien tauschen somit Arbeitsnutzung gegen Geldnutzung aus[171].

Vor diesem Hintergrund sind die Eintragungen in den Registern aus Tebtynis zu sehen, in denen unter der Bezeichnung ὁμολογία παραμονῆς die Summe des gezahlten ἀργύριον und die Namen der Parteien aufgeführt werden[172]. Eine kurz gefaßte Inhaltsangabe in P. Mich. II, 121 Ro., Col. III, 3 sieht ähnliche Bestimmungen vor, wie der P. Tebt. II, 384. Auch hier geht es um παραμονὴ ἀντὶ τῶν τόκων. Um ganz klar zu stellen, daß das gezahlte Kapital von den Zinsen zu trennen und nach Ablauf der Arbeit zurückzuzahlen war, haben die Beteiligten in Mich. II, 121 Ro., Col. IV, 8, dies ausdrücklich in ihre Vereinbarung aufgenommen, wenn sie etwas umständlich formulieren κατὰ μηθὲ(ν) τοῦ ⟨Σωτηρίχου⟩ ἐλαττο(υμένου) ὑπὲρ ὧν ὀφίλω αὐτῷ καθ' ὁμολογ(ίαν) παραμονῆ(ς) ἀργ(υρίου) (δραχμῶν) κεφ(αλαίων) „und der Soterichos (d.i. der Gläubiger) soll in keiner Weise beeinträchtigt werden in dem Kapital in Drachmen, das ich schulde gemäß der Dienstvereinbarung". Hier hatten die Parteien im übrigen festgesetzt, daß die Arbeit in einem Jahr beendet sein sollte. Gläubiger hatte dem Schuldner wie üblich die Bekleidung zu stellen. Von Nahrung ist

---

[171] Ich kann mich der Auslegung des Textes durch Berger, Strafklauseln, S. 171, bes. Anm. 4, nicht anschließen. Es heißt dort, daß der Bezug auf die vom Geldgeber zu zahlenden Löhne ein Mißverständnis wegen ungeschickter Stilisierung sei, die alle Substantiva von der Präposition ἀντί abhängen lasse. Koschaker, a.a.O. S. 17. Anm. 6, stimmt Berger in diesem Punkt zu. Die Gründe für meine gegenteilige Auffassung werden unten, S. 98f. ausführlich dargelegt.

[172] Vgl. P. Mich. II 121, 123, 124, 125, 128, V 237, 238, 240, dazu Westermann, a.a.O. S. 16ff.

nichts gesagt, doch war auch deren Gestellung in diesen Fällen das Übliche.

Hierher gehört weiter der Fall des Schweinehirten, P. Oxford 10, in dem die gezahlten 20 Drachmen ebenfalls ἀργύριον sind, nicht Darlehen, wie Westermann überzeugend nachgewiesen hat[173]. Der letzte Text dieser Art ist SB IV, 7358 aus der Zeit 277—282 n. Chr.

Als Ergebnis der Analyse dieser Gruppe ist somit festzuhalten, daß sich eine Zahlung von ἀργύριον παραμονῆς bis jetzt nur in der Prinzipatszeit mit Sicherheit nachweisen läßt. Für die Ptolemäerzeit könnte der Fall des Kinderpfandes aus dem Zenon-Archiv in Betracht kommen, doch läßt sich dazu nichts Genaues sagen, da der Text die ganze Vorgeschichte nicht erkennen läßt. Die späteren Epochen (Byzantiner- und Araberzeit) scheinen das ἀργύριον παραμονῆς nicht zu kennen.

cc) Somit verbleiben die Fälle der Gruppe 3, die sog. „Darlehensfälle". Der erste dieser Art ist P. BGU IV, 1153 II, eine Synchoresis-Urkunde aus Alexandria aus dem Jahr 14 v. Chr. Es handelt sich um die Quittung einer Frau gegenüber einer anderen wegen eines 2 Jahre zuvor gegebenen δάνειον über 300 Drachmen, einer für diese Zeit außergewöhnlichen Summe. Nach der Bestätigung des Erhalts des Betrages in bar heißt es: „und es soll die Synchoresis-Urkunde über das δάνειον ungültig sein zugleich mit der in dieser Urkunde vereinbarten παραμονή des Sohnes" der Schuldnerin. Damit erschöpft sich der Hinweis. Jede weitere Einzelheit über das Verhältnis der παραμονή zu dem δάνειον fehlt, insbesondere eine Äußerung darüber, ob sie für die Zinsen oder für das Kapital zu leisten war. Ähnlich wortkarg ist in diesem Punkt eine Urkunde aus dem Jahr 10 v. Chr., BGU IV, 1154. Hier hatte ein Gläubiger einem Geschwisterpaar, darunter einem Ehepaar, 2 „Darlehen" gewährt. Das eine belief sich auf 66 Drachmen und war ihm samt Zinsen 7 Jahre nach der Hingabe zurückgezahlt worden. Das andere lautete auf 100 Drachmen und für dieses war παραμονή des Sohnes des Ehepaares vereinbart worden, die nun ebenfalls beendet ist. Auffallend ist außer der langen Laufzeit von 7 Jahren der Umstand, daß die παραμονή für die gleiche Summe vereinbart worden war, die in den Michigan-Registern aus Tebtunis mehrfach als ἀργύριον παραμονῆς erscheint, nämlich 100 Drachmen. Man wird auch hier am ehesten eine Erklärung für diesen Umstand finden, wenn man davon ausgeht, daß es dem Gläubiger darauf ankam, auf lange Sicht eine Arbeitskraft zu haben. Dafür spricht insbesondere der Umstand,

---

173 Vgl. a.a.O. S. 44ff.

daß er sich das 1. „Darlehen", von dem in der Urkunde die Rede ist, mit Zinsen zurückzahlen ließ. Die Beteiligten haben also klar zwischen δάνειον und παραμονή getrennt. Es wäre sonst nicht verständlich, warum sie die beiden Rechtsgeschäfte in der Urkunde unterschiedlich behandeln.

Auch in dem bekannten Bierkneipenfall (BGU IV, 1126) wird die Zahlung der Gläubigerin an die Schuldnerin als δάνειον bezeichnet, aber hier spürt man sofort, daß die Beteiligten ein „Darlehen" überhaupt nicht wollten, denn wenn die Schuldnerin die vereinbarte Zeit von 3 Jahren in der Kneipe durchhält, so braucht sie nicht nur nichts zurückzuzahlen, sondern erhält von der Gläubigerin noch weitere 40 Drachmen ausgezahlt. Ein Darlehen liegt also schon deshalb nicht vor, weil die „Darlehenssumme" nach Ablauf der Zeit nicht zurückzuzahlen war „und dadurch ist es eben kein Darlehen"[174]. Sollten aber die Dienste der Schuldnerin nicht zur Tilgung dienen, sondern auch noch zu einer zusätzlichen Zahlung führen, so ist deutlich, daß ein Arbeitsvertrag gemeint war. Möglicherweise liegt die Ursache der Bezeichnung des Geschäftes als δάνειον darin, daß im Falle einer Vertragswidrigkeit die „Schuld" wieder aufleben sollte, und zwar mit ganz bedeutenden Zuschlägen[175]. Gerade diese verschärfte Strafklausel ist aber auch ein klarer Beweis dafür, daß es der Gläubigerin um die Arbeitsleistung ging, die sie auf alle Fälle erbracht haben wollte. Unter der Bezeichnung δάνειον verbirgt sich hier in Wirklichkeit die Vorauszahlung eines Teiles des Arbeitslohnes, deren Bestand an die Ableistung der geschuldeten Dienste geknüpft war. Die Interessenlage ist also die gleiche, wie bei PSI X, 1120.

Nach allem, was wir oben zu der Pergamene Dura 20 erörtert haben[176], haben die Parteien bei der Abfassung dieser Urkunde ebenfalls nicht an die Rückzahlung des von ihnen vereinbarten „Darlehens" gedacht, sondern diese Rechtsform dazu benutzt, einen langfristigen Dienstvertrag hinter ihr zu verbergen. Die Bezeichnung „δάνειον" darf darüber nicht hinwegtäuschen[177].

Auf der gleichen Linie liegt P. Flor. I, 44 vom Jahre 158 n.Chr., wo die Eltern einen Sohn in die παραμονή geben, nachdem der Gläubiger der Mutter ein „δάνειον" in Höhe von 120 Drachmen gegeben hatte. Daß auch hier die Arbeitsleistung die Hauptsache war, ergibt

---

174 So Berger, Strafklauseln, S. 173, ebenso Wolff, Beiträge S. 151.

175 Vgl. Berger loc. cit.

176 Vgl. oben S. 46 f.

177 Das wird man auch für Dura 21 und 17 D anzunehmen haben, deren Erhaltungszustand nicht viel erkennen läßt.

sich aus der Bestimmung, daß die Schuldner einen anderen (Sohn?) stellen müssen, falls der erste wegbleiben sollte[178].

Von einem der zeitlich letzten Texte dieser Gruppe, P. Aberdeen 56, 176 n.Chr., haben wir nur den Anfang. Die Schuldnerin hat ein δάνειον von 200 Drachmen erhalten „unter der Bedingung, daß sie im Hause des" Gläubigers bleibt und alles tut, was ihr aufgetragen wird. Hier fehlen die Hinweise, ob sie das wegen der Zinsen oder der Hauptsumme machen soll, obwohl die Stelle, an der das normalerweise steht, erhalten ist (Z. 13). Vielleicht war also etwas Abweichendes vereinbart, das verloren gegangen ist. Jedenfalls scheint auch hier nicht das δάνειον das Wesentliche gewesen zu sein, sondern die Gewinnung einer Arbeitskraft im Hause.

Hiernach darf die Bezeichnung einer Abmachung als „δάνειον" nicht ausschlaggebend sein. Maßgeblich muß vielmehr sein, was als wahres Ziel der Parteien erkannt werden kann. Da aber zeigt sich sofort, daß die Arbeitsleistung des Schuldners das Wesentliche war. Ob sie nun dazu benutzt wurde, die Zinsen zu tilgen oder auf die Hauptsumme angerechnet wurde, ist demgegenüber nicht von so großer Bedeutung. Dies wäre nur wichtig, wenn echte Darlehen gewollt worden wären.

Die Verknüpfung des Terminus δάνειον mit παραμονή scheint zumindest in der frühen Prinzipatszeit ziemlich geläufig gewesen zu sein. Abgesehen von dem schon behandelten Text BGU IV, 1154 sind noch einige weitere Stellen dieser Art erhalten, mit denen sich Westermann schon eingehend auseinandergesetzt hat. Es handelt sich um die Eintragung in P. Mich. II, 121 Ro. Col. III 3 und 4, wo der Gläubiger zunächst mit seinem Schuldner eine παραμονή gegen Hingabe von 100 Drachmen und für gewisse Naturallöhne sowie Übernahme der den Schuldner treffenden λαική σύνταξις vereinbart. Davon streng getrennt in einer anderen, wenn auch anschließenden Eintragung vom gleichen Tag, wird ein Darlehen über 16 Silberdrachmen vereinbart, für das die Rückzahlungsfrist von nur 3 Monaten festgelegt wird. Entsprechend erscheinen auf dem Verso Col. II Z. 17 und 18 wieder zwei voneinander getrennte Verträge unter den Eintragungen. Daß es sich um die gleichen Personen handelt, kann nach der übereinstimmenden Personalbeschreibung in den beiden Eintragungen auf dem Recto nicht zweifelhaft sein[179].

---

[178] Es kann sich auch um Kinderverpfändung handeln. Vgl. dazu oben S. 17 und die Nachweise über weitere Fälle dieser Art in unserer Anm. 117 S. 47.

[179] Vgl. die Bemerkungen d. Herausg. S. 47, 48 d. Ed.

Ebenso scharf trennen die Beteiligten in einer Quittung aus Philadelphia zwischen zwei Abmachungen, einer συγγραφὴ παραμονῆς δραχμῶν ἑξήκοντα und einer συγγραφὴ δανείου δραχμῶν εἴκοσι, wenn auch der Gläubiger über beide in einer Urkunde quittiert[180]. Zusammen mit der Quittung BGU IV, 1154 haben wir somit drei Belege für eine Trennung zwischen δάνειον und παραμονή, wobei allerdings der Berliner Text beide Zahlungen als δάνεια bezeichnet, während in Mich. 121 das eine Mal von ἀργύριον, das andere Mal von δάνειον die Rede ist. Auch die Quittung aus Philadelphia trennt zwischen παραμονή und δάνειον.

Das alles ergibt ein schillerndes Bild. Einerseits sehen wir παραμονή und δάνειον säuberlich getrennt, andererseits aber werden die im Zusammenhang mit παραμονή gemachten Zahlungen an den Schuldner δάνειον genannt. Das könnte vielleicht darauf zurückzuführen sein, daß die Beteiligten, die an die Verbindung zwischen Hingabe von Geld und Arbeitsleistung gewohnt waren, einfach den Terminus δάνειον gebrauchen, obwohl sie ἀργύριον παραμονῆς meinen. Schon Westermann hat darauf aufmerksam gemacht, daß diese Zahlungen häufig „Darlehen" genannt werden[181]. Man könnte schließlich auch an eine Nachlässigkeit der Urkundspersonen bei der Abfassung der Texte denken. Ehe wir diese Frage aber weiterverfolgen, sei noch ein Blick auf die weitere Entwicklung geworfen.

Mit dem soeben erwähnten Text P. Aberdeen 56 schließen die Urkunden aus der Prinzipatszeit ab. Die nächste Erwähnung eines δάνειον im Zusammenhang mit παραμονή erfolgt erst wieder im 6. Jahrhundert in P. Jand. 62, doch liegt hier die Vermutung nahe, daß es sich bei diesem Papyrusfragment wieder um eine Kinderverpfändung handelte. Wir kommen somit auch für das δάνειον zu dem Ergebnis, daß sich sichere Belege nur für die Prinzipatszeit nachweisen lassen, in der wir aber nicht minder häufig die Fälle der Gruppe 2 gefunden haben. Da sich der Zeitraum in beiden Fällen deckt, und ebenso für beide Gruppen keine sicheren Belege aus der Ptolemäerzeit nachweisen lassen, ist es nicht möglich, eine zeitliche Reihenfolge für den Gebrauch von ἀργύριον παραμονῆς und δάνειον festzulegen. Es läßt sich nicht erweisen, was älter oder jünger ist.

Die Frage scheint also eher ein Problem terminologischer Art zu sein, nicht so sehr eines des materiellen Rechts, denn das „δάνειον" ist im ptolemäischen Recht und gewiß auch noch in der frühen Prin-

---

[180] Vgl. Westermann, a.a.O. S. 18, bes. Anm. 32 für die Mailänder Quittung aus Philadelphia, P. Mil. 7 (= Aeg. ser. scient. I, 1).

[181] A.a.O. S. 17.

zipatszeit etwas anderes, als das römische *mutuum*. „Das klassische (römische) Darlehen ... ist Hingabe einer Geldsumme oder anderer vertretbarer Sachen ins Eigentum des Nehmers mit der Abrede, daß die gleiche Summe oder die gleiche Menge vertretbarer Sachen gleicher Gattung und Güte zurückzuerstatten ist"[182]. Das δάνειον ist dagegen Kapitalsüberlassung zur Nutzung mit der Wirkung: „Es gehört Dir von dem, was bei mir ist ..." so und so viel — und zwar ohne Eigentumsübergang auf den Darlehensnehmer. Das Hingegebene bleibt solange Eigentum des Darlehensgebers, bis er den Gegenwert dafür empfangen hat. Dazu kommt als wesentlicher weiterer Unterschied, daß nicht ebensoviel Sachen gleicher Art, Güte und Menge zurückgegeben werden müssen, entscheidend ist vielmehr, daß der Darlehensgeber einen der Darlehenssumme entsprechenden Wert zurückbekommt. Das kann zu großen Schwierigkeiten bei der Beurteilung einzelner Abmachungen führen, denn ein derartiges „Darlehen" kann sich als Pränumerationskauf oder ein anderes Geschäft mit Vorleistung des einen Teiles (sog. Darlehensgebers) herausstellen[183]. Wenn also beispielsweise die Beteiligten bei BGU IV, 1126 von einem δάνειον der Gläubigerin an ihre Kneipenbedienstete sprechen, so heißt das nur, daß die Arbeitgeberin der Arbeitnehmerin ein Kapital zur Nutzung übergeben und sie daher jetzt einen Anspruch auf den Gegenwert hat, im konkreten Fall war das Arbeitsleistung für 100 Drachmen Hauptsumme zuzüglich der Zinsen. Das ist aber — modern gesprochen — nichts anderes als eine echte Vorauszahlung des Arbeitslohnes. Wäre die Schuldnerin ihrer Arbeitspflicht nicht nachgekommen, so hätte die Gläubigerin das ihr immer noch ganz oder teilweise (entsprechend dem Wert der etwa schon geleisteten Arbeit) gehörende Kapital zurückfordern können einschließlich der vereinbarten Strafzuschläge. Das alles hat mit einem „Darlehen" im klassisch-römischen oder modernen Sinn nichts zu tun. Es entsteht keine Obligation, sondern ein dinglicher Anspruch auf einen entsprechenden Teil des Vermögens, bzw. hier der Arbeitskraft des Geldnehmers. Im Ergebnis kommt es daher nicht darauf an, ob die hingegebene Geldsumme nun ἀργύριον παραμονῆς oder δάνειον genannt wurde. Die rechtlichen Konsequenzen waren die gleichen. Anders lag der Fall nur dann, wenn ausdrücklich vereinbart war, daß das hingegebene Geld an einem bestimmten Tag zurückzuzahlen war. Hier lagen dann echte Darlehen vor, wie sie mitunter im Zusammenhang mit παραμοναί ver-

---

[182] Vgl. Kaser, Römisches Privatrecht I, S. 443.
[183] Vgl. im einzelnen Seidl, PtolRG², S. 132ff.

einbart worden sind. Die drei dafür genannten Beispiele[184] zeigen das deutlich. Aus welchem Grund in diesen Fällen neben den παραμοναί noch echte δάνεια vereinbart wurden, ist nicht erkennbar, da die erhaltenen Quittungen darüber schweigen. Man wird am ehesten darin zwei voneinander unabhängige Geschäfte zu sehen haben, die zwar gleichzeitig geschlossen wurden, miteinander aber nicht identisch sind.

Wolff hat nicht Unrecht, wenn er meint, es bestehe wirtschaftlich kein großer Gegensatz zwischen einem Menschen, der seine persönliche Anwesenheit und Dienste zur Verfügung stelle, um eine Schuld ganz oder teilweise abzuarbeiten, und einem Mann, der seinen Lebensunterhalt dadurch verdiene, daß er sich an einen Arbeitgeber verdinge, der den Lohn ganz oder zum Teil im voraus zahle. Die Grenze ist hier von der sozialen und wirtschaftlichen Seite her fließend, so „daß sie in der juristischen Konstruktion zusammenfließen" können[185]. Man braucht aber von einem derartigen „Zusammenfließen" nicht zu sprechen, sobald man sich darüber klar geworden ist, daß ein δάνειον in Verbindung mit παραμονή eben regelmäßig kein „Darlehen" ist, sondern ein Austausch von Geldnutzung gegen Arbeitsnutzung. Daher löst sich auch das Problem, das Wolff im Zusammenhang mit den „Darlehen" für die Rodung und Urbarmachung des Bodens in der Zenon-Korrespondenz gesehen hat. In der Tat gibt es dort Fälle, wo der vorausgezahlte Lohn δάνειον genannt wird[186].

Ich glaube nicht, daß das etwas mit der Frage zu tun hat, ob der „reine Arbeitsvertrag" aus dem παραμονή-Kontrakt entstanden ist, wie Wolff meint, oder ob es den Beteiligten in gewissen Fällen nicht angemessen erschienen sein mag, an ein Darlehen mit παραμονή zu denken[187]. Ich glaube auch nicht, daß Westermann zuzustimmen ist, wenn er zwischen Darlehen und Lohnzahlungen trennt, je nachdem Ländereien des Apollonios von seinem damaligen Verwalter Panakestor in eigene Bearbeitung genommen wurden (dann habe es sich um Lohnzahlungen an eigene Leute gehandelt) oder sie zwecks Urbarmachung an Landwirte verpachtet wurden (dann habe es sich um Betriebskapital gehandelt, damit die Pächter ihrerseits wieder Leute für die Arbeiten gewinnen konnten, wobei dann Darlehen gewährt worden wären)[188]. Immerhin kann die Möglichkeit von Dar-

---

184 Vgl. oben S. 70f.

185 Vgl. seine Beiträge, S. 150f.

186 PSI IV, 323, Cairo Zenon I, 69117, Col. inv. 220 (= SB 7552 = JEA 16, 1930, S. 24). Vgl. dazu Seidl, PtolRG², S. 134.

187 Wolff, a.a.O. S. 151.

188 Regarding receipts in the Zenon archive, JEA 16, 1930, 24ff., hier S. 29.

lehensgewährung zwecks Ausstattung mit Betriebskapital nicht völlig ausgeschlossen werden[189], aber nach dem, was wir in diesem Zusammenhang gehört haben, liegt die Möglichkeit mindestens ebenso nahe, daß es sich um Lohnvorauszahlungen des Panakestor handelte, durch die er Arbeitskräfte gewinnen wollte[190].

Die Interessenlage bei einem „echten" Darlehen ist verschieden von der bei παραμονή. Das Darlehen soll dem Darlehensnehmer ermöglichen, aus einer gegenwärtigen Geldverlegenheit herauszukommen, ohne ihn deswegen auf längere Sicht zu persönlichen Leistungen gegenüber dem Darlehensgeber zu verpflichten. Dieser will sein Geld für sich arbeiten lassen und nach Ablauf der vereinbarten Darlehenszeit sein Kapital — um die Zinsen vermehrt — zurückerhalten.

Die παραμονή dagegen ist kein auf reiner Geldnutzung beruhendes Geschäft, sondern Austausch von Kapitalnutzung gegen Arbeitsnutzung. Der Arbeitgeber gibt zwar Geld hin, will aber dafür Arbeitskraft. Der Arbeitnehmer hingegen will arbeiten, um für sich und seine Angehörigen den Lebensunterhalt zu verdienen.

Wenn die beiden ihrem Grunde nach so verschiedenen Institute so eng nebeneinander gesehen wurden, liegt es an dem Umstand, daß der Dienstherr regelmäßig einen Betrag im Voraus zahlte, den der Arbeiter nach Ablauf der Arbeitszeit häufig zurückgeben mußte. Darin glaubte man, ein Darlehen sehen zu müssen, weil man die

---

[189] Auch Seidl scheint Ausstattung mit Betriebskapital anzunehmen, PtolRG², S. 134.

[190] Zum Gebrauch des Begriffs δάνειον in vergleichbar gelagerten Fällen vgl. auch P. Tebt. II, 386 (12 v. Chr.), Z. 16ff. (= Pestman, Marriage and matrimonial property in Ancient Egypt, Leiden 1961, S. 36). Hier bekennt der Mann, von seiner Eehefrau ein δάνειον bei Eingehung der Ehe erhalten zu haben, obwohl nicht zweifelhaft sein kann, daß es sich um die Mitgift handelte (vgl. dazu Pestman, a.a.O. und Seidl, PtolRG², S. 182).

Für das Kaufrecht vgl. den instruktiven P. Oslo inv. 1440 (91 n. Chr.) (= Symbolae Taubenschlag, 2, S. 77f.), herausgegeben von Eitrem und Amundsen und dazu Pringsheim, A new and peculiar contract for cash payment with deferred delivery, SDHI 24, 1958, S. 225ff. Hier wird eine Vorauszahlung bei einem Weinkauf als δάνειον bezeichnet. Pringsheim geht davon aus, daß es sich entweder um eine Vorauszahlung oder um ein Darlehen handele. Er stellt sodann Erwägungen über Eigentumsübergang und Vollstreckung an. Vgl. dazu die kritische Besprechung von Seidl, SDHI 27, 1961, S. 445f. Zur Frage des Kreditkaufes vgl. auch Seidl, PtolRG² S.122 mit weiteren Verweisungen.

Die Fälle, in denen sich hinter dem Gebrauch des Begriffs δάνειον andere Geschäfte verbergen, sind damit jedoch nicht erschöpft.

grundsätzlich andere Interessenlage in beiden Fällen nicht berücksichtigte und sich daher nicht vorstellen konnte, daß dieses Geld einem anderen Zweck diente.

Wie sehr die Betrachtung dieser Zahlungen als Darlehen den Blick mancher Autoren getrübt hat, zeigt deutlich Bergers Besprechung des P. Tebt. II, 384 in seinen „Strafklauseln"[191]. Es geht um die Frage, ob der Weber dem jungen Mann, den ihm seine beiden Schuldner stellen, Lohn zu zahlen hatte oder nicht. Der Wortlaut des Textes spricht dafür. Berger meinte jedoch gegen die Herausgeber[192], dies könne „absolut nicht der Sinn der Stelle sein. Wenn der Weber noch einen tarifmäßigen Lohn zu zahlen hätte, so wäre dies der ungünstigste Vertrag, den je ein Gläubiger mit seinem Schuldner geschlossen hätte: erstens hätte er neben einem tarifmäßigen Lohn noch Nahrung, Kleidung und alle öffentlichen Abgaben zu leisten ... und zweitens würde er ja für den Entgang der Zinsen gar keine direkte Vergütung haben. Ein solcher Vertrag ist daher ganz undenkbar, vielmehr ist anzunehmen, daß der Weber keinen Lohn zu zahlen hätte und dies eben seinen Gewinn ἀντὶ τόκων bildete." Er meint, es liege eine ungeschickte Stilisierung des Vertrages vor. Indessen vermag diese philologische Erwägung die falsche Auslegung nicht zu beheben. Bergers Irrtum liegt darin begründet, daß er den Vertrag als „Darlehen" auffaßte, obwohl ein δάνειον o.ä. mit keinem Wort erwähnt ist. Es ist nur davon die Rede, daß die Schuldner 16 Drachmen ἀργυρίου erhalten haben und sie dafür ihren Bruder ἀντὶ τόκων beim Gläubiger arbeiten lassen müssen. Es mag Berger unvorstellbar erschienen sein, daß sich hinter dieser Zahlung etwas anderes als ein Darlehen ermitteln ließe, ein Irrtum, der bei dem Stand der Forschung und des Quellenmaterials von 1911, als er sein Buch veröffentlichte, verständlich war. Der Gläubiger kam schon zu seinem Profit, denn er hatte ja anstelle der Zinsen die Arbeitskraft des jungen Webers und bekam seine 16 Drachmen zurück, als dieser seine Arbeit bei ihm beendete. Daß er ihm Unterhalt gewährte, seine Abgaben übernahm und außerdem noch Lohn zahlte, ist bei der παραμονή — im Gegensatz zu Berger — nicht außergewöhnlich. Das ἀργύριον hat mit dieser Frage nichts zu tun, denn es erfüllte einen ganz anderen Zweck.

Gerade der Umstand, daß der Gläubiger seinem Arbeiter meist Nahrung und Bekleidung für die Dauer der Dienste stellen mußte und mitunter auch die Zahlung der diesen treffenden Abgaben übernahm, hätte zu Denken geben müssen, denn dies alles waren echte

---

[191] Vgl. dort S. 171/172 Anm. 4 und oben S. 71, Anm. 174.

[192] In der Vorbemerkung zum Text, S. 236.

Leistungen des Arbeitgebers an den Arbeitnehmer, die in das Darlehensschema überhaupt nicht hineinpassen, genau so wenig wie diejenigen Fälle, in denen auch noch Lohn in bar zu leisten war. Wenn hier Darlehen vorgelegen hätten, wäre Berger allerdings im Recht, denn dann hätte der Gläubiger in der Tat nichts von seinem Geld gehabt. Er hätte nicht nur sein Kapital hingegeben, sondern darüber hinaus noch erhebliche weitere Leistungen aufbringen müssen — und das alles nur, weil jemand ἀντὶ τόκων bei ihm arbeitete! Nirgends wird die Fehleinschätzung der παραμονή deutlicher als hier!

Es bleibt nach alledem also festzuhalten, daß ein δάνειον bei der παραμονή regelmäßig kein Darlehen ist. Oft verbirgt sich darunter eine Lohnvorauszahlung, obwohl es auch Fälle gibt, in denen diese terminologisch exakt als solche bezeichnet werden. Die Texte aus der Prinzipatszeit haben demgegenüber mitunter auch die farblose Bezeichnung der Zahlung als ἀργύριον. Dies alles diente — wie wir nun sehen werden — der Sicherung des Gläubigers.

dd) Die Bedeutung der Vorauszahlungen bei der παραμονή

α) Die rechtliche Bedeutung

Im Laufe der Betrachtung des Problems ἀργύριον παραμονῆς oder δάνειον haben wir gesehen, daß das Darlehen in der Ptolemäer- und mindestens auch noch der frühen Prinzipatszeit rechtlich anders aufgebaut war, als im klassischen römischen Recht das *mutuum*. Es kommt vor allem nicht zum Eigentumsübergang der hingegebenen Sache, solange nicht der Geber seinen Gegenwert empfangen hat[193]. Wir haben aber den Grund für diese Rechtsauffassung noch offen gelassen. Dieser liegt im „Prinzip der notwendigen Entgeltlichkeit", wonach ein Recht nur dann richtig erworben wird, wenn eine Gegenleistung dafür hingegeben wird. Leistung und Gegenleistung müssen sich gegenüberstehen, wenn ein Rechtserwerb gültig sein soll. Dies ist die ursprünglichere Rechtsauffassung gegenüber der auf dem übereinstimmenden Willen der Beteiligten beruhenden konsensualen Obligation, die erst von den römischen Juristen entwickelt wurde. Daß das Entgeltlichkeitsprinzip das Fundament der ägyptischen Rechtsauffassung auch schon vor der Ptolemäerzeit gewesen ist, hat Seidl, der eigentliche Entdecker des Prinzips, überzeugend nachgewiesen[194]. Es verschiebt unsere moderne auf dem Konsens der Par-

---

[193] Vgl. oben S. 74, 78.

[194] Vgl. Seidl, Ägyptische Rechtsgeschichte der Saiten- und Perserzeit, Glückstadt 1956, S. 40ff., weiter seine PtolRG², S. 114f. Zustimmend zum Prinzip der notwendigen Entgeltlichkeit: De Francisci, SDHI 22, 1956, 379,

teien beruhende Betrachtungsweise vom obligationenrechtlichen Denken hinüber ins „sachenrechtliche", um bei der modernen Dogmatik zu bleiben. Nun darf allerdings nicht übersehen werden, daß unsere Quellen natürlich nie ein derartiges Prinzip expressis verbis erwähnen, es muß vielmehr aus ihnen erschlossen werden, denn den Ägyptern und Gräko-Ägyptern ist seine Geltung nicht bewußt geworden — sie mögen ihre Geschäfte getätigt haben, ohne sich über deren rechtstheoretische Fundierung Gedanken zu machen.

Das Prinzip der notwendigen Entgeltlichkeit läßt sich nun ebenfalls zur Erklärung der Vorauszahlungen bei der παραμονή verwenden, mögen sie echte Lohnvorauszahlungen gewesen oder nach Ablauf der Arbeitszeit wieder zurückgezahlt worden sein. Das Recht wollte den Kapitalgeber schützen. Er gab sein Geld hin, um sich dafür den Gegenwert in Gestalt von Arbeitsleistung zu verschaffen. Aus seinem Vermögen floß ein Wert dem Arbeitnehmer zu, der dafür den Gegenwert in Gestalt seiner Arbeit zu erbringen hatte, mag dieser nun auf das Kapital oder auf die Zinsen angerechnet worden sein. Gemäß dem Grundsatz: „Es gehört Dir von dem, was bei mir ist ...", war dann der Geldgeber zugleich davor gesichert, daß der Arbeiter seinerseits „aussprang". Die Geldhingabe führte somit schon eine rechtliche Bindung des Arbeitnehmers an den Arbeitgeber herbei, der nun verpflichtet wurde, den Gegenwert in Gestalt von Dienstleistungen zu erbringen. Sie wirkte mithin stärker als eine Arrha, die als Sicherung für die Erfüllung eines nicht klagbaren Leistungsversprechens zu denken ist[195], also nur eine Vorstufe zum späteren Vertrag darstellte. Die Hingabe des Geldes an den Arbeitnehmer führte demgegenüber schon zu einer unmittelbaren Dienstpflicht.

Da aber das παραμονή-Verhältnis nicht auf einen sofortigen Austausch von Leistung gegen Leistung angelegt war, sondern ein auf Dauer angelegtes Arbeitsverhältnis zum Ziel hatte, müssen wir uns die Sicherungsfunktion des ἀργύριον so vorstellen: der παραμονάριος erbrachte seine Arbeit, für die er seinen Lohn erhielt, der Tages- oder Monatslohn sein konnte, bei industrieller Tätigkeit mitunter auch Stücklohn. Wurde kein Barlohn gezahlt, so erhielt er doch Nahrung und Bekleidung vom Arbeitgeber, der häufig auch die den Arbeiter treffenden Abgaben übernahm.

De Meulenaere, TR 25, 67ff., Pestman, Marriage and matrinomial property in Ancient Egypt, S. 18. Kritisch Wolff, ZSS 74, 1957, 413, obwohl er allerdings ebenfalls im Ergebnis in der Richtung eines Entgeltlichkeitsprinzips tendiert. Zu ihm wieder Seidl, SDHI 24, 1958, 419.

[195] Vgl. oben S. 66ff.

Abgesehen von den Fällen der Lohnvorauszahlung war die Arbeit regelmäßig im voraus zu leisten. Der Lohn wurde erst nachher bezahlt. Der Arbeitnehmer war vorleistungspflichtig. Hier wird die Funktion des ἀργύριον παραμονῆς deutlich, denn wenn es nicht gegeben worden wäre, hätte der Arbeitgeber — falls er den Lohn nicht ganz oder teilweise vorausgezahlt hätte — kein Mittel in der Hand gehabt, den Schuldner zur Aufnahme seiner Tätigkeit zu zwingen. So aber konnte er gemäß dem Grundsatz: „Es gehört Dir von dem, was bei mir ist ..." auf den Kapitalwert klagen und bekam dann außer dem ἀργύριον den meist mitvereinbarten Strafzuschlag[196]. Entsprechend war zu verfahren, wenn der Lohn ganz oder teilweise im voraus gezahlt worden war. Man kann sich leicht vorstellen, daß die Rückzahlung in einem solchen Fall den Schuldner hart traf, dem damit natürlich auch die Möglichkeit genommen wurde, Nutzen aus dem Kapital zu ziehen.

Erfüllte aber der Schuldner seine Dienste, wie vereinbart, so erhielt er die ausgehandelte Vergütung und mußte nach Ablauf der Arbeitszeit das ἀργύριον wieder an den Arbeitgeber zurückzahlen, weil dessen Voraussetzungen nunmehr entfallen waren. [Vergütung und ἀργύριον konnten verrechnet werden.] Das Verhältnis war abgewickelt und damit verlor die zu seiner Sicherung anfänglich vereinbarte Zahlung ihren ursprünglichen rechtlichen und wirtschaftlichen Sinn. So erklärt sich die Funktion des ἀργύριον παραμονῆς zwanglos aus dem Prinzip der notwendigen Entgeltlichkeit, womit zugleich erwiesen wird, daß die an das Darlehen angeknüpften Erklärungen der παραμονή nicht zutreffen.

Nun haben wir allerdings gesehen, daß sich für die Ptolemäerzeit Vorauszahlungen nicht mit Sicherheit nachweisen lassen, da die er-

---

[196] Die Strafklauseln sind unterschiedlich: BGU VI, 1258, 1. Fall, Strafgeld 2 Talente (!), nicht erwähnt, Tebt. II, 384 α. 16 Drachmen, Strafe 100, aber nicht zweifelsfrei gelesen (Berger, S. 172, Anm. 1). BGU IV, 1126 α. 100 Dr., Strafe ebenfalls, aber mit erheblichen Zuschlägen (Berger S. 173), Mich. V, 355 α. fehlt, pro Tag d. Abwesenheit. 2 SDr., PSI X, 1120 α. fehlt, bildete aber Grundlage f. Bemessung der Strafe (mit erhebl. Zuschlägen), Oxford 10 α. 20 Dr., Strafe b. Verlassen v. Zeitablauf, doppelter Betrag, Dura 20 α. 400 Dr. Strafe pro Tag 1 Dr. (?), bei Krankheit über 7 Tage ebenso, bei Nichterneuern d. Vertrages auf Aufforderung d. Gl. 400 Dr. an diesen, 400 Dr. zusätzl. an Fiskus, Dura 21 wohl ähnl. Regelung, PSI VI, 710 α. fehlt, bildete aber Grundlage d. Strafe, SB IV, 7358 3 Talente in beiden Fällen, Oxy. I, 140 α. 4½ Solidi, Strafe doppelt. Straßbg. I, 40 kein α. Strafe 12 Goldsolidi, Grenf. II, 87 Vorauszahlg. 5 Solidi (Stücklohn), Strafe 1 Solidus, Sud. Pal. XX, 219, 1 Goldsolidus in beiden Fällen, SB I, 4490 Vorauszhlg. 1 Golds., Strafe Rückzahlg. d. ges. Lohnes.

haltenen Urkunden vorwiegend Texte sind, in denen den Schuldnern zwar ein bestimmter Lohn versprochen wird, aber von Vorauszahlungen nicht die Rede ist. Es kann hier auf die früheren Ausführungen verwiesen werden[197]. Abgesehen von dem sehr fragmentarischen Zustand der meisten Texte darf dabei aber nicht übersehen werden, daß die Praxis der Vorauszahlungen im Zenon-Archiv im Zusammenhang mit Arbeitsleistungen bei der Rodung und Urbarmachung von Land deutlich erkennbar ist[198]. Aus der Zenon-Zeit stammt auch der wiederholt erwähnte Fall PSI IV, 424, in dem der Vater ausdrücklich sagt, daß er seinen Sohn dem Zenon hypothezieren wolle gegen 100 Drachmen.

Hier wird zwar eine evtl. Vorauszahlung bemerkbar, doch wissen wir nicht, ob nicht Kinderverpfändung vorlag. Die Urkunde muß daher hier ausscheiden. Bei der Selbstversklavung in der ausgehenden Ptolemäerzeit, PSI V, 549, kann aber angenommen werden, daß im Text mindestens einmal vom Entgelt die Rede war, und die Ausstellerin erklärt haben muß, daß „ihr Herz zufrieden gestellt" sei wegen der Zahlung für die Dienste[199]. Das alles dürfte wohl den Schluß zulassen, daß auch in der Ptolemäerzeit Vorauszahlungen bei παραμονή erfolgten, mögen sie auch heute nicht mehr unmittelbar nachweisbar sein. Es wäre auch nicht recht einzusehen, warum gerade hier eine andere Rechtslage angenommen werden sollte als bei den übrigen Rechtsinstituten. Daß für diese das Prinzip der notwendigen Entgeltlichkeit mit allen seinen Konsequenzen galt, hat Seidl überzeugend nachgewiesen[200].

β) Die wirtschaftliche Bedeutung der Vorauszahlungen

Der Gläubiger gewährte bei der παραμονή Vorauszahlungen, um einen Druck auf den Schuldner auszuüben, wie aufgezeigt wurde. Diesem wird sich der Schuldner aber nur ausgesetzt haben, wenn die Vorausleistung so hoch war, daß sie ein Äquivalent darstellte. Wenn auch die meisten Texte für diese Frage unergiebig sind, gibt es doch einige, die Angaben darüber machen und Schlußfolgerungen zulassen.

---

197 Oben S. 64ff.

198 Oben S. 75 und Anm. 186.

199 Vgl. oben S. 66 und die dort vorgeschlagene Ergänzungsmöglichkeit für die Textlücke in Zeile 6.

200 Vgl. seine PtolRG² bei sämtlichen Institutionen des Privatrechts, insbesondere § 18, „Entgeltliche Tätigkeit für einen anderen", S. 145ff.

Sie beginnen mit

P. Tebt. II, 384 10 v. Chr., Weberdienste anstatt Zinsen	Vorauszahlung: 16 Drachmen ἀργύριον	Dauer der Dienste 1 Jahr, Unterhalt und Bekleidung des Arbeiters einschließlich seiner Steuern zu Lasten der Schuldner, Löhne (Z. 20) nicht beziffert, doch kann für die Zeit ein Monatslohn von 12—20 Drachmen angenommen werden[201].
P. Mich. V, 241, Z. 24ff., 16 n. Chr., Töpfereiarbeit	40 Drachmen Lohnvorauszahlung	Dauer 1 Jahr, für die beiden ersten Monate je 11 Drachmen, hernach 10 Drachmen Monatslohn ohne Nebenleistungen.
P. Mich. II, 121, 42 n. Chr., Ro. III, 3 Weberarbeit anstatt Zinsen	100 Drachmen ἀργύριον	Langfristig, Dauer nicht angegeben, Lohn 1½ Artaben (Weizen?) monatlich, 4 Schafschuren pro Jahr, Übernahme der Kopfsteuer durch Gläubiger.
desgl. IV, 8 allgemeine Hausarbeit (?) anstelle Zinsen	100 Drachmen ἀργύριον	Dauer 1 Jahr, Bekleidung vom Gläubiger zu stellen.
P. Mich. V, 355 (= PSI VIII, 902), 1. Jhdt., Weber	nicht erwähnt	Dauer 2 Jahre, Lohn: Kopf-, Weber-, Bad- und Brunnensteuer übernimmt Gläubiger, desgl. Arbeitsverpflichtung am Damm, ferner alle Auslagen des Schuldners, 1 Artabe Weizen monatlich, 28 Drachmen jährlich für Bekleidung und Öl.
Oxford 10, Anfang 2. Jhdt., Schweinehirt anstatt Zinsen	20 Drachmen ἀργύριον	Dauer 1 Jahr, Monatslohn 20 Drachmen, alles inbegriffen.

---

[201] Hier sei auf die schönen Übersichten verwiesen bei Angelo Segrè, Circolazione monetaria e prezzi, Roma 1922, S. 114ff. (f. Römerzeit und später), ferner Johnson, Roman Egypt, in Frank u. a., An economic survey of Ancient Rome, Paterson NJ, 1959, Bd. II, S. 306ff. Zum μισθός allgemein, jedoch vorwiegend Griechenland, siehe Schulthess, RE 30. Halbband, Sp. 2078ff.

P. Dura 20 121 n. Chr., Leibbursche anstatt Zinsen	400 Drachmen ἀργύριον	Dauer 1 Jahr, Lebensunterhalt und Bekleidung vom Gläubiger, kein Barlohn.
P. SB V, 7612 2./3. Jhdt., Dienste in Küche und Schankstube	400 Drachmen Lohnvorauszahlung	Dauer 5 Jahre und 8 Monate. Gl. stellt Nahrung und Bekleidung.
P. Rein. II, 105, 432 n. Chr., Teppichweber	3 Goldsolidi, Lohnvorauszahlung (?)	Dauer 1 Jahr, Rest fehlt.
Oxy. I, 140, 550 n. Chr., Stallmeister	4½ Goldsolidi ἀρραβῶν	Dauer 1 Jahr, Schuldner erhält für sich, seine Leute und sein Pferd 80 Artaben Weizen, 80 Krüge Wein, 9 Goldsolidi für Gemüse etc., ½ Goldsolidus für Grünfutter.
Stud. Pal. XX, 219, 604 n. Chr., Stallbursche	1 Goldsolidus Lohnvorauszahlung	Dauer 1 Jahr, Lohn 1 Goldsolidus, 5 Artaben Weizen, 6 Xestien Öl.
SB I, 4490, 7. Jhdt., unbestimmte Dienste	1 Goldsolidus Lohnvorauszahlung	Dauer 1 Jahr, Lohn 1 Goldsolidus, 9 Artaben Weizen sowie kleinere Zuwendungen für Feiertage.

Betrachten wir zunächst die Texte aus der Prinzipatszeit, so lassen sich unschwer 2 Gruppen erkennen. Wir sehen dort 3 Texte, in denen die Vorauszahlung in glaubwürdigem Verhältnis zum Arbeitslohn steht, nämlich P. Tebt. II, 384, Mich. V, 241 und Oxford 10. Zwar wissen wir nicht, was der junge Mann in P. Tebt. II, 384 an Lohn erhielt, da nur ganz summarisch auf die üblichen Löhne Bezug genommen wird, die um diese Zeit allgemein monatlich zwischen 12 bis 20 Drachmen lagen, je nachdem ob Verpflegung und dergleichen gewährt wurde oder nicht. Da dies hier der Fall war, könnte ziemlich sicher der unterste Satz angenommen werden, also 12 Drachmen pro Monat. Dann würde das ἀργύριον einem Lohn von etwa 5 Wochen entsprechen. Bei P. Oxford 10 deckt es sich genau mit einem Monatslohn. Die Herausgeberin des Textes meint zwar, es handle sich um ein fiktives Darlehen, das kaum von einer Arrha zu unterscheiden sei[202], doch beruht diese irrtümliche Annahme darauf, daß sie die παραμονή aus

[202] Miss E. P. Wegener, Ed. S. 42, dazu kritisch Westermann, a.a.O. S. 44ff.

dem Gesichtspunkt der Dienstantichrese sieht und daher das hingegebene Geld als δάνειον wertete, obwohl dieser Begriff im ganzen Text nicht vorkommt. Nach dem, was wir oben schon gesehen haben, kann aber auch von einer Arrha nicht die Rede sein, denn ein Betrag in Höhe eines ganzen Monatslohnes dürfte dafür schon zu hoch sein, einmal abgesehen davon, daß der Schuldner hier seine Dienste sofort antreten mußte und der Gläubiger daher ein unmittelbar den Dienstantritt bezweckendes Druckmittel in der Hand haben wollte[203]. Der Dienstvertrag war ja schon geschlossen, eine mit Arrha verstärkte Verpflichtung, sich dem künftigen Abschluß nicht zu widersetzen, wäre daher nicht sinnvoll.

Bei P. Mich. V, 241 handelt es sich um eine echte Lohnvorauszahlung, wie wir oben schon gesehen haben[204]. Diese wirkte im Ergebnis eher noch stärker als das sonst übliche ἀργύριον, um so mehr, als hier ein Betrag von 4 normalen Monatslöhnen vorausbezahlt worden war. Wir werden nicht fehlgehen, wenn wir annehmen, daß es sich bei allen Schuldnern um „arme Leute" handelte, denen es sicherlich sehr schwer gefallen wäre, das Geld wieder herauszugeben. Sie werden daher ihrer Verpflichtung nachgekommen sein. Wahrscheinlich hatten sie irgendwie die Möglichkeit, sich kleinere Ersparnisse anzulegen, die es ihnen auch ermöglichten, einen Betrag von einem Monatslohn zurückzulegen, um daraus später das ἀργύριον wieder zurückzugeben, falls sie es nicht ohnehin in Natur aufhoben — aber das alles sind Dinge, über die sich keine Aussagen machen lassen. Jedenfalls wird man davon ausgehen können, daß ein ἀργύριον in Höhe von etwa einem Monatslohn für den Gläubiger ein genügend starkes Mittel war, um den Schuldner zur Arbeit zu zwingen. Für diesen war es andererseits ein Betrag, mit dem er schon etwas machen konnte und der sein Interesse an der Aufnahme der Arbeit förderte. So wird das Verhältnis zwischen Kapitalhingabe und Arbeitsleistung in diesen Fällen einer abgewogenen Interessenbewertung auf beiden Seiten entsprochen haben[205].

Dies scheint mir aber in den Fällen Mich. II, 121, Ro. III, 8 und IV, 8, sowie bei der Pergamene Dura 20 und SB V, 7612 nicht der Fall gewesen zu sein. In allen vier Fällen erscheinen für die damalige Zeit

---

[203] Vgl. oben, S. 64 ff.

[204] Vgl. oben, S. 67.

[205] Es ist bedauerlich, daß die Vorauszahlung in dem sehr schön erhaltenen P. Mich. V, 355 nicht erwähnt ist, der die Lohnregelung sonst gut erkennen läßt. Das mag aber daran liegen, daß sowohl der Text in Michigan, wie auch die Parallele dazu, PSI VIII, 902, nur die Subscriptio zu einer Urkunde sind, deren Anfang nicht erhalten ist.

doch relativ hohe Beträge von 100 Drachmen als ἀργύριον bzw. sogar 400. Man fragt sich, ob die Schuldner bei derartigen Beträgen überhaupt in der Lage waren, sie in absehbarer Zeit zurückzahlen zu können. Und interessant ist, daß in dem schon mehrfach erwähnten Zenon-Text PSI IV, 424 der Betrag von 100 Drachmen genannt wird als die Summe, für die der Vater seinen Sohn dem Zenon hypothezieren wollte. Der Verdacht liegt daher nahe, daß bei derartig hohen Summen, die ja noch in Zeiten stabiler Währung ausgemacht worden waren[206], unter der Form der παραμονή in Wirklichkeit andere Geschäfte geschlossen wurden. Daß bei der Pergamene Dura 20 an Dienstantichrese gedacht werden kann, haben wir schon gesehen[207]. Dasselbe dürfte auch bei den beiden Michigan-Registerauszügen naheliegen, die ja beide das gezahlte Geld nicht als Arbeitslohn, sondern als ἀργύριον ausweisen. Die Summe von 100 Drachmen läßt sich in den Registereintragungen mehrfach nachweisen, bildet aber dennoch die Ausnahme, denn die Beträge liegen sonst durchwegs niedriger[208]. Zwar spricht P. Mich. II, 121, Ro. IV, 8 von einem Jahr als Dienstdauer, aber die Zinsen von 100 Drachmen konnten nicht in einem Jahr abgearbeitet werden, wenn man den damals üblichen Zinsfuß von 12% je Jahr zugrunde legt, von dem auch Welles in seiner Besprechung der Dura-Pergamene ausgeht[209]. Es bleibt daher nur die Möglichkeit, daß der Vertrag immer wieder erneuert wurde, bis das Geld getilgt war. Die Beteiligten bei PSB V, 7612 haben sich nicht die Mühe gemacht, die lange Dauer der Dienste (5 Jahre und 8 Monate) zu verschleiern, sondern sprachen ganz offen davon. Außerdem soll hier dem Geldgeber die Befugnis zustehen, den Jungen „weiterzuvermieten". Das läßt auf eine weitgehende Übertragung elterlicher oder vormundschaftlicher Gewalt auf den Gläubiger im Sinne eines familienrechtsähnlichen Gewaltverhältnisses schließen. Daß unter Umständen auch eine Art Verfrondung des Schuldners erreicht werden konnte, liegt auf der Hand — und für solche Fälle mögen diejenigen Autoren Recht haben, die von der παραμονή als einer gewissen Beschränkung der Rechtsstellung des Arbeitnehmers ausgehen. In der Tat enthält die Dura-Pergamene die „Verlängerungsklausel" in Z. 14ff., falls Barlaas seiner Rückzahlungs-

---

[206] Vgl. dazu Mickwitz, RE Inflation, Suppl. VI, Sp. 127ff. Nennenswerte Geldverschlechterungen scheinen sich f. d. Prinzipatszeit in Ägypten erst ab Marc Aurel nachweisen zu lassen. Johnson, Inflation, in Egypt and the Roman Empire, Ann. Arbor 1951, S. 37ff.

[207] Vgl. oben S. 26f.

[208] Vgl. unsere Übersicht über die παραμονή-Texte, oben S. 10f.

[209] In der Ed. S. 109f.

pflicht gegenüber seinem Gläubiger nicht innerhalb eines Jahres nachkam. Wir dürfen ähnliches wohl auch in den Fällen aus Tebtynis annehmen, wenn sie auch darüber schweigen. Die Eintragung Ro. III, 3 läßt aber auch erkennen, daß die Dienstzeit länger als ein Jahr laufen sollte, denn sie spricht davon, daß dem Arbeitnehmer als Teil seines Entgelts jedes Jahr die Schur von 4 Schafen zustehen solle. Er hat hier also Lohn erhalten, was wir wiederum in dem Fall IV, 8 und Dura 20 nicht so sicher sagen können. IV, 8 sieht allerdings vor, daß der Gläubiger die Bekleidung des Schuldners stellt, Dura 20 Nahrung und Bekleidung[210]. Es liegt auf der Hand, daß in diesen Fällen das Interesse des Gläubigers gegenüber dem des Schuldners eindeutig überbetont wird. Er konnte den Arbeitnehmer zwingen, solange in seinen Diensten zu bleiben, bis die Schuld durch Arbeitsleistung getilgt war oder gar nur die Zinsen abgearbeitet waren, was dann noch länger dauerte. Der Arbeiter konnte dagegen nicht viel tun, es sei denn, daß er die Möglichkeit hatte, den Vertrag abzulösen, indem er sich anderweit Mittel verschaffte, mit denen er den Gläubiger zufriedenstellen konnte, falls er das Kapital verbraucht hatte. Gelang ihm das nicht, so wird ihn seine schlechte wirtschaftliche Lage auf lange Sicht in einen Zustand der Abhängigkeit gegenüber seinem Gläubiger versetzt haben[211].

In der Byzantinerzeit scheinen die Fälle der Lohnvorauszahlung dominiert zu haben. Ob hier noch der alte Sicherungsbegriff des ἀργύριον angenommen werden darf, oder ob sich nicht schon ein Wandel in der Rechtsauffassung durchgesetzt hat, die das ἀργύριον in seiner alten Bedeutung überflüssig machte, soll indessen erst im nächsten Kapitel erörtert werden. Diese Frage hängt nämlich eng mit der nach dem Einfluß des römischen Rechts in Ägypten zusammen. Eins kann aber doch schon hier gesagt werden: wenn der Gläubiger noch immer mit Vorauszahlungen arbeitete, so lag das auch jetzt noch an seinem Sicherungsbedürfnis dafür, daß der Schuldner auch tatsächlich bei ihm arbeitete, denn so hatte er ihn auf jeden Fall eher in der Hand — einmal abgesehen davon, daß die Gelddecke in den späteren Jahrhunderten sicherlich nicht größer wurde, als vorher[212]. Die Arbeitnehmer werden ebenfalls an den Vorauszahlungen interessiert gewesen sein, um flüssige Mittel in die Hand zu bekommen, die sie verwenden konnten.

---

210 Vgl. dazu Welles, Ed. S. 110.

211 Zur Verlängerung der παραμονή-Vereinbarungen vgl. Westermann, a.a.O. S. 18ff., besonders zu Dura 20, S. 19 m. Anm. 36.

212 Betr. den Übergang zur Goldrechnung in den byz. Urkunden vgl. Mickwitz a.a.O. Sp 130f., Johnson, a.a.O. S. 61ff.

Die wenigen Fälle, die das Verhältnis zwischen Vorauszahlung und Arbeitslohn erkennen lassen, zeigen aber auch, daß die gegenseitigen Interessen gut ausgewogen waren. Der Arbeiter erhielt den vereinbarten Barlohn im Vorhinein, die Naturalleistungen im Laufe der Dienstzeit. Natürlich war er durch die Lohnvorauszahlung an seinen Arbeitgeber gebunden, aber diese Bindung lief seinem Interesse nicht zuwider, da die Zahlung ja dem entsprach, was ihm zustand und ihn lediglich verpflichtete, seinerseits korrekt zu erfüllen, wenn er das Geld behalten wollte. Ein stärkerer Druck ist aus den Texten nicht erkennbar, doch lassen die Strafklauseln in Stud. Pal. XX, 219 und SB I, 4490 deutlich fühlen, wie sehr die Arbeiter auf das Geld angewiesen waren. In beiden Fällen wird ausdrücklich betont, daß das Geld verlorengehen werde, wenn der Arbeiter seinen Pflichten nicht nachkommen sollte (Stud. Pal. XX, 219. Z. 35), ja, daß er dann ohne Lohn weggehe (SB I, 4490, Z. 28). Derartig ausführliche Klauseln sind bei unsern Texten früher nicht nachzuweisen. Sie werden wohl auch nicht einfach mit dem „Byzantinischen Schwulst" erklärt werden können[213], sondern sollten wohl dem erklärenden Arbeitnehmer resp. seiner Mutter deutlich machen, mit welchen Konsequenzen sie zu rechnen hätten, wenn den Ansprüchen des Arbeitgebers nicht genüge getan würde. Vielleicht war die Arbeitsmoral entsprechend, so daß man es für nötig fand, an diese Folgen zu erinnern.

e) Zur Interessenlage bei Arbeitgeber und Arbeitnehmer

Die Texte aller Epochen lassen das große Übergewicht des Kapitalgebers über den Arbeitnehmer deutlich durchscheinen, ja das Prinzip der notwendigen Entgeltlichkeit führt in seinen Auswirkungen zu einer enorm kapitalistischen Denkweise, denn derjenige, der über genügend Kapital verfügte, war in der Lage, sich die benötigten Arbeitskräfte leicht zu verschaffen. Diese waren ihrerseits gezwungen, sich zu verdingen, um sich ihren Lebensunterhalt zu erwerben. Ein trauriges Symptom ist der uns Heutigen geradezu barbarisch erscheinende Brauch der Kinderverpfändung, durch die sich die wirtschaftlich geplagten Eltern oft genug helfen mußten[214].

So blieb den minderbemittelten Volkskreisen nichts anderes übrig, als ihre Arbeitskraft anzubieten, selbst auf die Gefahr hin, sich unter Umständen auf lange Sicht an den Arbeitgeber zu binden. Dieser wußte sein Interesse schon zu wahren, und die beredte Klage des Gesuchstellers in Ent. 48, daß er wegen seiner Schwäche von seinem früheren

[213] Vgl. dazu oben S. 25.
[214] Vgl. dazu oben S. 47, 50, 73.

Arbeitgeber verachtet werde, muß vor diesem Hintergrund gesehen werden. Auch Zenon scheint in dieser Hinsicht keine Ausnahme gewesen zu sein. Wir finden in der ganzen Korrespondenz immer wieder Klagen seiner Arbeiter und Angestellten, daß sie schon lange kein Geld mehr bekommen hätten. Würstle[215] hat das damit erklärt, daß Zenon seinen Leuten keinen Zins zu zahlen brauchte und daher ein Interesse an der späten Auszahlung der Löhne hatte, denn in der Zwischenzeit konnte er mit dem Geld arbeiten — zu seinem eigenen Nutzen natürlich. Er war bekanntlich geschäftlich recht rege. Daß dabei seine Leute zu kurz kamen, scheint ihn wenig gekümmert zu haben. Mit seiner Gerechtigkeit und Güte scheint es — wenigstens was den Verkehr mit den von ihm abhängigen Arbeitern angeht — nicht weit her gewesen zu sein[216].

Es ist daher auch kein Wunder, wenn wir gerade in seinem Archiv eine ganze Anzahl teils recht massiver Beschwerden und Streikdrohungen finden, auf die indessen hier nicht weiter eingegangen werden kann[217]. Für eine soziologische Untersuchung der Arbeitsverhältnisse

---

[215] Würstle, Untersuchungen zu P. Cairo Zenon III, 59355, JJP 5, 1951. S. 9ff., hier S. 77, bes. Anm. 252 und 253. Zu dem gleichen Ergebnis kommt auch Reekmans, Over den loonarbeid in vroeg-ptolemaeisch Egypte, Mitteilungen d. königl. Flämischen Akadem. d. Wissenschaften, XV, 1953, Nr. 5, S. 15ff., bes, 22ff. Die leider nur kurze Untersuchung setzt sich eingehend mit den Ursachen der Verelendung der Arbeitermassen in der frühen Ptolemäerzeit auseinander, doch wird man auch für die folgenden Perioden keinen grundsätzlichen Wandel annehmen können. Vgl. dazu A. Segrè, circolazione monetaria, 38ff., wo das düstere Bild von Reekmans seine Bestätigung auch für die späteren Jahrhunderte findet. Für die ähnliche Lage in den vorptolemäischen Epochen Ägyptens vgl. die Nachweise bei Hellebrand, Arbeitsrechtliches in den Zenon-Papyri, S. 255 in Anm. 41. Ein recht lebhaftes Bild vom Verhältnis des Volkes zum Staat gegen Ende der Römerherrschaft zeichnet Wenger in seiner Festrede v. d. Bayerischen Akademie der Wissenschaften v. 22. 6. 1921. Mit Recht wird die soziale Vollendung als einer der Gründe f. d. Untergang der byzantinischen Herrschaft in Ägypten hervorgehoben. Wenger, Volk und Staat in Ägypten am Ausgang der Römerherrschaft, München 1922, bes. S. 29ff.

[216] Vgl. Seidl, PtolRG², S. 36, Préaux, Les Grecs en Egypte, Bruxelles 1947, 9ff., Rostovtzeff, Die Hellenistische Welt, Stuttgart 1955, I, S. 321 und Index zu Zenon, alle mit weiteren reichen Literaturangaben.

[217] 2 Beispiele aus der ungeheuren Fülle mögen genügen, da sie in ihrer Deutlichkeit für alle sprechen: P. Col. Zenon I, 6 (257 v. Chr.). Hier fand eine Mutter ihren Sohn, der krank geworden war, in elendem Zustand in seiner Unterkunft vor. Sie beklagt sich darüber, daß er von einem Angestellten des Zenon (wahrscheinlich noch in ihrer Gegenwart) mißhandelt worden sei, der ihn dazu mit weiteren Mißhandlungen bedrohte. Zenon möge das jetzt abstellen und dem

in der Antike wäre aber gerade dieses Material von unschätzbarem Wert[218]. Ob die παραμονάριοι besser behandelt wurden, als die sonstigen Arbeiter in der Antike, ist nicht sicher zu sagen. Das Material hierzu ist noch spärlicher als sonst. Aus P. Ryl. II, 128 (ca. 30 n. Chr.) erfahren wir, daß ein Mädchen aus der παραμονή eines Ölmüllers weglief und dabei Geld und Wertsachen ihres Arbeitgebers mitnahm. Es kann sich dabei um ἀναχώρησις wegen schlechten Verhaltens des Mädchens gegenüber dem Müller handeln, aber andererseits darf auch nicht übersehen werden, daß es sich ebensogut um die im Arbeitsleben übliche Flucht wegen allzu schlechten Arbeitsklimas gehandelt haben kann[219]. Auf der gleichen Linie scheint mir der Brief einer Mutter an einen gewissen Dionysios um die Wende vom 2. zum 3. Jahrhundert zu liegen, P. Oxy. X, 1295. Sie droht, den Jungen nach Alexandria in Pfand zu geben, wenn der Adressat nicht gewisse Wünsche erfülle. Offenbar war das Kind für eine Schuld des Vaters in παραμονή gegeben worden. In PSI XIII, 1344 (6. Jhdt.) berichtet jemand an einen hohen Herrn, daß er seit einigen Tagen einen παραμονάριος habe[220], der ihn öfter mißachtet (und wohl auch bestohlen) habe. Er

---

Apollonios melden. Offenbar nahm die Frau den Jungen dann mit nach Hause, bis er wieder gesund wurde, nicht ohne noch eine nachdrückliche Mahnung wegen rückständiger Löhne anzuschließen, die schon ein ganzes Jahr offen standen.

Recht drastisch äußern sich auch einige Flurhüter in PSI IV, 421: „Nimm zur Kenntnis, daß wir schon seit 2 Monaten keinen Barlohn mehr haben, und Getreidelohn auch nur für einen Monat. Du würdest nun gut daran tun, ihn uns zu geben, damit wir nicht mit unsern Diensten bei Dir in Gefahr geraten. Der Kanal ist voll! Gib uns also! Wenn nicht, werden wir gehen! Wir haben ja nichts mehr!"

[218] Zu Streiks in der Zenon-Zeit vgl. Reekmans, a.a.O. S. 12ff., wo er zwischen drei Gründen für das „Entweichen", ἀναχώρησις der Arbeiter unterscheidet: der Möglichkeit anderswo bessere Arbeit zu finden, der Nichteinhaltung der Lohnvereinbarung durch den Arbeitgeber oder seine Leute und schließlich strafbarer Handlungen durch den Arbeitnehmer selbst. Wie schon das Verbum ἀναχωρεῖν sagt, vollzog sich das Streiken dadurch, daß der Arbeiter seinem Arbeitgeber entlief. Bgl. auch Rostovtzeff a.a.O. Bd. II, S. 708 mit Anm. 179 (= Bd. III, S. 1324 mit eingehenden weiteren Nachweisen) sowie Index unter „Streik". Vom „öffentlich-rechtlichen" Standpunkt her: Préaux, L'economie, S. 500ff. und Index unter „grève", weiter Hellebrand in der oben S. 88, Anm. 215 genannten Stelle.

[219] Zum Entweichen vom Arbeitsplatz als Form des Streiks siehe vorhergehende Anm.

[220] Der Text spricht von einem παῖς παραμένων, worunter wir aber einen freien παραμονάριος zu verstehen haben, vgl. P. Straßbg. I, 40, oben S. 56 und Anm. 143.

habe ihn ins Gefängnis geworfen, und der Gefängniswärter möge nun angewiesen werden, den Arbeiter 8 Tage festzuhalten, damit der Schreiber wieder zu dem komme, was ihm von dem Gefangenen geschuldet werde.

Segrè meint zwar, die παραμονάριοι seien in dieser späten Zeit allgemein besser gestellt gewesen, als die „freien" Gelegenheitsarbeiter, deren Freiheit hauptsächlich eine Freiheit zum Verhungern gewesen sei. Er räumt aber selbst ein, daß die wenigen Urkunden zur παραμονή in der Byzantinerzeit auch keine sicheren Rückschlüsse gestatten. Die Zahlungen seien — absolut gesehen — jedenfalls höher gewesen, als in den vorhergehenden Jahrhunderten. Für eine bessere Behandlung der παραμονάριοι spreche auch der Umstand, daß es sich bei ihnen meist um besser ausgebildete Arbeitskräfte gehandelt habe[221]. Ich weiß nicht, ob man aus dem spärlichen Material diesen Schluß zu ziehen berechtigt ist. Die Strafklauseln der Urkunden scheinen ihn nicht zu bestätigen[222]. Sie gehen immer noch einseitig zu Lasten des Arbeiters. Allerdings stammen sie auch meistens aus dem Archiv des Arbeitgebers, zu dessen Sicherung sie ausgestellt worden waren. Es ist aber bezeichnend, daß es keine umgekehrten Fälle gibt, in denen dieser seinerseits eine Sicherungsurkunde für den Arbeitnehmer ausgestellt hätte. Diese scheinen erst bei den Kopten aufgekommen zu sein.

Unter den sämtlichen Texten aller Perioden befinden sich überhaupt nur 2, die in der Formulierung der Strafklausel auch den Interessen der Arbeitnehmer gerecht werden. Es ist dies zunächst P. BGU IV, 1126, der bekannte Bierkneipenfall aus dem Beginn der Prinzipatszeit, in dem in Z. 27 tatsächlich auch für die Kneipeninhaberin eine Strafe festgelegt ist, wenn sie es unterlassen sollte, die Angestellte aus dem Vertrag zu entlassen, falls diese ihn korrekt erfüllt. In diesem Fall muß sie die gleiche Strafe zahlen, die auch die Schuldnerin zahlen müßte, falls sie ihren Verpflichtungen nicht nachkäme.

Der nächste Fall dieser Art kommt dann erst aus der Byzantinerzeit, P. Oxy. I, 140 (= Montevecchi 17) (550 n. Chr.). Es ist der Stallmeister, der einem hochgestellten Herrn in Oxyrhynchos seine Dienste und die seiner Leute anbietet. Es heißt dort sehr stilvoll in Z. 27: „Wenn aber Euer Exzellenz wünschen sollten, mich aus den Diensten des Stallmeisters vor Ablauf des Jahres zu entlassen, ohne daß mich ein Verschulden trifft, dann werden auch Sie die 4½ Goldstücke der Anzahlung verlieren."

---

[221] Circolazione monetaria, S. 43.

[222] Vgl. unten S. 98 ff.

Wir haben schon gesehen, daß wir uns hier in einem ganz anderen Kreis befinden[223]. Der Stallmeister war nicht irgendein einfacher Mann, sondern hatte eine verantwortliche Stellung inne, die es ihm erlaubte, besser zu leben, als das Gros seiner Zeitgenossen. Er konnte sich sein eigenes Pferd leisten, für das er sich ausdrücklich Futter als Teil seines Lohnes geben ließ (Z. 21). Hier war seine Machtlage eine ganz andere, als sie gewesen wäre, wenn ein mittelloser παραμονάριος dem Herrn gegenübergetreten wäre, der es nicht wagen konnte, auch an seine eigene Sicherung zu denken. Und ganz ähnlich müssen wir uns den frühen Fall aus Alxandria denken. Die Bierkneipeninhaberin wird froh gewesen sein, eine Arbeitskraft zu finden, die in der Lage war, ihr Geschäft zu führen und sich eine längere Zeit (3 Jahre) zu verpflichten. Da mußte sie sich schon bequemen, auch ihrerseits Zugeständnisse zu machen und sich selbst ausdrücklich auch zur Vertragstreue zu verpflichten, was, wie wir soeben gesehen haben, durchaus keine Selbstverständlichkeit war. Diese beiden Fälle sind aber auch die einzigen ihrer Art und zeigen, daß die Interesssen des Arbeitnehmers nicht als selbstverständlich beachtet wurden. Wären die Parteien hier andere gewesen — wer weiß, wie sie abgeschlossen hätten? Auch in der Antike kam es auf die auf der wirtschaftlichen Machtlage beruhende Verhandlungsposition der Beteiligten an!

§ 9. Soziale Tendenzen im Arbeitsleben

1. Gab das Vorhergehende ein wenig erfreuliches Bild von der rechtlichen und sozialen Lage des Arbeiters, so muß nunmehr auf 2 Texte verwiesen werden, die geeignet sind, eine freundlichere Note hineinzubringen. Hier ist zunächst auf das von Malinine edierte demotische Ostrakon Brooklyn dem. Inv. 37, 1821 E. aus der frühen Ptolemäerzeit einzugehen[224]. Es behandelt den Unfall eines Portiers, der 30 Jahre im Dienst eines Tempels gestanden hatte und plötzlich erblindete. Er mußte sich operieren lassen, wodurch ihm erhebliche Kosten entstanden zu sein scheinen. Nunmehr bittet er den Gott Amon, in Wirklichkeit aber seinen Arbeitgeber, wahrscheinlich einen Tempelpriester, man möge ihn nicht entlassen und der Tempel solle die ihm entstandenen Arztkosten übernehmen. Das begründet er damit, daß er 30 Jahre seinen Dienst treu versehen und sich nichts habe zuschulden kommen

[223] Vgl. oben S. 83.

[224] Texte démotique relatif à un accident de travail, Acta Orientalia Bd. 25, Kopenhagen 1960, S. 250ff. (= Festschrift für Wolja Erichsen). Dazu Seidl, SDHI 27, 1961, S. 445ff. Von einer Augenerkrankung ist auch in P SB V, 7612 die Rede.

lassen. Nie habe er seinen Arbeitsplatz verlassen. Er sei ein ganz armer Mann, den man doch nicht zugrunde gehen lassen möge.

Die lange Dauer der Dienste und die ausdrückliche Betonung, daß der Petent niemals seinen Arbeitsplatz verlassen habe, erinnern stark an eine παραμονή, so daß der Text vielleicht auch noch als Beleg für diese gewertet werden könnte, doch wollen wir aus sprachlichen Gründen diese Frage hier offen lassen. Aus eben solchen Gründen nimmt der Herausgeber aber an, daß dem Petenten ein echter Anspruch auf Übernahme der ihm entstandenen Kosten zugestanden habe[225] und meint, er habe durchaus nicht an Gefühle des Mitleids oder der Barmherzigkeit appellieren wollen, sondern einfach auf ihm zustehende Rechte gepocht. Die Formulierungen entsprächen dem juristischen Sprachgebrauch, wenn der Bittsteller betone, daß man ihm

a) niemals Vorwürfe wegen seines Dienstes gemacht habe,

und daß er

b) niemals freiwillig seinen Arbeitsplatz verließ.

Hinzu komme die lange Dauer der Dienste von 30 Jahren. Nach allem sei es sehr wahrscheinlich, daß es in Ägypten ein Arbeitsgesetz gegeben habe, in dem die Rechte und Pflichten des Arbeiters und seine Beziehungen zum Arbeitgeber festgelegt gewesen seien. Insbesondere schließe die ganz konkret gefaßte Forderung: „Das Haus möge die ärztliche Behandlung bezahlen, die mir gemacht worden ist" einen Einzelfall aus. Der Arbeitgeber sei zur Begleichung dieser Leistungen verpflichtet gewesen.

Wenn alle diese Bemerkungen zutreffen, so wäre das Ostrakon in der Tat ein äußerst wichtiger Beleg für die Existenz eines ägyptischen kodifizierten Arbeitsrechts. Indessen ist dieser Schluß nicht zwingend, denn einerseits haben wir keinen Beleg für derartige Gesetze, andererseits könnte die Forderung auf Übernahme der Kosten auch in einem entsprechenden Brauch gerade dieses Tempels begründet gewesen sein[226].

Wenn es wirklich ein Arbeits-Gesetzbuch gegeben hätte, und dies von den Ptolemäern weiter angewendet worden wäre, so wäre doch ganz sicher in dem zeitlich mit unserm Ostrakon etwa gleich liegenden Zenon-Archiv irgendwann einmal darauf Bezug genommen worden. Es ist nicht anzunehmen, daß in der Vielzahl von Beschwerden wegen rückständiger Löhne, schlechter Behandlung der Arbeiter und der-

---

[225] S. 251f., bes. m. Anm. 19—26 m. sehr eingehenden Nachweisen zum Sprachgebrauch.

[226] Zu den wenigen Belegen für Gesetzestexte in der Ptolemäerzeit beim ägyptischen, griechischen und königlichen Recht vgl. Seidl, PtolRG², S. 3ff.

gleichen ein solches Gesetz verschwiegen worden wäre. Mögen auch die Verfasser derartiger Beschwerden an Zenon keine gebildeten Leute gewesen sein und keine Ahnung von juristischen Dingen gehabt haben — irgendwann wäre doch eine gesetzliche Schutzbestimmung einmal erwähnt worden. Schließlich arbeiteten ja auch Ägypter für Apollonios, und unser Portier war auch kein hochgebildeter Mann, vielmehr gehörte er der niedrigsten Stufe in der Hierarchie der Tempelangehörigen an[227].

Sei dem, wie es sei — das Ostrakon läßt aber auf jeden Fall wenigstens einmal erkennen, daß der Arbeitnehmer nicht ganz schutzlos war. Dieser Schutz mag nun auf einem uns nicht bekannten Gesetz beruht haben oder vielleicht doch auf „sentiments de compassion et de charité"[228] gegenüber einem Mann, der in ihren Diensten „ergraut" war. Aber der Text ist ein Einzelfall und erlaubt daher keine weitreichenden Rückschlüsse. Insbesondere erscheint es verfrüht, aus ihm allein auf die Existenz einer sozialen Schutzgesetzgebung zugunsten der Arbeiterschaft schließen zu wollen.

2. Von Interesse ist in diesem Zusammenhang auch der juristisch wenig beachtete Text P. Heidelberg Inv. 1818 (= SB VI, 9127) Verso aus dem 2. Jahrhundert n. Chr., der erstmals von Bilabel im Zusammenhang mit einer Studie über gräko-ägyptische Feste ediert worden ist[229]. Er ging unter Zustimmung von Wilcken davon aus, daß es sich bei dem Text um die Zusammenstellung von gewissen Festtagen handelte, an denen ein Priester teilnahm, der dafür Geldzahlungen zu bekommen hatte, über die er abrechnete. In Wirklichkeit handelte es sich aber nicht um etwas derartiges, sondern um Notizen eines Arbeitgebers, wahrscheinlich eines Goldschmiedes, in denen er alle diejenigen Tage eines ganzen Jahres festhielt, in denen ein Arbeitnehmer nicht arbeitete. Dies dürften die eingehenden Untersuchungen von Youtie in Verbindung mit einer sorgfältig begründeten Neulesung des Textes klargestellt haben[230].

Sehen wir uns den Text in seiner neuen Lesung an, so finden wir am Anfang in Z. 2—6 eine Aufstellung darüber, was der Arbeiter gemacht hatte und wie viele Tage er dafür benötigte, wobei diese allerdings

---

[227] Vgl. Kommentar d. Herausg. Anm. 9 (S. 257).

[228] Das wird von Malinine, S. 251 unten, gerade nicht angenommen.

[229] Bilabel, Die gräko-ägyptischen Feste, Neue Heidelberger Jahrbücher 1929, S. 4ff. und dazu zustimmend Wilcken AP 9, 1930, S. 241, der allzusehr auf Religionshistorie abstellt.

[230] Studies in Roman Economic and Social History in Honor of A. C. Johnson, S. 178ff.. Dazu zustimmend Seidl, SDHI 18, 1952, S. 362, vgl. auch Westermann, „Slave Systems" S. 103.

fehlen. Hergestellt wurde ein Weinbecher, wahrscheinlich auch eine Halskette und ein Ring, für dessen Gravierung wieder eine besondere Anzahl Tage benötigt wurde.

Der Text wird dann fortgesetzt mit einer Aufstellung der ausgefallenen Tage. Es waren mindestens 27½ Arbeitstage, an denen der Arbeiter nicht zur Stelle war. Allein mindestens 10 davon entfielen auf Krankheit, davon 2 auf *carus*[231]. Bei den übrigen ist nicht angegeben, um was es sich handelte. Bei 12½ Tagen (mindestens) erfahren wir, daß der Arbeiter an verschiedenen Feiertagen teilgenommen hatte, und auf insgesamt 5 Tage war er verreist, einmal davon einen Tag lang mit seiner Mutter.

So gibt der Text einen interessanten Einblick in Arbeit, Freizeit und Gesundheitszustand eines Arbeiters in der Prinzipatszeit. Er zeigt, daß das Bedürfnis nach Freizeit auch damals befriedigt werden mußte und ist eines der sehr wenigen Zeugnisse, die sich mit diesem Problem überhaupt befassen. In den παραμονή-Urkunden gibt es nur einen Fall, der einem παραμονάριος ein gewisses Recht auf Abwesenheit von der Arbeit zuerkennt. Es ist dies die Pergamene Dura 20. Sie gestattet in Z. 10 dem Barlaas ausdrücklich, bis zu 7 Tagen im Jahr krank zu sein. Fehlt er darüber hinaus, so muß er für jeden Tag eine Drachme Strafe zahlen. Aber es ist immerhin bemerkenswert, daß gerade dieser Text, der im Ergebnis auf Dienste von unbestimmter Dauer hinauslief, ein gewisses Recht auf Abwesenheit — wenn auch nur bei Krankheit, und auch dort nur bis zu 7 Tagen im Jahr — anerkennt.

Die nächsten Fälle dieser Art finden wir in den später gesondert zu behandelnden Lehrverträgen, doch sei die Urlaubsregelung hier vorweggenommen. In P. Fouad I, 37 (48 n.Chr.) gibt der Römer Lucius Pompeius Niger seinen Sohn in die Weberlehre. Der Lehrherr erklärt in Z. 5, der Junge dürfe 3 Tage pro Monat fehlen, ohne daß dies auf den Lohn angerechnet werde, fehle er aber mehr, so werde der entsprechende Teil abgezogen und außerdem müsse er diese Tage nach Ablauf der Lehre nachdienen. Die Freizeit ist nicht auf Feiertage beschränkt[232].

In P. Oxy. IV, 725 (183 n.Chr.) wird ausgemacht, daß der Junge 20 Tage im Jahr fehlen darf, und zwar bei Feiertagen (Z. 36). Auch

---

[231] Zum Begriff carus vgl. die Auslegung dieses medizinischen Terminus bei Y., S. 198. Es kann sich um einen Zustand von leichtem Schwächeanfall bis hin zum Koma handeln. Der Text sagt nichts weiter, doch paßt er mit dieser Bemerkung gut in das Bild einer verelendeten Arbeiterschaft, vgl. dazu Reekmans und Segrè, oben S. 89 Anm. 218.

[232] Vgl. Youtie, a.a.O. S. 202 und Anm. 79 ebendort.

hier ist eine ganz ähnliche Bestimmung festgelegt, für den Fall, daß der Junge länger fehlt, sei es wegen Faulheit, Krankheit, Ungehorsam oder sonst einem Grund. Das Sklavenmädchen in P. Oxy. XIV, 1647 (aus der gleichen Zeit) darf nur 18 Tage Freizeit bei Feiertagen genießen und muß für andere Tage, an denen es fehlt oder krank ist, nachdienen[233]. Auch hier gibt es also keine festen Regeln, sondern es bleibt dem Ermessen der Parteien überlassen, Urlaubsvereinbarungen zu treffen, wie sie dazu in der Lage sind. Dabei sehen wir wieder, daß die wirtschaftliche und soziale Stellung entscheidend ist, denn der römische Vater kann 36 freie Tage im Jahr für seinen Sohn verlangen — und der armselige Leibbursche Barlaas hat gar nur 7 Tage frei für Krankheit! Bei den Gräko-Ägyptern scheint der Urlaub zwischen 18 bis 30 Tagen im Jahr geschwankt zu haben.

Nun glaubt Youtie in seinem höchst instruktiven Kommentar zu dem Heidelberger Text, ein Urlaubsrecht habe es nur für Lehrlinge gegeben, dagegen nicht für den παραμονάριος. Aber dieser Irrtum, der in der Quellenlage eine gewisse Stütze findet, ist auf sein Verständnis von der παραμονή zurückzuführen, in der er einseitig Dienstantichrese erblickt und daraus folgert, der Paramonar müsse die Zinsen eines Kapitals abarbeiten — und dazu passe es nicht, wenn er durch Freizeit abgelenkt werde. Seine gesamte Zeit gehöre dem Gläubiger, und die darauf beruhende wirtschaftliche Beziehung zwischen den Parteien lasse keinen Raum mehr für eine auf Stücklohn oder Zeitlohn beruhende Entlohnung[234]. Aus diesen Gründen entscheidet er sich dafür, daß es sich bei dem Heidelberger Fragment um die Freizeit eines Lehrlings gehandelt haben müsse. Andererseits räumt er aber ein, daß auch der Arbeitgeber des παραμονάριος daran interessiert war, genau festzuhalten, ob und wann sein Mann fehlte. Krankheit, häusliche Schwierigkeiten und Unlust seien selbstverständlich auch bei Paramonaren aufgetreten, und wenn man dem Arbeiter kein Recht auf Freizeit gegeben habe, so verhinderte das keineswegs seine gelegentliche Abwesenheit[235].

Gerade diese zuletzt angestellten Erwägungen hätten aber auch Youtie davon überzeugen müssen, daß er die tatsächlichen Lebensverhältnisse falsch einschätzte. Wird man im Ernst behaupten wollen, die Bierkneipenarbeiterin habe 3 Jahre lang das Geschäft geführt, ohne

---

[233] Youtie, a.a.O. S. 201f., bes. Anm. 78.

[234] Der Text beginnt mit einem Verzeichnis der von dem Arbeiter hergestellten Sachen, was auf Stücklohn schließen läßt. Vgl. dazu Youtie, a.a.O. S. 205. S. auch S. 203.

[235] Youtie, a.a.O. S. 204.

auch nur einen einzigen Tag Urlaub gehabt zu haben? Und das nur, weil der Text dazu schweigt? Im übrigen haben wir gesehen, daß die Parteien volle Freiheit hatten, die παραμονή entsprechend den jeweiligen Bedürfnissen auszugestalten. Sie war weder notwendige Dienstantichrese noch war die ständige Anwesenheitspflicht des Arbeiters bei seinem Arbeitgeber erforderlich. Das alles widerlegt Youties These.

Wenn die Texte zur Frage der Freizeit des παραμονάριος schweigen, so heißt das nicht, daß er keine gehabt habe, sondern nur, daß diese so gewährt wurde, wie das landesüblich war, so daß man es nicht notwendig hatte, eigens auf diesen Punkt einzugehen. Wenn an den zahlreichen Dorffesten, die uns noch begegnen werden, die ganze Bevölkerung teilnahm — sollte dann ausgerechnet der παραμονάριος davon ausgenommen sein? Man darf doch nicht vergessen, daß die Landbevölkerung durchwegs aus kleinen Leuten bestand, die bestimmt keinen Unterschied danach machten, ob einer von ihnen Paramonar war oder nicht! In den Byzantinischen Urkunden lassen sich die Arbeitnehmer kleine Geschenke für die Feiertage versprechen[236] — sie müssen also welche gehabt haben! Und das wird nicht nur in der Byzantinerzeit so gewesen sein, wenn es auch hier erst ausdrücklich gesagt wird, weil die Urkunden hier allgemein breiter und ausführlicher abgefaßt werden[237].

Alles in allem glaube ich nicht, daß Youties These richtig ist, wonach der Heidelberger Text die Arbeitsleistung und Freizeit eines Lehrlings enthält. Es kann so sein, aber es ist nicht ausgeschlossen, daß es sich ebensogut um einen anderen Arbeiter gehandelt haben kann, der nicht minder urlaubsbedürftig war, wie ein Lehrling.

§ 10. Einheimisches, griechisches oder römisches Recht?

Demotische Urkunden zum Arbeitsrecht sind heute nur so wenige veröffentlicht, daß sich über Unterschiede des ägyptischen und des griechischen Rechts der παραμονή noch nichts aussagen läßt.

Anders steht es mit der Frage des Einflusses des römischen Rechts.

a) Die griechischen Urkunden

Die Frage der Einwirkung des römischen Rechts auf das Recht der Papyri ist wiederholt Gegenstand von Untersuchungen gewesen. Hier sind besonders die ausgedehnten Forschungen Raphael Taubenschlags zu erwähnen, die wohl hinreichend deutlich gemacht haben, daß auch nach der Einführung der Constitutio Antoniniana keine voll-

---

[236] P. Straßbg. I, 40 (Z. 49), Stud. Pal. XX, 219 (Z. 26), SB I, 4490 (Z. 24).
[237] Vgl. oben S. 25.

ständige Rezeption des römischen Rechts in Ägypten erfolgte, sondern volksrechtliche Institutionen bis zum Verschwinden der Papyri weiterhin nachweisbar sind[238]. So ist es aus diesem Grund auch nicht verwunderlich, daß unsere Texte mit Einschluß der koptischen Urkunden weiterhin von παραμονή sprechen. Dennoch lassen sich aber jetzt Erscheinungsformen dieses Instituts feststellen, die sich in der Ptolemäer- und Prinzipatszeit nicht nachweisen lassen, Formen, die wenigstens äußerlich den Eindruck einer Romanisierung erwecken. Wenn die παραμονή nicht überhaupt verschwindet, so liegt das daran, daß im nicht personal bestimmten Verkehrsrecht der Provinz „kein römisches Interesse tangiert" wurde. Der römische Gesetzgeber ließ das inhaltlich hellenistische Recht weiterbestehen und sah sich nicht veranlaßt, „bestehende Gebräuche anzutasten, wenn sie entweder dispositives Recht waren" oder sich ihrem Inhalt nach dem offiziell geltenden römischen Recht anpassen ließen[239].

Das war bei der παραμονή der Fall. Auch im Westen gab es einen dem gräko-ägyptischen παραμονάριος vergleichbaren sogenannten „Lohndiener", den *mercennarius*, dessen Tätigkeitsbereich allerdings enger gewesen zu sein scheint, als der seines östlichen Kollegen. Nach der eingehenden Untersuchung Martinis haben wir ihn uns als einen Arbeiter vorzustellen, der überall in Haus und Hof einzuspringen hatte, wo gerade Not am Mann war, ohne daß sein Tätigkeitsbereich irgendwie besonders festgelegt war[240]. Er entsprach hiernach ungefähr dem, was Westermann als für den παραμονάριος typisch angesehen hat, obwohl dieser, wie wir gesehen haben, durchaus nicht nur an „general-services" und die ununterbrochene Zugehörigkeit zum Hause seines Dienstherren gebunden war, sondern auch für bestimmte

---

[238] Vgl. Taubenschlag, Studi Bonfante I, 367ff. (= Opera Minora I, 181ff.) und ZSS 49 (1929), 115ff. (=Op. Min. I, 477ff.).

[239] Vgl. Schönbauer, JJP 9/10 (1955/56), 15ff. (das erste Zitat ebendort S. 38) und J. H. Wolff, ZSS 73 (1956), 1ff. (das 2. Zitat ebendort S. 10 in Anm. 20) mit zahlreichen Literaturnachweisen. Zu beiden Seidl, SDHI 24 (1958), 428. Pringsheim, Stipulations-Klausel, in Gesammelte Abhandlungen, Heidelberg 1961, II, S. 194ff., hier S. 240. Wie die Römer ihre Regierungsprobleme meisterten, ist klar und eindringlich dargestellt bei Wenger, Von der Staatskunst der Römer, Münchener Universitätsreden, Heft 1, München 1925, S. 27ff.

[240] Vgl. dazu die Studie von Martini, Mercennarius, Studi Senesi I, Milano 1958, weiter Kaser, Das Römische Privatrecht II, München 1959, S. 295, Anm. 38 m. weiteren Nachweisen. Martini (S. 81) definiert den *mercennarius* so: „colui che non svolge un'attività determinata, che non viene assunto cioè per una precisa mansione, ma per fare tutto ciò di cui ci sia bisogno e di cui egli sia capace, normalmente nell'ambito della domus".

Einzeldienste herangezogen wurde. Aber eine gewisse Verwandtschaft bestand zwischen beiden, insbesondere wird auch ihre wirtschaftliche Lage ganz ähnlich gewesen sein.

Römisch-rechtlich gesprochen vermietete der *mercennarius* seine Dienste dem Arbeitgeber. Es lag eine *locatio-conductio operarum* vor, durch die der *locator* sich selbst bzw. seine Dienste vermietete. „Arbeitskraft war also grundsätzlich taugliches Vertragsobjekt" in Rom sowohl wie in Ägypten, und zwar, wie es den Anschein hat, nicht nur niedere Dienste, sondern auch höhere, die sogenannten *operae liberales*[241]. War aber in Rom die „Dienstmiete" anerkannt, so bestand für den römischen Gesetzgeber auch kein Anlaß, gegen vergleichbare Einrichtungen in Ägypten anzugehen.

Es nimmt daher nicht wunder, wenn wir bei den späten Urkunden gewissen römischrechtlichen Eigenarten begegnen. Allerdings läßt ein schon ziemlich später Text, P. SB IV, 7358 aus der Zeit um 280 n. Chr., davon noch nichts erkennen. Er enthält noch die altvertraute πρᾶξις-Klausel, die sich seit der Ptolemäerzeit in den griechischen Papyri nachweisen läßt und auf der Trennung von Schuld und Haftung beruht[242]. Die römische Stipulationsklausel fehlt noch. Diese ist in unsern Urkunden erstmals in P. Rein. II, 105 (432 n. Chr.) nachzuweisen. Sie findet sich auch in dem bereits erwähnten Fall des Rennstallchefs, P. Oxy. I, 140 (550 n. Chr.), aber die Beteiligten behandeln diesen Fall expressis verbis noch als παραμονή (Z. 25). Dagegen finden wir in der nur 19 Jahre später errichteten Urkunde P. Straßbg. I, 40 schon die Bezeichnung μίσθωσις, die der römisch-rechtlichen Terminologie der *locatio-conductio* angepaßt ist. Das verbum παραμένειν kommt nur einmal (Z. 30) vor. Der Vertrag sieht auch sonst eher römisch aus, wobei insbesondere auffällt, daß keinerlei Vorauszahlung erwähnt wird. Er sieht eine strenge Haftung des Arbeitnehmers vor, die durch einen Bürgen verstärkt wird. Sowohl bei ihm, wie bei den beiden letzten Texten, ist die Stipulationsklausel enthalten.

Die neue Terminologie kommt auch bei Stud. Pal. XX, 219 vor, (604 n. Chr.), wo eine Mutter ihren Sohn als Stalljungen vermietet und

[241] Zur *locatio-conductio* vgl. zuletzt die eingehende Untersuchung von Mayer-Maly, Locatio Conductio, Wien 1956, Zitat im Text ebendort S. 124. Vgl. weiter de Robertis, I rapporti di lavoro nel diritto romano, Milano, 1946, wo die Papyri allerdings nur kurz gestreift werden. Kaser, Das Römische Privatrecht I, S. 474 m. Verweisungen, II, S. 295, ebenfalls mit zahlreicher weiterer Literatur, Westermann, a. a. O. S. 25f. und 40f.

[242] Zur πρᾶξις-Klausel in ihren verschiedenen Ausprägungen vgl. Seidl, PtolRG², S. 100ff., ferner Wolff, Die Praxisklausel in Papyrusverträgen, Beiträge S. 102ff. (= TAPA 72, 1941, 418ff.).

sich ebenfalls wieder eine Vorauszahlung von 1 Goldsolidus geben läßt. Für den Sohn wird die Pflicht zum παραμένειν ausdrücklich festgelegt. Das gleiche gilt im Falle SB I, 4490 (7. Jhdt. n. Chr.). Auch hier wird die Vereinbarung μίσθωσις genannt. Der Schuldner ist ein παραμονάριος. In der Strafklausel verpflichtet er sich, alles, was er an Lohn erhalten habe, dem Gläubiger zurückzugeben, wenn er sich aus der παραμονή entferne, und ohne Lohn zu gehen. Auch er läßt sich aber wieder eine Vorauszahlung geben.

Die griechischen Texte bieten somit ein interessantes Bild alter volksrechtlicher Vorstellungen und neuer Elemente. Es ist vor allem die Stipulationsklausel, die neu in Erscheinung tritt und die neue rechtstechnische Bezeichnung der Vereinbarungen als μίσθωσις o. ä., neben der allerdings immer noch von παραμένειν bzw. παραμονή die Rede ist. Ganz auffallend ist, daß in dem Text aus der Straßburger Sammlung die Vorauszahlung ganz entfällt, die sich sonst noch in allen anderen Fällen nachweisen läßt. Bei diesen scheinen noch alte Vorstellungen vom ἀργύριον παραμονῆς eine Rolle zu spielen. Wir haben somit einen Vertragstyp vor uns, der aus volksrechtlichen und römischen Elementen gemischt ist.

Das erste, was uns an Neuerungen begegnet, ist die Stipulationsklausel, die sich für unsere Texte allerdings erst relativ spät (432 oder gar erst 550 n. Chr.) nachweisen läßt. Das mag allerdings an den Fundumständen liegen, aber es ist immerhin bemerkenswert, daß die παραμονή in SB IV, 7358 (um 280 n. Chr.) noch ganz in den alten Formen gedacht ist. Wir finden noch die alte πρᾶξις-Klausel, dagegen noch nicht die Stipulationsklausel, von der man annimmt, daß sie im Laufe des 3. Jahrhunderts „schlagartig" eingesetzt habe. Der Befund scheint eine Bestätigung der von Wolff vertretenen Ansicht zu sein, daß die Stipulationsklausel zunächst das einzige „wirklich rezipierte römische Element in der Vertragsgestaltungstechnik" der Urkundenschreiber auf dem Gebiet der παραμονή ist[243]. Warum sie erforderlich wurde, hat er m. E. überzeugend damit begründet, daß „vom Standpunkt des römischen Beurteilers aus selbstverständlich alle Verträge der Provinzialen nur unklagbare *nuda pacta* waren, die man durch die neue Klausel jetzt klagbar machen wollte. Es dürfte daher auch bei der παραμονή kein Zufall sein, daß sie zuerst in Erscheinung tritt. So konnte man ruhig die alten Vertragstypen weiter verwenden, wenn man nur formell dafür gesorgt hatte, daß sie auch klagbar wurden. In der Substanz blieb die alte Gestaltung unverändert.

[243] Vgl. die Nachweise bei Wolff, ZSS 73 (1956), S. 13 m. weiteren Verweisungen, ferner Pringsheim a. a. O. (vgl. oben S. 97 Anm. 239) S. 222 ff.

Aber die römische *locatio-conductio* ist ein Konsensualvertrag. Im Laufe der Zeit scheinen sich auch bei der παραμονή konsensuale Vorstellungen bemerkbar gemacht zu haben. Einen Ansatz dazu wird man in P. Oxy. I, 140 (550 n. Chr.) erkennen können, der zwar eine Arrha in Höhe von 4½ Goldsolidi zugunsten des Arbeitnehmers vorsieht, mithin noch auf der Linie alter Bräuche liegt, aber er hat schon keine πρᾶξις-Klausel mehr und droht Strafgeld für beide Teile im Falle des Vertragsbruches an.

Man scheint hier schon auf den beiderseitigen Willen der Vertragspartner abgestellt zu haben, wenn man auch nicht von der alten Übung des παραμονή-Geldes loskam. Von dieser scheinen sich aber die Beteiligten bzw. der das Abkommen beurkundende Notar im P. Straßbg. I, 40 (569 n. Chr.) gelöst zu haben. Hier finden wir nun keine Spur mehr von einer Vorauszahlung gleich welcher Art. Diese Regelung wird sich am besten so erklären lassen, daß zumindest in diesem Falle die Vertragskonstruktion ganz auf den Willen der Parteien, und zwar auf ihn allein abgestellt wurde. Wir hätten hier also einen echten Konsensualvertrag vor uns. Mag sein, daß der Notar im Verlauf seiner Studien erfahren hatte, daß der Römer die *locatio-conductio* als solchen auffaßte und bei ihr die Willensübereinstimmung als Grundlage des Vertrages genügen ließ. Damit deckt sich der weitere Befund, denn hier tritt — erstmals soweit ich sehe, — in unserem Material die Bezeichnung des Vertrages als μίσθωσις in Erscheinung. Aber man kam sich wohl nicht ganz geheuer vor, denn immerhin ließ sich der Gläubiger für den Fall des Vertragsbruches stark sichern. Ein Bürge für den παραμονάριος war beigezogen, und man hat fast den Eindruck bei der Lektüre des Textes, daß dieser noch schärfer haften sollte, als der eigentliche Schuldner[244].

Eine Mischung alter und neuer Vorstellungen ist bei den beiden letzten Texten zu beobachten, in denen zwar auch von μίσθωσις die Rede ist, aber wieder das vertraute Angeld erscheint. Den Parteien selbst wird es wohl gar nicht bewußt geworden sein, daß sie sich mit ihrer Hinwendung zum Konsensualvertrag von der alten Konstruktion lösten. Aber der institutionelle Gehalt des Rechts scheint sich wenig oder gar nicht geändert zu haben. Den Beteiligten schwebten jedenfalls alte Gedanken von der παραμονή vor, von der sie immer

[244] Zur Frage der juristischen Ausbildung in Ägypten vgl. zunächst Wolff a.a.O. S. 19ff. mit zahlreichen weiteren Nachweisen, sowie Seidl „Die Jurisprudenz der ägyptischen Provinzialrichter byzantinischer Zeit", Festschr. Rabel II, S. 235ff. und „Die juristische Bildung der Richter in Ägypten", Symbolae Taubenschlag I, 251ff.

wieder sprechen, auch wenn sie den Vertrag μίσθωσις nennen. Im Grund änderte sich durch die neue Betrachtungsweise für sie nichts. Es handelte sich, wie Wolff zutreffend formuliert, eher um „Wandlungen des juristischen Denkens" als Zeugen einer zunehmenden geistigen Rezeption römischen Rechtsdenkens[245]. Sie scheint in der Zeit, in der man noch griechisch schrieb, nicht mehr vollendet worden zu sein, denn wir sehen hier die alten auf dem Prinzip der notwendigen Entgeltlichkeit beruhenden Vorstellungen noch immer im Ringen mit konsensualem Denken.

Wie sehr man noch am Ausgang des 6. Jahrhunderts der alten Denkweise verhaftet war, erhellt aus dem interessanten P. SB VI, 9456 (= P. Graec. Vindob 25923 [Festschrift Steinwenter]) aus dem Jahre 594 n.Chr. Wir erfahren hier, daß ein Koch, Inhaber einer Garküche, einen anderen Koch gedungen hatte. Er hatte ihm offenbar, wie der Herausgeber richtig sieht, einen bestimmten Geldbetrag gegeben, in dem wir unschwer unser bekanntes ἀργύριον παραμονῆς vermuten dürfen. Nun kam der Arbeitnehmer aber seiner Arbeitspflicht nicht oder nicht ganz nach, denn er verließ jedenfalls seinen Arbeitsplatz. Daraufhin verklagte ihn der Arbeitgeber wegen Diebstahls. Wir lesen dazu im Text (Z. 8—10):

8 Ἐπειδὴ ἔσχον σε εἰς τὸ ἐμὸν ἐργαστήριον ἐν τάξει μισθίου
9 καὶ ἀναχωρήσαντος σοῦ τῆς πρός με παραμονῆς
10 κεκίνηκα πρός σε περὶ κλοπῆς ὡς γεναμένης μοι παρά σου.

„Nachdem ich Dich in meine Garküche als Lohnarbeiter aufgenommen hatte
und Du Deine παραμονή (Arbeit) bei mir im Stich gelassen hast, habe ich Dich wegen Diebstahls verklagt, den Du (so) gegen mich begangen hast" (so die Übersetzung des Herausgebers).

Die Parteien haben dann hin und her prozessiert, ohne sich zu einigen, bis es schließlich vor einem Schiedsgericht zu einer Bereinigung des Falles kam, infolgederer der Schuldner dem früheren Arbeitgeber einen bestimmten Geldbetrag zahlte, dessen Höhe wir nicht mehr ermitteln können, der aber wahrscheinlich mit dem gezahlten ἀργύριον identisch gewesen sein wird[246]. Daraufhin stellte der Gläubiger die obige Urkunde aus, in der er am Ende erklärt, daß er jetzt

---

[245] Vgl. Wolff a.a.O. S. 26 und ZSS 70 (1953) S. 51ff.

[246] Wegen der Einzelheiten der Urkunde und ihrer Einordnung in das papyrologische Material vgl. den ausgezeichneten Kommentar des Herausgebers und seine Vorbemerkungen, S. 126ff.

zufriedengestellt sei und nicht mehr weiter gegen den ehemaligen Arbeitnehmer vorgehen wolle. Er verpflichtet sich zudem noch durch besondere Vertragsstrafe, das zu unterlassen. Auch die Stipulationsklausel fehlt nicht.

Wir haben es also auch hier wieder mit einer Urkunde zu tun, die äußerliche Formen der Romanisierung trägt, so die Bezeichnung der beruflichen Stellung des Schuldners als τάξις μισθίου (= Berufsstellung eines Lohnarbeiters, vgl. Preisigke WB τάξις), die Stipulationsklausel. Aber das Arbeitsverhältnis ist nach wie vor παραμονή. Wie vordem wurde zu seiner Begründung ein Geldbetrag hingegeben. Alte Vorstellungen leben auch in dieser Urkunde weiter, wenn sie auch in römischem Gewand auftreten.

Und nun wird der Bruch der παραμονή als Diebstahl angesehen! Richtig bemerkt der Herausgeber dazu: „Es ist einleuchtend, daß ... Paulos sein Dienstverhältnis bei Petros erst dann aufzulösen berechtigt war, wenn sich die von ihm geleistete Arbeit und der empfangene Geldbetrag die Waage hielten." Der weite Diebstahlsbegriff im Sinne eines Deliktes gegen das Vermögen ist noch weiter als das römischrechtliche *furtum*, das von Paulus als

contrectatio rei fraudulosa lucri faciendi gratia vel ipsius rei vel etiam usus eius possessionisve

definiert wird (D. 47, 2, 1, 3). Denn die bloße Forderungsverletzung begründete nach römisch-rechtlicher Auffassung noch keinen Diebstahl. Sachentziehung mußte vorliegen, mochte sie auch auf die verschiedensten Arten begangen sein[247]. Was wir hier sehen, ist κλοπή im Sinne eines allgemeinen Delikts gegen das Vermögen schlechthin[248], also modern gesprochen auch die Verletzung eines bloßen Forderungsrechts. Dies dürfte weniger eine Vergröberung von römischen Vorstellungen sein, als vielmehr das Weiterleben alter auf dem Prinzip der notwendigen Entgeltlichkeit beruhender Betrachtungsweise.

Wie wir gesehen haben, müssen wir uns die rechtliche Konstruktion der παραμονή vom Prinzip der notwendigen Entgeltlichkeit her denken. Der Kapitalgeber, der sich Arbeitsleistungen verschaffen wollte, gab dem Arbeitnehmer das ἀργύριον oder die Lohnvorauszahlung, um ihn damit zur Aufnahme der Arbeit zu bewegen. Seine Leistung hatte als Entgelt die Bereitstellung der Arbeitskraft des Schuldners

---

[247] Vgl. dazu Kaser, Römisches Privatrecht I, S. 513ff. und II, S. 313ff.

[248] Zum Strafrecht in den Papyri vgl. Taubenschlag, Law², S. 453ff. (zum Diebstahl) und sein „Strafrecht im Recht der Papyri", Leipzig 1916, S. 26ff., sowie 88ff.

gegen Bezahlung zum Ziel. Um das zu erreichen, gab er einen Wert aus seinem Vermögen aus der Hand. Wenn sich nun der Empfänger dieses Vermögenswertes der Gegenleistung entzog, ohne sofort das Geld zurückzugeben, so hatte er das Geld „unterschlagen", denn es wäre erst nach vollständiger Leistung der Arbeit sein Eigentum geworden. Dann aber lag der Fall in der Rechtsvorstellung des Gräko-Ägypters der Chora genauso, als ob der Empfänger dem Geber den Vermögenswert entwendet hätte. Somit erklärt sich die Annahme einer κλοπή bei Bruch der παραμονή von dem Prinzip der notwendigen Entgeltlichkeit her. Diese Vorstellung[249] lebte also weiter bis in die letzten Jahrzehnte byzantinischer Herrschaft, mochte man sich auch in der äußeren Form an das römische Gewand gewöhnt haben — unter der Toga steckte dennoch der Gräko-Ägypter, der in den gewohnten Formen weiter dachte. Die Romanisierung blieb an der Oberfläche. So kam man über Ansätze zum konsensualen Denken nicht hinaus. Den P. Straßbg. I, 40 wird man als Einzelfall ansehen müssen, von dem aus eine Generalisierung nicht möglich ist. Er zeigt auch in der Art seiner Abfassung deutlich, daß die Parteien dem „neuen" Prinzip nicht so recht trauten und daher starke Sicherungen einzubauen für nötig hielten.

Nun hat Seidl schon vor einiger Zeit darauf hingewiesen, daß bei der *locatio-conductio operarum* notwendig der eine Teil vorleisten und dem anderen Vertrauen schenken müsse, daß er die bedungene Gegenleistung auch erbringen werde. Durch eine Machtlage, wie beim Kauf etwa, bei dem die Leistung Zug um Zug die Verteidigung der beiderseitigen Interessen bis zur Erfüllung ermöglichte, waren die Beteiligten bei der *locatio-conductio* nicht gesichert. Daraus folgert er, daß bei ihr die Sicherung für die vorleistungspflichtige Partei naturgemäß im Vordergrund stehe. Dieser Umstand spreche daher nicht

---

[249] Interessant ist auch, daß noch zu dieser späten Zeit, wenige Jahrzehnte vor dem Ende der byzantinischen Herrschaft, in Ägypten die κλοπή privat verfolgt wurde, obwohl wir aus den Digesten erfahren (47, 2, 93), daß die kriminelle Diebstahlsverfolgung seit Justinian aus rechtspolitischen Gründen in der Praxis nicht nur mit der privatrechtlichen konkurrierte, sondern ihr vorgezogen wurde, denn so hören wir hier von Ulpian:

„*meminisse oportebit nunc furti plerumque criminaliter agi. . . . non ideo tamen minus, si qui velit, poterit civiliter agere*".

(Die Stelle wird als interpoliert angesehen, vgl. Ind. Int. 3, S. 502. Dagegen Kaser, Röm. Privatrecht II, S. 315, Anm. 22. Die Frage kann hier dahingestellt bleiben, da die Urkunde nachjustinianisch ist.)

Dieses *civiliter agere* scheint den Ägyptern der Chora näher gelegen zu haben.

gegen die Annahme eines Konsensualvertrages[250]. Immerhin geht der Konsensualvertrag davon aus, daß die Parteien ihre Opfergrenze beim Abschluß des Vertrages frei verteidigen konnten. Davon ist aber in unseren παραμονή-Urkunden keine Rede.

Hier mußte der παραμονάριος in der Tat darauf hoffen, daß sein Arbeitgeber, dem er sich ganz ausgeliefert sah, auch seinerseits seine Verpflichtungen erfüllen werde. Dessen Machtlage kommt in der Urkunde ganz erdrückend zum Ausdruck, so daß der Arbeitnehmer am Schluß (Z. 50) sogar den ihm zustehenden Lohn als „Darbietungen Deiner Huld" bezeichnet. Er war seinem Herren ganz in die Hand gegeben, nicht einmal eine Strafklausel zu seinen Gunsten sicherte ihn gegen Vertragsbruch, wie etwa den Chef des Rennstalls in Oxy. I, 140, der für den Fall der unbegründeten Entlassung aus dem Dienst das gezahlte Angeld behalten durfte. Denn die Ansätze einer Strafklausel, die erkennbar sind, können nach dem gesamten Kontext nur zu Lasten des Schuldners und seines Bürgen gehen.

Wir müssen uns den Arbeitnehmer als armen Mann denken, der froh war, Arbeit und Brot zu finden und daher zu allem „ja" sagte, was ihm vom Arbeitgeber diktiert wurde. Eine derartige für die breiten Massen abhängiger Arbeiter bestehende soziale Zwangslage, die sie dem wirtschaftlich Stärkeren auf Gnade und Ungnade auslieferte, kann nicht zum Ausgangspunkt konsensualer Absprachen gemacht werden. Dementsprechend finden wir rechtliche Sicherungen auch nicht aufseiten des vorleistungspflichtigen Arbeiters, sondern ausschließlich aufseiten des Arbeitgebers, der sein Interesse an der Erlangung und Erhaltung der Arbeitskräfte fabelhaft abzusichern verstand. Es gibt nur einen Fall, in dem der Arbeitnehmer in der Byzantinerzeit eine Strafklausel wegen Vertragsbruches zu seinen Gunsten durchzusetzen verstand — und wir haben es schon gesehen, daß in diesem Fall die wirtschaftliche Machtlage auf beiden Seiten etwa gleich stark gewesen ist[251]. Soziale Belange haben den byzantinischen Arbeitgeber genau so wenig gekümmert, wie den Großgrundbesitzer im Westreich. Arbeit wurde in der Antike nicht hoch eingeschätzt, denn sie verriet die wirtschaftliche Schwäche dessen, der auf sie angewiesen war. Diese Betrachtungsweise war in Ost und West gleich — und wenn es schon im Westen abgesehen von gelegentlichen, isolierten Reformversuchen nicht zur Ausbildung eines Sozialrechts kam, so dürften wir im Osten erst recht nichts derartiges erwarten, besonders nicht

[250] Seidl, „Zur Beurkundung des Konsensualvertrages", Studi Albertario I, 107ff., hier S. 113.

[251] Vgl. oben, S. 98ff.

in Ägypten, das seine eigenen Wege ging[252]. Dieses Klima stand einer Hinwendung der griechischen Urkunden zum Konsensualvertrag entscheidend im Wege. Zwar ist nicht zu verkennen, daß in den letzten Texten gewisse Anzeichen konsensualen Denkens zu erkennen sind, aber es handelt sich dabei nur um eine Romanisierung in der Form, nicht im Inhalt des Geschäftes. Eine endgültige Hinwendung zum Konsensualismus läßt sich bei den griechischen Urkunden zur Frage der παραμονή nicht nachwiesen. Das soziale Beharrungsvermögen war hier stärker als die neue Rechtsdogmatik.

[Hier wollte der Verfasser noch einen Abschnitt einfügen, der die Frage behandeln sollte, ob in Ägypten in der Prinzipats- und Dominatszeit ein Überangebot von Arbeitskräften vorlag, oder umgekehrt, ein Mangel an Arbeitskräften. Einiges deutet darauf hin, daß Mangel wenigstens an landwirtschaftlichen Arbeitskräften bestand. Das Archiv der Nachkommen des Harmiysis in den P. Mil. Vogl zeigt, daß eine Verpächterfamilie dieselben Grundstücke während der Jahre 110—150 n. Chr. immer an dieselbe Pächterfamilie verpachtet hat, obwohl dieselbe in dieser Zeit mindestens viermal kontraktbrüchig geworden war, s. M. Vandoni, Acme 13 (1960) 101ff. Wenn andere Pächter leicht zu bekommen gewesen wären, hätten die Verpächter sicherlich die Grundstücke an diese verpachtet. Auch Rostovtzeff, Gesellschaft und Wirtschaft im römischen Kaiserreich 2 (S. 89 und S. 324) nimmt für diese Zeit Mangel an Arbeitskräften an. Für die Zeit nach Diokletian kommt die gesetzliche Bindung der Arbeiter an den Beruf hinzu (Rostovtzeff, a. a. O. 232ff.), die ohne einen starken Arbeitermangel nicht zu erklären wäre. Wenn nichtsdestoweniger die παραμονή-Urkunden, wie in den vorhergehenden Abschnitten gezeigt, von einer überwiegenden Machtlage des Arbeitgebers ausgehen, so kann dies darauf beruhen, daß man sich an überkommene Formulare hielt, die in einer Zeit reichlich vorhandener Arbeitskräfte entstanden waren.]

Hiernach ist auf die Frage einzugehen, in welchem Verhältnis παραμονή und μίσθωσις zueinander stehen. Arangio-Ruiz wollte eine scharfe Trennung ziehen, wobei er unter μίσθωσις nur die Lohnarbeit verstand, unter παραμονή dagegen Tilgung von Darlehenszinsen oder auch der Hauptsumme durch Arbeitsleistung. Daß die παραμονή Lohnzahlung nicht ausschloß, war aber für sie charakte-

---

[252] Zur *locatio-conductio* und ihrer Beziehung zu den sozialen Fragen der Antike vgl. zuletzt Mayer-Maly, a. a. O. S. 224ff. mit zahlreichen Verweisungen. Was er für den Westen erschlossen hat, ist mutatis mutandis auch für den Osten anzunehmen.

ristisch[253]. Koschaker sah dagegen, daß sich in der byzantinischen Zeit die Terminologie wandelte und Urkunden, die von παραμονή sprechen, sich selbst als μίσθωσις bezeichnen. Er erklärte das mit einer Angleichung der παραμονή an die Arbeitsmiete im Sinne der römischen *locatio-conductio operarum*[254]. Wie wir gesehen haben, handelte es sich dabei nur um eine terminologische Romanisierung, nicht um eine Änderung sachlicher Natur. Der Berührungspunkt zwischen *locatio-conductio* und μίσθωσις war der Lohn, μισθός, dessen Bestimmung nach der bekannten Stelle aus den *res cottidianae* des Gaius in D. 19, 2, 2, pr. für den Abschluß wesentlich war:

„*locatio et conductio contrahi intellegitur, si de mercede convenerit*"[255].

Der Gräko-Ägypter sah die Hauptsache nicht in dem Verhältnis „Mieten — Vermieten", wie der Römer, sondern in der Zahlung des Entgelts für die Leistung. Dies ist allerdings die logische Konsequenz seiner rechtstheoretischen Fundierung, zugleich ein starkes Indiz dafür, daß sich das Prinzip der notwendigen Entgeltlichkeit bis in den Ausgang der Byzantinerzeit gehalten hat.

Im übrigen darf die Bezeichnung μίσθωσις nicht zu sehr eingeengt werden. Der griechische Sprachgebrauch läßt erkennen, daß darunter die mannigfaltigsten Rechtsgeschäfte verstanden wurden. So wird das Verhältnis zwischen Verpächter und Pächter, Vermieter und Mieter, als μίσθωσις bezeichnet. Man sah es von der Rente her, die der Eigentümer aus der Sache zog, weil ein anderer sie bewirtschaftete oder gebrauchte. Μισθός war das, was dem Eigentümer dafür gebührte. Daher muß auch derjenige μισθός bekommen, der seine Arbeitskraft einem andern zur Nutzung zur Verfügung stellt[256].

„Gerade ihre Armut an typischem Inhalt getattete es der römischen *locatio-conductio*, äußerst Mannigfaltiges zum Vertragsgegenstand zu haben"[257]. Sie blieb nichtsdestoweniger ein einheitlicher Vertragstypus. Ob man das aber auch von der hellenistischen μίσθωσις sagen kann, ist streitig. Sie unterschied sich schon dadurch von der römischen *locatio-conductio*, daß sie im Gegensatz zu dieser[258] kein Konsensualvertrag

[253] Lineamenti del sistema contrattuale nel diritto dei Papiri, Milano 1927, S. 53ff.

[254] A.a.O. S. 23.

[255] Die Stelle scheint nicht interpolationsverdächtig zu sein, vgl. Ind. Int. Zu den „*res cottidianae*" des Gaius vgl. Schulz, „Geschichte der römischen Rechtswissenschaft", Weimar 1961, S. 201ff. mit eingehenden Nachweisen.

[256] Seidl, PtolRG², S. 129.

[257] So Mayer-Maly, a.a.O. S. 113.

[258] Vgl. Mayer-Maly, a.a.O. S. 81ff.

war, wenigstens nicht auf dem Sektor arbeitsrechtlicher Beziehungen. Zum anderen haben wir auch keine Ansätze zu einer gemeinsamen Betrachtung der mannigfaltigen Fälle von μισθώσεις aus dem Gesichtspunkt des gezahlten μισθός. Das dürfte eher dafür sprechen, daß man auch in der Antike darin keine einheitlich zu beurteilenden Fälle gesehen hat, sondern sehr wohl nach den unterschiedlichen Vertragsinhalten trennte[259]. Wenn daher unsere späten Texte auf einmal von μίσθωσις sprechen, so soll das nicht etwa heißen, daß die byzantinischen Juristen nun eine neue rechtsdogmatische Entdeckung gemacht hätten, sondern stellt lediglich eine äußere sprachliche Anpassung an das römische Recht dar. Eine sachliche Verschmelzung mit der *locatio-conductio* möchte ich nach allem darin nicht sehen. Das Verhältnis der παραμονή zur μίσθωσις kann daher dahin umrissen werden, daß die παραμονή eine der mannigfaltigen Erscheinungsformen dieses Begriffes war, ohne daß sie deswegen etwas mit den anderen unter diesem Oberbegriff zusammengefaßten Rechtsgeschäften zu tun hatte.

[Hier wollte der Verfasser noch einen Abschnitt einfügen, in welchem er folgenden Einwand widerlegen wollte, der ihm gesprächsweise gebracht worden war. Dernburg, Pandekten[3] 2 § 112b schreibt: „Auch dann ist der Lohn zu zahlen, wenn der Mieter die Dienste willkürlich zurückweist oder aus in seiner Person liegenden Gründen nicht brauchen oder annehmen kann", und dieser Satz findet sich in den meisten Lehrbüchern des römischen und des geltenden Rechts. Wenn aber,

---

[259] So schon von Bolla, Untersuchungen zur Tiermiete und Viehpacht im Altertum, München 1940, S. 112ff. Dagegen Herrmann, Bodenpacht, S. 182. Er meint, gerade aus den grundsätzlichen Unterschieden der einzelnen Rechtsverhältnisse könne man schließen, daß die verbindende Gemeinsamkeit aller Typen anerkannt gewesen sein müsse. Es sei daher möglich, alle μίσθωσις-Arten einheitlich zu erfassen. Dem kann ich mich nicht anschließen. M. E. wird hier der Versuch gemacht, romanistische Vorstellungen von der *locatio-conductio* in die hellenistische Rechtswelt hineinzutragen.

Zur μίσθωσις bei den Pachtverträgen, vgl. Herrmann, a.a.O. S. 175ff., Seidl, PtolRG[2], S.128ff., Wolff, Beiträge, S. 129ff. (= JJP 1, 1946, S. 55ff.), um nur die wichtigsten Stellungnahmen der letzten Jahre zu nennen. Man vgl. die jeweils angegebene frühere Literatur.

Μίσθωσις bei Tiermiete und Viehpacht, vgl. von Bolla, a.a.O., für die Lehrverträge vgl. Herrmann, JJP 11/12, 1957/58, 119ff. bei den Ammenvertägen ders. ZSS 76, 1959, S. 490ff.

Eine Gesamtdarstellung der μίσθωσις nach den Urkunden aus Griechenland bei Schulthess, RE 30. Halbband, Sp. 2095ff. Nach seiner Auffassung hatte die μίσθωσις dort den gleichen Umfang, wie die *locatio-conductio* in Rom. Er behandelt sie als Konsensualvertrag.

wie der Verfasser ja annimmt, die παραμονή aus dem Prinzip der notwendigen Entgeltlichkeit heraus zu erklären ist, so könnte der zitierte Gedanke eine besondere Bedeutung haben: der vorausgezahlte Lohn geht nicht erst dann ins Eigentum des Arbeitnehmers über, wenn er die Dienste geleistet hat, sondern dann, wenn er sich für das Ableisten der Dienste zur Verfügung gestellt hat; ob tatsächlich Dienste geleistet wurden, darauf kommt es nicht an. Es könnte nun sein, daß die Wahl des Ausdrucks παραμονή gerade das klarstellen soll, während ein auf die Dienste Bezug nehmender Ausdruck die Vorstellung erweckt hätte: nur bei tatsächlicher Dienstleistung könnte der Lohn ins Eigentum des Arbeitnehmers übergehen. Παραμένειν wäre dann „Sich für Dienste zur Verfügung stellen".

Es kann hier nur mehr berichtet werden, daß der Verfasser auch diese Auffassung nicht teilte, genau so wie er oben S. 44ff. in der παραμονή nicht die Folge eines Dienstvertrages sehen wollte, sondern das Arbeitsverhältnis selbst.]

b) Nicht-griechische Texte

1. Wie wir gesehen haben, läßt sich in den griechischen Belegen ein Durchbruch des Konsensualvertrags bei der παραμονή nicht mehr nachweisen, obwohl einige Tendenzen in dieser Hinsicht erkennbar werden. Ein Text arbeitsrechtlichen Inhalts in demotischer Schrift aus dem 3. nachchristlichen Jahrhundert hat indessen Anlaß zu Erörterungen gegeben, ob ihm nicht eine konsensuale Denkweise zugrunde liege. Es handelt sich um einen zerbrochenen Krug aus Medinet Habu mit einem langen demotischen Text auf der Außenseite, also wohl einen Zierkrug, dessen Inschrift von Parker unter dem Titel „A late demotic gardening agreement" veröffentlicht wurde[260].

Doch ist das Stück vereinzelt und in vielen wichtigen Punkten noch so wenig verständlich, daß hier der bloße Hinweis genügen muß.

2. Das Bild wandelt sich aber mit dem Auftreten der koptischen Urkunden, die nicht nur eine Hinwendung zum Konsensualvertrag erkennen lassen, sondern seinen vollständigen Einbruch in die Rechtspraxis. Die Texte arbeitsrechtlichen Inhalts gehören dem 7. oder 8. Jahrhundert an; ihre genaue Datierung ist ein schwer zu lösendes Problem. Wir müssen aber davon ausgehen, daß sich die letzten

---

[260] Ostrakon Medinet Habu Nr. 4038, veröffentlicht in JEA 26, 1940, S. 84ff. Dazu Seidl, Studi Albertario I, S. 107ff. Zur Datierung siehe Seidl, a.a.O. S. 115 im Anschluß an eine Bemerkung Heichelheims in JEA 27, 1941, S. 161. Man vgl. im einzelnen Parkers Kommentar zu seiner Übersetzung.

griechischen Texte unserer Kategorie zeitlich mit den koptischen Urkunden überschneiden[261].

Die Übergänge scheinen fließend zu sein. So paßt der bei Till wiedergegebene Brief UM III, 17[262] noch ganz in das von den griechischen Urkunden her gewohnte Schema. Es geht darum, daß jemand einem Meister einen Kameltreiber weggenommen hatte, „obwohl er ihm seine Vorauszahlung auf seinen Lohn gegeben" hatte und der Empfänger des Geldes seiner Arbeitspflicht noch nicht ganz nachgekommen war. Diese „Abwerbung" empfand der Absender des Briefes als verwerflich.

Das ist aber der einzige Beleg dieser Art, den Till in seinen Koptischen Arbeitsverträgen mitgeteilt hat. Die übrigen ergeben ein anderes Bild. Wir haben hier zunächst 4 sog. σύμφωνα, und zwar vom Arbeitgeber ausgestellte, Arb. 10 und 11, sowie zwei vom Arbeitnehmer ausgestellte, Arb. 13 und 14. In allen 4 Fällen ist der Arbeitnehmer vorleistungspflichtig, hat aber nichts erhalten, sondern soll den Lohn erst im Laufe bzw. am Ende des Arbeitsverhältnisses bekommen. Überall hören wir, daß dies ein Übereinkommen sei, das die Beteiligten unter sich geschlossen hätten. Es folgt dann die Arbeit, die zu erbringen ist, und zum Schluß die Lohnregelung sowie die Erklärung, daß die eine Partei die Urkunde jeweils der anderen zur Sicherheit ausgestellt habe. Es handelt sich somit um „zweiseitige Abkommen, in denen jeder der beiden Partner dem anderen eine bestimmte Leistung verspricht"[263], und zwar offenbar allein auf Grund des vereinbarten Vertrages und ohne besondere Sicherungsmaßnahmen. Übrigens scheinen die σύμφωνα vorwiegend vom Arbeitgeber ausgestellt worden zu sein, was in einem stärkeren Sicherungsbedürfnis des wirtschaftlich schwächeren Arbeitnehmers seinen Grund hat, der auf jeden Fall seine Urkunde zu Beweiszwecken braucht, „während der wirtschaftlich stärkere Arbeitgeber meist auf eine solche verzichten kann. Wenn der Arbeitgeber mit der Leistung des Arbeiters unzufrieden war, konnte er ihn entlassen, und es war dann Sache des Arbeitnehmers, sich unter Hinweis auf den ihm beurkundeten Arbeitsvertrag vor ungerechter Behandlung zu schützen. Bei einem Rechtsstreit zwischen Arbeitgeber und Arbeitnehmer wird wohl in

---

[261] Vgl. die oben enthaltene Zusammenstellung der Urkunden, ab P. Grenf. II, 87 vom Jahre 602. Die Zeitgrenze ist natürlich nur relativ, denn die beiden am weitesten nach der konsensualen Auffassung tendierenden P. Oxy. I, 140 und Straßbg. I, 40 stammen aus den Jahren 550, resp. 569 n. Chr.

[262] Festschrift Taubenschlag I, S. 317.

[263] So Till, a.a.O. S. 284.

der Regel die dem Arbeitgeber ausgestellte Urkunde maßgebend gewesen sein, denn im allgemeinen kam wohl der Arbeitnehmer als Kläger in Betracht. Der Arbeitgeber kann sich leicht selbst vor Schaden bewahren"[264].

Damit ist die Begründung für die Beurkundung der Arbeitsverträge gegeben. Die Parteien wollten sich sichern, insbesondere wollte der Arbeitnehmer ein Beweismittel haben. Der Rechtsgrund, aus dem heraus er aber dem Arbeitgeber haftete, kann — nachdem andere Gründe aus den Urkunden nicht erkennbar sind — kein anderer gewesen sein, als der Konsens der Parteien. Ich glaube daher, daß Steinwenter recht hat, wenn er in den σύμφωνα die Beurkundung eines Konsensualvertrages sieht und darauf hinweist, daß der Ausdruck σύμφωνον „uns aus den Basiliken auch als Übersetzung für das lateinische *pactum* bekannt ist"[265]. Ob zu dem formalen Zustandekommen des Vertrages erforderlich war, daß beide Teile einseitig ihre schriftliche Erklärung abgaben, also Urkunde und Gegenurkunde in allen Fällen zu errichten waren, wie Steinwenter annimmt, und ob weiter diese Beurkundungsform außerhalb von Hermopolis nicht üblich war, vermag ich nicht zu beurteilen. Es wäre aber immerhin sehr bemerkenswert, wenn der Konsensualvertrag bei der παραμονή auf ein Teilgebiet Ägyptens beschränkt geblieben wäre, was schwerlich angenommen werden kann.

Die anderen, nicht als σύμφωνα ausgestellten Texte, passen gut in dieses Bild. Zwar erfahren wir aus Arb. 21 nichts über das Kausalverhältnis, da der Text zu fragmentarisch ist, aber in Arb. 22 bescheinigt der Arbeitgeber als Aussteller dem Empfänger ausdrücklich, daß er ihn „gebeten habe, alle Arbeiten zu verrichten", während es bei Arb. 23 heißt: „ich habe Dich aufgedungen". In Arb. 25 erklärt der Arbeitnehmer als Aussteller: „nun also erkläre ich — und ich werde als Gehilfe für Dich weiterhin arbeiten von heute an ...". Hier finden wir übrigens am Ende der Urkunde die eidliche Bekräftigung der Verpflichtung durch den Aussteller. In Arb. 22 lesen wir am Ende „Ich habe Dir diese Erklärung ausgestellt und stimme ihr zu", was eine Erinnerung an die alte römisch-rechtliche Stipulationsklausel ist[266].

---

[264] Till a.a.O. S. 287. Vgl. auch Seidl, Studi Albertario I, S. 108.

[265] Steinwenter, Das Recht der Koptischen Urkunden, München 1955, S. 41. Vgl. auch die Rezension von Till, ZSS 73 (1956), S. 449.

[266] Zu den sog. „Bestärkungsmitteln" bei den kopt. Urkunden, die wohl auf ein Gefühl der Schwäche wegen Fehlens eines wirksamen staatlichen Rechtsschutzes der kopt. Bevölkerung zurückgehen, vgl. Steinwenter, a.a.O. S. 13f., und Till, Die koptische Stipulationsklausel, Orientalia 19 (1950) 81.

Insgesamt gesehen lassen die wenigen einschlägigen Texte ein besseres Verständnis für die Interessen des Arbeitnehmers erkennen, als es aus den griechischen Urkunden erschlossen werden kann, in denen diese nur eine ganz untergeordnete Rolle spielen. Daß ein Arbeitgeber seinem Arbeitnehmer in einer Urkunde bescheinigt, er habe ihm diese zu seiner Sicherheit ausgestellt, wie es in Arb. 10 geschah, dürfte vielleicht doch auf einen grundlegenden Wandel in der Bewertung der Arbeit des Vertragspartners zurückzuführen sein. Die Gründe könnten möglicherweise in den allgemeinen Wirren der Zeit zu suchen sein oder in einem Gefühl der Zusammengehörigkeit der Christen unter den neuen arabischen Herren mit ihrer neuen Religion[267]. Doch sind wir hier naturgemäß auf Hypothesen angewiesen. Es kann daher auch keine zwingende Begründung dafür gegeben werden, warum die Kopten nun ihrerseits den Konsensualvertrag akzeptiert haben. Daß ihnen die alten Gepflogenheiten vertraut waren, zeigt der eingangs erwähnte Brief wegen der Wegnahme des Kameltreibers. Hier wüßten wir nur zu gerne, wann er geschrieben wurde, doch leider ist auch dieses Datum nicht sicher zu ermitteln. Läge er in der Frühzeit der koptischen Texte, so wäre er ein Beweis für das Fortleben alter Vorstellungen der παραμονή. Warum diese dann aufgegeben wurden, ist schwer zu entscheiden. Vielleicht hat sich das späte römische Recht doch als stärker erwiesen, um so mehr als seine konsensuale Denkweise den Bedürfnissen des Lebens wohl mehr entgegenkam, als das Festhalten an den alten Rechtsübungen. Auf die Dauer wird man es als praktikabler angesehen haben, die Wirksamkeit von Vereinbarungen nunmehr vom übereinstimmenden Willen der Beteiligten abhängig zu machen und auf Vorleistungen zu verzichten. Hier läge dann eine echte rechtshistorische Leistung der koptischen Notare vor. Von diesen wissen wir, daß sie im 6. und 7. Jahrhundert zweisprachig waren und amtierten. Ihre Urkunden spiegeln mitunter enchorisches Rechtsgut, mitunter spätrömisches Provinzialrecht oder byzantinisches Reichsrecht, je nachdem ob sie griechische oder koptische Urkunden errichteten[268]. Es wäre also immerhin denkbar, daß sie im Lauf der

[267] Hier sei nochmals auf die eindrucksvolle Studie Wengers „Volk und Staat in Ägypten am Ausgang der Römerherrschaft", München 1922, verwiesen, in der die allgemeine Lage im 6. und 7. Jahrhundert eingehend studiert ist. Das Bild wird sich unter den Arabern nicht zu schnell geändert haben.

[268] Vgl. Steinwenter, a.a.O. S. 1f. Zustimmend Schiller, Coptic Documents, Z. vgl. RW. 60, 1957, S. 199 und besonders 209ff., jeweils mit weiteren Nachweisen. Man vgl. auch Schillers frühere Arbeiten, zitiert ebendort S. 190 vor Anm. 1. Sein Literaturbericht setzt sich vorwiegend mit Steinwenters Werk auseinander.

Zeit mit dem Verschwinden der griechischen Urkunden nunmehr auf römisches bzw. byzantinisches Recht zurückgegriffen hätten. Mit den griechischen Urkunden wären dann auch gräko-ägyptische Rechtsvorstellungen dahingeschwunden.

Kulturgeschichtlich gesehen bildeten die Kopten zwar nur mehr einen „Seitenarm ..., der sich zu Ende der antiken Rechtsentwicklung aus dem gesamten Strome abgezweigt hat, der ohne kräftige eigene Impulse und äußere Einflüsse eine Zeitlang ruhig dahinfließt, bis er, der Sprache und der Sache nach, der arabischen Kultur erliegt"[269]. Aber dieser träge dahinfließende Strom brachte es immerhin noch fertig, zu einer rechtsgeschichtlich bedeutsamen Änderung in der Grundstruktur arbeitsrechtlicher Verträge zu kommen, einer Änderung, die den Gräko-Ägyptern nicht mehr geglückt ist.

§ 11. Zusammenfassung

Die Rechtsnatur der παραμονή kann nach dem Vorhergehenden, wie folgt, zusammengefaßt werden:

a) Sie ist Arbeitsvertrag und hat auf Zeit angelegte Dienste höherer oder niederer Art zum Gegenstand. Eine Beschränkung auf allgemeine Dienste in Haus und Feld ist zwar möglich, aber nicht zwingend.

b) Die Urkunden lassen das einer παραμονή zugrundeliegende Geschäft nur selten erkennen. Sie kann Dienstantichrese oder Kinderverpfändung sein, doch ist auch in Fällen dieser oder ähnlicher Art die Arbeitsbeschaffung für den Gläubiger das Wesentliche.

c) Entscheidend für die Ausgestaltung der παραμονή ist die wirtschaftliche Machtlage des Arbeitgebers. Die Interessen des Arbeitnehmers treten demgegenüber zurück, doch läßt sich ein beschränkter sozialer Schutz des Arbeiters erkennen. Erst die koptischen Urkunden lassen aber eine stärkere Berücksichtigung der Arbeitnehmerinteressen sichtbar werden.

d) Die παραμονή ist nicht als Sicherungsrecht zu verstehen, auch nicht als besonderes familienrechtliches Verhältnis. Ein Wandel in der persönlichen Rechtsstellung des Schuldners ist daher nicht notwendig mit ihr verbunden. Doch kann die Ausgestaltung der Verträge in Verbindung mit dem Grundgeschäft in ihrer praktischen Auswirkung zu einer Freiheitsbeschränkung des Schuldners führen, insbesondere dann, wenn die zusammen mit παραμονή dem Schuldner gemachten Zahlungen so hoch waren, daß er sie nicht in absehbarer Zeit durch Arbeit tilgen konnte.

---

[269] So Steinwenter, a.a.O. S. 3.

e) Eine allgemeine Verpflichtung des Schuldners zum Aufenthalt im Hause des Gläubigers oder in dessen Familie ist nicht nachweisbar, sondern war von der besonderen Interessenlage des Einzelfalls abhängig. Die Klausel, daß der Schuldner alles tun müsse, was ihm aufgetragen werde o.ä., beinhaltet nur ein allgemeines Weisungsrecht des Gläubigers.

f) Die rechtstheoretische Fundierung der παραμονή in den griechischen Urkunden bietet das Prinzip der notwendigen Entgeltlichkeit. Die vom Gläubiger dem Schuldner vor Beginn der Arbeit gegebenen Geldbeträge können echte Lohnvorauszahlungen oder aber ἀργύριον παραμονῆς sein, die mit dem Zweck gegeben wurden, den Arbeiter rechtlich zur Aufnahme der Arbeit zu verpflichten. Auch im 2. Fall war ihm Lohn zu zahlen. Die Zahlungen können daher nicht als Darlehen verstanden werden. Soweit solche im Zusammenhang mit παραμονή nachweisbar sind, handelt es sich um davon getrennte Rechtsgeschäfte.

g) Die παραμονή ist kein Konsensualvertrag. Im Lauf der Zeit ist zwar bei den griechischen Urkunden eine gewisse Romanisierung in der Terminologie festzustellen, aber nicht im Inhalt. Erst in den koptischen Urkunden liegt Konsensualvertrag vor.

h) Zwischen παραμονή und μίσθωσις besteht ein Zusammenhang insofern, als dem Arbeiter für seine Arbeit μισθός gebührt. Ein Zusammenhang mit den übrigen Fällen der μίσθωσις besteht indessen nicht.

i) Im Sprachgebrauch der griechischen Urkunden bedeutet παραμονή „Dienstverhältnis". Παραμένειν ist mit „Dienen" zu übersetzen.

III. DIE ΔΙΔΑΣΚΑΛΙΚΑΙ

§ 12. Urkundenübersicht

Unter den Papyri in griechischer Sprache gibt es eine Anzahl von Texten, die die Ausbildung eines Lehrlings in einem bestimmten Beruf zum Gegenstand haben. Daneben finden sich auch einige, bei denen der Unterricht in bestimmten Fertigkeiten, wie Flötenspiel oder Kurzschrift, ausbedungen wird. In zahlreichen Urkunden dieser Art finden sich Bestimmungen, die wörtlich oder ähnlich auch in den παραμονή-Verträgen enthalten sind. Daher wurden im Zusammenhang mit diesen mehrfach Betrachtungen über die Rechtsnatur der Lehrverträge angestellt.

Auch hier werden die in Betracht kommenden Urkunden wieder in chronologischer Reihenfolge gebracht.

P. Hibeh I, 148 — frühes 3. Jhdt. v. Chr.

Schlußklauseln einer Urkunde, die von den Herausgebern als Lehrvertrag bezeichnet wird. Regelung für Diebstahl noch erkennbar. Poros darf sich weder bei Tage noch bei Nacht ohne Wissen des Gläubigers entfernen. Entfernt er sich bei Tag, muß er 3 Obolen zahlen, für die Nacht fehlt die Bestimmung.

BGU IV, 1124 — 18 v. Chr.

Alexandrinische Notariatsurkunde betr. Aufhebung eines Lehrvertrages. Ein Nagelschmied hatte 2 Männern 100 Drachmen gegeben. Wahrscheinlich war ihm dafür der noch minderjährige Sohn des einen Schuldners unterstellt worden, der bei ihm das Handwerk erlernen sollte. Die Schuldner zahlen schon nach etwa 3 Monaten das Geld zurück. Darüber wird jetzt quittiert, wobei der Lehrherr zugleich erklärt, daß es dem Vater gestattet sei, den Jungen bei einem anderen Schmied in die Lehre zu geben.

P. Mich. V, 346a — 13 n. Chr.

Subjektiv stilisierte Erklärung eines Webers, daß er die Sklavin seines Gläubigers im Weberhandwerk unterrichten werde, wie er selbst es könne. Dauer der Lehre 2 Jahre und 6 Monate. Er stellt Nahrung und Bekleidung des Mädchens, außerdem auch noch ein Gewand im Wert von 8 Silberdrachmen. Wenn es nach Ablauf der Zeit nichts gelernt hat, kann der Halter es auf Kosten des Lehrherrn weiter ausbilden lassen.

P. Oxy. II, 332 — 36 n. Chr.

Weberlehre. Liegt aber nur im englischen Resumé vor.

P. Mich. II, 121, Ro. II, 8 — 42 n. Chr.

Grapheion-Urkunde (Registerauszug). Eine Mutter gibt einen Sohn in die Weberlehre auf die Dauer von 5 Jahren. Der Meister muß den Jungen verpflegen und bekleiden und die auf ihn entfallende Webersteuer zahlen, wohingegen die Mutter die Kopfsteuer übernimmt. Sie hat auch 40 Drachmen bekommen, wozu, ist nicht gesagt.

Auf der gleichen Rolle befinden sich noch folgende Eintragungen von Lehrverträgen:

verso II, 12 (zu ro. II, 8) XI, 13 XII, 6	in allen 3 Fällen lautet der kurze Vermerk: ἐξέδετο Χ πρὸς Υ, Berufsangabe

P. Mich. II, 123 — 42 n. Chr.

recto II, 34 III, 9 XIV, 42	διδεσκαλικὴ Χ πρὸς Υ, Berufsangabe, ἐξέδετο-Klausel

P. Mich. II, 128 — 46/47 n. Chr.

III, 20 ὑπομνημάτιο(ν) ὁμο(λογίας) διδεσκαλικ(ῆς)

P. Mich. V, 237 — 43 n. Chr.

Zeilen 7, 34, 37 alle 3 Eintragungen mit ἐξέδετο-Klausel.

P. Mich. V, 240 — 46/47 n. Chr.

Col. I, 40 [ὑπ]ομνηματισμὸ(ς) ὁμο(λογίας) διδεσκαλικῆ(ς)

P. Fouad I, 37 — 48 n. Chr.

Subjektiv stilisierte Erklärung eines Webers gegenüber dem Römer Lucius Pompeius Niger. Der Weber hat den minderjährigen Sohn des Römers in die Lehre genommen zur Erlernung des Webens im Sitzen, so wie er selbst es beherrscht. Er zahlt dem Vater monatlich 4 Drachmen, wogegen dieser Verpflegung und Bekleidung des Sohnes selbst trägt. Der Junge muß tagsüber anwesend sein und in allen den Beruf betr. Angelegenheiten gehorchen. Jeden Monat hat er 3 Tage frei, ohne Lohnabzug. Fehlt er mehr, wird entsprechend abgezogen, außerdem muß er diese Tage nachdienen. Der Vater darf den Jungen nicht aus der Lehre nehmen, der Weber ihn nicht entlassen. Nach Ablauf der Zeit muß er ausgebildet zurückgestellt werden (?). Scharfe Vertragsstrafe ausschließlich zu Lasten des Webers.

P. Mich. III, 170 49 n.Chr.

Anmeldung eines Vaters an die Behörden von Oxyrhynchos betr. Eintragung seines Sohnes, den er einem Weber in die Lehre geben will, in die Rolle der Lehrlinge.

Gleiche Anmeldungen sind auch:

Nr. 171 (58 n.Chr.) vom Onkel betr. den Sohne seines verstorbenen Bruders,

Nr. 172 (62 n.Chr.) vom Vater,

PSI 871 (66 n.Chr.) ebenfalls vom Vater, Erlernung des Kupferschmiedehandwerks.

Alle 3 Urkunden stammen aus Oxyrhynchos.

P. Oslo III, 141 50 n.Chr.

Anfang eines objektiv stilisierten Lehrvertrages aus dem Grapheion von Karanis. Ein Onkel gibt den (wohl noch minderjährigen) Sohn seines verstorbenen Bruders einem Weber in die Lehre. Dauer der Lehre nicht mehr erkennbar. Der Junge muß in dieser Zeit voll ausgebildet werden und darf sich weder bei Tage noch bei Nacht aus dem Haus des Meisters entfernen, dem er gemäß dem Gesetz Folge zu leisten und alles auszuführen hat, was er ihm aufträgt. Die Bestimmungen über Verpflegung und Bekleidung sind nicht mehr erhalten.

PSI X, 1132 61 n.Chr.

Anfang eines objektiv stil. Lehrvertrages aus Talei. Eine Mutter (zusammen mit einem älteren Sohn) gibt einen jüngeren Sohn einem Mattenflechter in die Lehre. Rest fehlt.

P. Oxy. II, 275 66 n.Chr.

Objektiv stilisierte Homologie. Ein Vater gibt seinen noch minderjährigen Sohn einem Weber auf ein Jahr in die Lehre. Der Junge muß dienen und alles tun, was der Weber ihm bezüglich des Berufes aufträgt. Der Vater muß den Jungen verpflegen und bekleiden und alle Abgaben für ihn zahlen, dafür gibt ihm der Meister aber monatlich 5 Drachmen Verpflegungsgeld und nach Ablauf der Lehrzeit 12 Drachmen Kleidergeld. Vorher darf der Vater den Jungen nicht wegnehmen. Für jeden Tag, den er fehlt, muß er ihn entweder nachgestellen oder eine Drachme zahlen. Nimmt er ihn aber vorher weg, hat er 100 Drachmen Strafe zu zahlen, desgleichen dem Fiskus. Diese Strafe trifft aber auch den Lehrherrn, wenn er den Jungen nicht unterrichtet. Kyriaklausel.

P. Tebt. II, 442 113 n.Chr.

Anfang eines Vertrages über Weberlehre. Liegt aber nur im englischen Resumé vor.

P. Tebt. II, 385 117 n.Chr.

Objektiv stilisierter Lehrvertrag (aus dem Grapheion?). Eine Mutter gibt ihren Sohn in die Weberlehre auf 2 Jahre. Weber muß ihn unterrichten, wie er selbst das Handwerk beherrscht. Mutter verpflegt den Jungen selbst, erhält aber dafür monatlich 4 Drachmen vom Lehrherrn, der ihn auch zu bekleiden und für die Steuern aufzukommen hat. Für die ganze Zeit haben die Beteiligten eine Zahlung von 46 Drachmen vereinbart. Davon hat die Mutter schon 14 bekommen. Weitere 12 Drachmen erhält sie im Sebastos des kommenden Jahres, und im gleichen Monat des 22. Jahres den Rest von 20 Drachmen. Am Ende der Lehrzeit muß der Meister den Lehrling voll ausgebildet zurückstellen und ihm außerdem etwas geben, was nicht mehr erkennbar ist. Wahrscheinlich muß die Mutter für jeden Tag, den der Junge unerlaubt fehlt, 1 Drachme Strafe zahlen.

P. Ross. Georg II, 18 140 n.Chr.

Fragment q., Z. 443—458. Lehrvertrag, aber Einzelheiten nicht mehr erkennbar.

Stud. Pal. XXII, 40 150 n.Chr.

Objektiv stilisierter Lehrvertrag (aus dem Grapheion?). Eine Frau gibt eine ihr gehörige Sklavin einem Weber in die Lehre auf 1 Jahr und 2 Monate. Der Lehrmeister muß das Mädchen beköstigen und bekleiden und alle Berufsabgaben tragen. Das Sklavenmädchen darf sich ohne sein Wissen weder bei Tage noch bei Nacht aus dem Hause entfernen. Für jeden Tag, den es fehlt, krank ist, weggelaufen ist etc., muß es entsprechend nachdienen. Nach Ablauf der Zeit hat der Meister sie voll ausgebildet, so wie er selbst das Handwerk beherrscht, ihrer Eigentümerin zurückzustellen. Tut er das nicht, so hat er 100 Drachmen Strafe zu zahlen, desgleichen dem Fiskus. Das gleiche gilt aber auch für die Eigentümerin, falls sie das Mädchen während der Lehrzeit wegnimmt.

P. Vars. s. n. 7 (= SB VI, 9374) 170 n.Chr.

Objektiv stilisierter Lehrvertrag aus dem Grapheion. Ein Freigelassener gibt seinen Sohn einem Weber auf 3 Jahre in die Lehre. Vater verpflegt den Sohn selbst, erhält aber 4 Drachmen monatlich für die Kost, außerdem hat er selbst seinen Sohn zu bekleiden und die auf ihn entfallenden Lehrlingsabgaben zu zahlen. Wahrscheinlich erhält der Junge nach Ablauf der Lehrzeit vom Meister eine Zuwendung, die aber nicht mehr erkennbar ist.

P. Oxy. IV, 725 183 n.Chr.

Objektiv stilisierter Lehrvertrag. Ein Onkel gibt seinen minderjährigen Neffen in Weberlehre auf 5 Jahre. Er muß ihn täglich von

Sonnenaufgang bis Sonnenuntergang dem Meister stellen, wobei der Junge alles zu machen hat, was ihm aufgetragen wird, genau so wie die übrigen Lehrlinge. Der Onkel hat ihn zu beköstigen. Der Lehrherr hat für die ersten 2 Jahre und 7 Monate keinen Lohn zu zahlen, dagegen wohl für die letzten 5 Monate des 3. Jahres monatlich 12 Drachmen. Im vierten Jahr zahlt er monatlich 16 Drachmen, im 5. aber 24. Im laufenden ersten Lehrjahr erhält der Lehrling ein Gewand im Wert von 16 Drachmen, im folgenden eins von 20, und alle weiteren Jahre eins, das sich wie folgt wertmäßig steigert: 24, 28, 32 Drachmen. Der Junge bekommt per Jahr 20 Tage frei für Feiertage, ohne daß ihm dafür etwas vom Lohn abgezogen wird. Wenn er aber länger fehlt, krank ist, faulenzt oder sonstwie schuldhaft fehlt, muß er nachgestellt werden und weiterhin alles tun, wie vereinbart, jedoch ohne Lohn, wobei der Onkel ihn weiter zu beköstigen hat, „weil es so vereinbart ist". Der Meister verpflichtet sich, den Jungen in den 5 Jahren so auszubilden, wie er selbst es kann und die entsprechenden Löhne zu zahlen. Vertragsstrafe für und gegen beide Partner.

P. Grenf. II, 59 (mit BL!) 189 n.Chr.
Objektiv stilisierter Lehrvertrag über Weberlehre eines Sklaven auf 20 Monate. Die Eigentümerin darf ihn nicht aus der Lehre nehmen. Rest fehlt.

P. Oxy. XIV, 1647 Ende 2. Jhdt.
Objektiv stilisierte Homologie. Eine Frau gibt eine ihr gehörige minderjährige Sklavin in die Weberlehre auf 4 Jahre. Sie muß das Mädchen beköstigen und bekleiden und täglich dem Meister von Sonnenaufgang bis Sonnenuntergang stellen. Das Kind hat alles zu tun, was ihm in Bezug auf das Handwerk aufgetragen wird. Im 1. Jahr zahlt der Lehrherr monatlich 8 Drachmen, im 2. 12, im 3. 16 und im 4. 20. Das Mädchen darf 18 Tage im Jahr fehlen für Feiertage. Wenn sie aber faulenzt oder krank ist, muß sie entsprechend nachdienen. Alle Abgaben und Lehrlingsgebühren (?) treffen den Meister. Rest fehlt.

BGU IV, 1021 3. Jhdt.
Objektiv stilisierter Lehrvertrag zwischen einem Veteranen und einem Friseur. Der Veteran gibt seinen Sklaven auf 3 Jahre in die Lehre. Er muß ihn täglich von Sonnenaufgang bis Sonnenuntergang stellen und ihn selbst beköstigen und bekleiden. Der Sklave muß alles tun, was ihm der Meister aufträgt. Rest fehlt.

PSI III, 241 3. Jhdt.
Subjektiv stilisierte Erklärung eines Webers gegenüber einem Sportsmann, dessen 14jähriges Sklavenmädchen er in die Lehre

genommen hat. Sie muß alles tun, was ihr aufgetragen wird. Die Lehre soll 12 Monate dauern, von denen wahrscheinlich die Hälfte ohne Lohn ging, während für die andere Hälfte ein Tageslohn von 4 Obolen vereinbart worden zu sein scheint. Rest fehlt.

P. Aberdeen 59 4./5. Jhdt.

Objektiv stilisierter Lehrvertrag über Stickereiausbildung eines Mädchens, der allerdings so fragmentarisch ist, daß zusammenhängende Einzelheiten kaum erkennbar sind.

SB 9445 (= Aeg. 33, 1953, S. 72) 5./6. Jhdt.

Subjektiv stilisierte Erklärung eines Mannes, der seine Steinmetzlehre beendet zu haben scheint. Es scheint, daß für ihn bei Beginn der Lehrzeit ein *depositum* gemacht worden war, das er jetzt zurückhaben möchte (?).

P. London V, 1706 6. Jhdt.

Fragment einer Quittung, in der ein Lehrherr (?) über Lohn quittiert, damit er dem Sohn des Zahlers etwas beibringe — was, ist nicht erkennbar.

§ 13. Der gegenwärtige Stand der Lehre

Die erste eingehende Untersuchung dieser Texte ist von Berger vorgenommen worden[270], der mit Recht darauf hinwies, daß zwischen den beiden soeben genannten Gruppen getrennt werden muß nach den von ihm sog. „Lehrlingsverträgen" und den echten „Lehrverträgen". Bei ersteren ist die Unterweisung des Lehrlings durch den Meister in einem bestimmten Beruf die Hauptsache. Es handelt sich um gewerbliche Ausbildung, für die der Meister keinen Lohn bekommt. Im Gegenteil muß er selbst gegenüber dem Gewalthaber des Lehrlings gewisse Leistungen erbringen. Demgegenüber wird in der anderen Gruppe Unterricht erteilt. Hier kommt es auf die Lehrtätigkeit des Lehrers an, der dafür auch seinen Lohn erhält. Der Lehrling ist hier Schüler[271]!

---

[270] Strafklauseln, S. 168ff. Zustimmend trennt auch Cugia, Profili del tirocinio industriale, Napoli 1922, S. 22ff., zwischen rapporti di tirocinio und rapporti d'insegnamento. Vgl. dazu auch Stolls Besprechung in ZSS 47, 1927, S. 530.

[271] Dagegen wendet sich Mayer-Maly, Locatio-conductio, S. 124, Anm. 73, der von einem einheitlichen Rechtstypus „Lehrvertrag" ausgeht. Bergers Lehrlingsverträge seien Lehrverträge, bei denen ein Leistungsausgleich zugunsten des Lehrlings erfolge. Gewerbliche Ausbildung und Unterricht können aber nicht als einheitlicher Rechtstypus aufgefaßt werden.

In seiner Studie über die neubabylonischen Lehrverträge hat San Nicolò eine schärfere terminologische Trennung vorgeschlagen, um den sachlichen Unterschied deutlicher hervorzuheben. Bergers „Lehrlingsverträge" bezeichnet er mit „gemischten Lehrverträgen", weil bei ihnen der Meister einen gewissen Nutzen aus der Arbeit des Lehrlings zieht. Die andere Gruppe nennt er „schlichte Lehrverträge"[272]. Diese Bezeichnung hat auch Herrmann, der sich zuletzt mit den Lehrverträgen befaßt hat, übernommen[273].

M. E. führt aber auch die terminologische Trennung zwischen „schlichten" und „gemischten" Lehrverträgen keine eindeutige Klarstellung herbei. Man sollte vielmehr nach dem Zweck der Ausbildung trennen. War diese Unterweisung in einer bestimmten Fähigkeit, so war der Lehrling eben kein „Lehrling", sondern Schüler. Es empfiehlt sich, dann von „Unterrichtsverträgen" zu sprechen. „Lehrverträge" sind nur diejenigen Vereinbarungen, in denen die Ausbildung des Lehrlings in einem bestimmten Gewerbe ausbedungen war. Nur solche Fälle werden daher hier als „Lehrverträge" angesehen und der Untersuchung zugrunde gelegt[274].

In der älteren Literatur war das Verhältnis der διδασκαλική zu den Institutionen des römischen Rechts umstritten. Es ging um ihre Zuordnung zur *locatio-conductio rei* bzw. *operis* oder *operarum*[275]. Doch

---

Auch Hueck-Nipperdey, Grundriß des Arbeitsrechts (1960) § 9, S. 33 ziehen hier eine Trennungslinie.

[272] Der neubabylonische Lehrvertrag in rechtsvergleichender Betrachtung, München 1950, Sitzungsber. Bayer. Akad. d. Wissensch., Phil.-hist. Klasse, Heft 3, S. 22, Anm. 3 und S. 29f.

[273] Vertragsinhalt und Rechtsnatur der διδασκαλικαί, JJP 11/12, 1957/58, S. 119ff., hier S. 133.

[274] Unterrichtsverträge gibt es überhaupt nur 2, nämlich BGU IV, 1125 (13 v. Chr.), Unterweisung eines Sklaven im Flötenspiel, und Oxy. IV, 724 (155 n. Chr.), Erlernung der Kurzschrift durch einen Sklaven. In beiden Fällen dürften Elemente der Sklavenmiete eine gewisse Rolle gespielt haben. Vgl. Berger, Strafklauseln, S. 169, Anm. 6, 170, Anm. 2 u. 3. Zu ihrer rechtlichen Charakterisierung im Sinne römischer Terminologie vgl. Wenger, Quellen, S. 788, Berger, S. 168f. San Nicolò meint, Ausbildung und Erlernung der betr. Berufstätigkeit seien hier Hand in Hand gegangen, a.a.O. S. 29, Anm. 4.

[275] Vgl. dazu zunächst Berger, Strafklauseln, S. 168ff. und Cugia, a.a.O. Während Berger noch zwischen *loc.-cond. operis* und *operarum* trennte, wollte Cugia insgesamt *locatio-conductio operis* annehmen. Arangio-Ruiz, Lineamenti, S. 54, bes. Anm. 2, gab Cugia den Vorzug, Begründung fehlt. Taubenschlag, Law², S. 377, Anm. 8, rechnet die Lehrverträge zu *locatio-conductio operis*. Wenger, a.a.O., S. 787, bes. Anm. 574ff., unterscheidet, ob ein noch ungelernter

hat schon Koschaker darauf hingewiesen, daß man den Lehrverträgen mit dieser Kategorisierung, ja selbst der griechischen μίσθωσις, nicht gerecht werde, weil man sie nicht als bloße obligatorische Verhältnisse ansehen dürfe[276]. San Nicolò bezeichnet die Kontroverse mindestens für die Zeit vor der Constitutio Antoniniana als „wenig berechtigt" und weist darauf hin, daß man die gräko-ägyptische διδασκαλική trotz der späten Datierung fast aller Urkunden, in denen sie vorkommt, nicht als römischen Ursprungs ansehen dürfe, da sich in den Texten dafür keine Anhaltspunkte finden[277].

Auch Herrmann weist darauf hin, daß es heute mit Recht als unpassend angesehen werde, hellenistische Rechtsinstitute durch Heranziehung römischer Rechtsbildungen zu charakterisieren. Er sucht daher eine Erklärung der διδασκαλική — entgegen Koschaker — von der μίσθωσις her[278]. Uns interessiert hier der Nachweis, daß sie sich von der παραμονή her gewinnen läßt.

Das römische Recht scheint sich für die Lehrverträge vorwiegend im Zusammenhang mit der Frage des Züchtigungsrechts des Lehrherren gegenüber dem Lehrling interessiert zu haben, insbesondere seiner Beschränkung auf *levis castigatio*. Die einschlägigen Stellen aus Ulpians 18. und Paulus' 22. Buch zum Edikt befassen sich mit der Frage der Anwendung der Lex Aquilia auf Fälle übertriebener Züchtigung und dadurch hervorgerufener Körperschäden des Lehrlings, wobei Ulpian den Lehrvertrag zur *locatio-conductio* rechnet[279].

Die Ähnlichkeit zwischen διδασκαλική und παραμονή ist wiederholt gesehen worden, doch hat sich keine feste Stellungnahme zu dieser Frage gebildet. In der ersten eingehenden Analyse der Urkunden

---

Sklave oder ein unmündiger freier Lehrling in die Lehre gegeben wird. Im ersten Fall nimmt er *loc.-cond. rei*, im zweiten *loc.-cond. operarum* an.

276 Rechtsurkunden, S. 20f.

277 A.a.O. S. 22 Anm. 3 und S. 29. Die neubabylonischen Lehrverträge bieten teilweise interessante Parallelen zu den gräko-ägyptischen. Eine Rezeption durch die Ägypter läßt sich aber nicht nachweisen. Viel eher dürfte die Gleichartigkeit der Bedürfnisse die Ursache der Parallelbildungen sein, vgl. dazu Seidl, RömRG², Köln, 1962, S. 6, eine schöne Bestätigung von Bastians Elementargedanken.

278 A.a.O. S. 133ff.

279 Die einschlägigen Stellen sind: Ulpian 18 ad ed., D. 9, 2, 5, 3. D. 9, 2, 7 pr., ferner D. 19,2, 13,3 und 19,2, 13,4 aus dem 32. Buch, sowie Paulus 22 ad ed., D. 9,2,6.

Man vgl. dazu zuletzt Mayer-Maly, Locatio-conductio, S. 186ff. mit kritischer Würdigung und zahlreichen weiteren Nachweisen, insbesondere auch zur Interpolationenfrage.

stellte Angela Zambon ganz auf das Über- und Unterordnungsverhältnis zwischen Meister und Lehrling ab. Sie sah dies in der Übertragung der Gewalt über ihn vom bisherigen Gewalthaber — sei es ein Elternteil, Vormund oder Eigentümer — auf den Lehrherrn, der damit ein „potere diretto sulla persona dell'apprendista" erworben habe. Das folgert sie aus der Bedeutung des verbums ἐγδίδοσθαι, das in den Texten zur Unterstellung des Lehrlings unter den Meister gebraucht wird. Damit werde nicht nur ein Abhängigkeitsverhältnis zwischen diesen beiden Teilen begründet, sondern vielmehr eine wirkliche Rechtsmacht des Lehrherren über den Lehrling. Auf Grund dieses besonderen Verhältnisses werde der Junge mit seiner ganzen Person an den Meister gebunden und müsse nun alles ausführen, was ihm im Rahmen seiner Berufsausbildung aufgetragen werde[280]. Wenn in verschiedenen Texten das verbum παραμένειν gebraucht werde, so solle damit lediglich die Gewalt des Meisters betont werden, ohne daß damit ein ähnliches Gewaltverhältnis begründet werde, wie in den παραμοναί [281].

Koschaker, der ja auch für die παραμονή als solche ein besonderes Gewaltverhältnis annimmt[282], kommt teilweise zu dem gleichen Ergebnis, wie die italienische Gelehrte. Auch er hält ein besonderes Gewaltverhältnis für gegeben und begründet es — genau wie Zambon — mit der philologischen Bedeutung von ἐγδίδοσθαι, das hier „seine ursprüngliche Bedeutung ‚in den Besitz und damit in die Gewalt eines anderen übergeben' bewahrt" habe, „genau so wie in den Eheurkunden, wo es für ‚verheiraten' vom Gewalthaber der Frau gebraucht" werde[283]. Im Gegensatz zu Zambon — und von seinem Standpunkt aus konsequent — schließt er weiter, es sei aber kein Zufall, „wenn wir gerade in Lehrverträgen παραμένειν zur Bezeichnung der rechtlichen Lage des Lehrlings gebraucht finden, desgleichen der für die Paramone charakteristischen Formel ποιεῖν τὰ ἐπιτασσόμενα begegnen". Auch ein Züchtigungsrecht sei sehr wahrscheinlich. Dazu gibt er die bemerkenswerte Begründung, „ein Lehrling, dem sein Meister keine Maulschelle geben darf, ist selbst bis auf unsere soziale Gegenwart herauf noch niemals ein richtiger Lehrling gewesen"[284]. Allerdings glaubte er, die Gewalt des Lehrherren über den Lehrling sei um einige Grade schwächer gewesen, als die des Gläubigers über den Paramonar. Mit

---

[280] Διδασκαλικαί, Aeg. 15, 1935, S. 3ff., hier S. 50, und Aeg. 19, 1939, 100ff.

[281] A.a.O. S. 62.

[282] Vgl. oben, S. 85.

[283] Rechtsurkunden, S. 21.

[284] A.a.O. S. 21. Interessant ist, daß auch für Ulpian das Züchtigungsrecht eine wesentliche Frage der Lehrverträge war, vgl. oben S. 121, Anm. 279.

Recht betont Koschaker, angesichts der Verwandtschaft zwischen Lehrlingsvertrag und παραμονή mache es keine Schwierigkeiten zu verstehen, daß beide Rechtsverhältnisse ineinander übergehen konnten. Dies war um so erklärlicher, als der Lehrvertrag meist auch dem Interesse des Lehrherren diente, der den Lehrling nicht bloß ein Handwerk lehrte, sondern ihn auch als Arbeitskraft in seinem Gewerbe, vielleicht auch in seinem Hause verwandte. Daher erteilte er die Unterweisung in der Regel nicht bloß unentgeltlich, sondern zahlte häufig dem Gewalthaber des Lehrlings noch einen μισθός[285].

Diesen Koschakerschen Begründungen ist Herrmann entgegengetreten. Er hat insbesondere nachgewiesen, daß aus dem Verbum ἐγδίδοσθαι nicht auf die Begründung eines Gewaltverhältnisses geschlossen werden könne. Zwar werde es im Zusammenhang mit dem „Verheiraten" einer Tochter gebraucht, aber darin erschöpfe sich seine Bedeutung nicht, weil es auch sonst im Zusammenhang mit der Übergabe von Kindern an dritte Personen vorkomme, ohne daß in diesen Fällen besondere Gewaltverhältnisse begründet würden. Man könne nicht allein von den Eheurkunden ausgehen, ohne alle Vergleichsmöglichkeiten auszuschöpfen[286]. In der Tat wird das Verbum ἐγδίδοσθαι in den verschiedensten Verbindungen gebraucht. Preisigke führt deren 12 an, die untereinander auf verschiedenen Ebenen liegen. Dies ist nicht verwunderlich, denn bekanntlich ist die griechische juristische Terminologie nicht von der den Römern eignenden Klarheit. Rückschlüsse aus dem Gebrauch bestimmter Termini können daher nur aus dem Gesamtzusammenhang des Urkundenmaterials gezogen werden[287].

Herrmann mißt auch einem eventuellen Züchtigungsrecht keine Bedeutung für die Annahme eines besonderen Gewaltverhältnisses bei. Dies sei, wenn es vorgelegen habe, eher „ein bedeutsames Symptom für die Auffassung", daß „bei den διδασκαλικαί die Charakteristika von Ausbildungs- und nicht von Arbeitsverträgen dominieren; denn Züchtigungsrecht und Zuchtmittel sind doch nur in ihrer Zuordnung zum

---

[285] A.a.O. S. 23.

[286] JJP 11—12, 1957/58, S. 136f.

[287] Preisigke, Wörterbuch I, Sp. 441, führt folgende Bedeutungen an: 1. die Hand reichen, 2. Anordnungen erteilen, 3. Eine Leistung meistbietend vergeben, verdingen, 4. Verpachten, 5. Saatkorn verausgaben, 6. Geld auszahlen, 7. Ein Kind hingeben zur Adoption, 8. Die Tochter austun, verheiraten, 9. Den Sohn oder einen Sklaven in die Lehre geben, 10. Einen Säugling der Amme übergeben, 11. Aushändigen (Sachen), 12. Eine Urkunde ausfertigen. Für eine begrenzte Auslegung des Verbums ἐγδίδοσθαι zuletzt H. J. Wolff, Beiträge, S. 163ff., bes. S. 165 f. d. Lehrverträge.

Ausbildungszweck verständlich". Außerdem sei nicht anzunehmen, daß dem Meister auch ein solches Recht gegenüber volljährigen Lehrlingen zugestanden habe, so daß man daraus schließen müsse, das Züchtigungsrecht sei für das Lehrverhältnis nicht typisch gewesen[288].

Auch aus dem Gebrauch des Verbums παραμένειν in verschiedenen Texten könne nicht geschlossen werden, daß für den Lehrvertrag ein der παραμονή entsprechendes oder wenigstens ähnliches Gewaltverhältnis anzunehmen sei, denn das Verbum παραμένειν werde „keineswegs immer nur im technischen Sinn des Dienens als Paramonar gebraucht", sondern begegne mehrfach in der allgemeinen Bedeutung des Dienens schlechthin. Die Formel ποιεῖν τὰ ἐπιτασσόμενα bringe lediglich die jedem Arbeitsverhältnis innewohnende Gehorsamspflicht zum Ausdruck. Im übrigen wiesen die Fälle der παραμονή keine einheitliche oder gleichmäßige Bindung des Paramonars an den Berechtigten auf, da die Stärke des Gewaltverhältnisses bei der Freilassungs-παραμονή und bei der Schuld-παραμονή verschieden sei. Auch innerhalb der παραμονή für Schuld sei die Lage des Paramonars nicht gleichbleibend drückend[289]. Für die Annahme, daß mit dem Abschluß des Lehrvertrages ein Gewaltverhältnis zwischen Lehrherren und Lehrling begründet werde, sei kein zwingender Grund ersichtlich.

Die letzten Bemerkungen Herrmanns liegen auf der gleichen Linie, die auch hier für die παραμονή vertreten wird, doch fehlt eine Auseinandersetzung mit den Ausführungen Westermanns. Dieser faßt seine Stellungnahme zur Frage des Verhältnisses zwischen διδασκαλική und παραμονή wie folgt zusammen: Man müsse den Lehrvertrag in seiner wirtschaftlichen Bedeutung sehen. So betrachtet sei er eine Arbeitsvereinbarung seitens des Gewalthabers des Lehrlings und eine Lehrvereinbarung seitens des Lehrmeisters. Vom Standpunkt des Lehrlings aus verpflichtet der Vertrag entweder zu bestimmten Arbeiten im Zusammenhang mit dem Handwerk im Dienste des Lehrherren oder zu mehr allgemeinen Diensten im Sinne der παραμονή. Eine derartige Abmachung könne man διδασκαλική mit παραμονή-Pflichten nennen. Bei denjenigen Arbeits- und Lehrverträgen, in denen die vom Lehrling zu erbringenden Dienste nicht näher bestimmt waren, verschiebe sich das Gewicht leicht von dem Lehr- und Lernverhältnis auf die Seite der παραμονή. Eine solche Verlagerung der Vereinbarung von ihren ursprünglich beiderseitigen Verpflichtungen zur Arbeitsseite hin, sei abhängig von dem erwarteten Wachsen des Wertes der Dienste des Lehrlings gegenüber dem Lehrmeister im Hand-

[288] A. a. O. S. 138.

[289] A. a. O. S. 137f.

werk oder Beruf. Jede Änderung in dieser Richtung müsse ein entsprechendes Anwachsen der dem Jungen gezahlten Löhne nach sich ziehen, bis schließlich aus dem Lehrverhältnis ein Arbeitsverhältnis wurde[290].

§ 14. Die Verbindung von διδασκαλική und παραμονή

Die Urkunden zeigen insgesamt ein recht buntes Bild. Bei den Berufen, für die Lehrverträge erhalten sind, dominiert die Weberei, mit der sich die meisten Texte beschäftigen. Daneben erscheint eine Stickerin, ein Mattenflechter, ein Nagel- und Kupferschmied, und nicht zuletzt auch ein Friseur. Insgesamt sind es keine außergewöhnlichen Fähigkeiten, für deren Erlernen die Kinder und Sklaven in die Lehre gegeben werden. Die Urkunden geben vielmehr das Bild einer bescheidenen Bevölkerung mit geringen Ansprüchen in beruflicher Hinsicht.

Sie enthalten nicht alle Hinweise, die auf eine Verwandtschaft mit der παραμονή schließen lassen, aber bei einigen von ihnen sind sie mehr oder weniger stark ausgeprägt vorhanden. Allerdings muß gerade der früheste Text aus der ganzen Gruppe mit einem Fragezeichen versehen werden, da keineswegs sicher ist, ob es sich bei ihm um einen Lehrvertrag handelt, P. Hib. I, 148 aus der frühen Ptolemäerzeit. Die Herausgeber nahmen dies zwar an, doch läßt die erhaltene Schlußklausel es nicht erkennen. In der papyrologischen Literatur sind daher berechtigte Zweifel an dem Charakter dieser Abmachung als Lehrvertrag geäußert worden[291]. Wir müssen die Frage hier ebenfalls ohne Antwort lassen.

Nur selten findet sich die Klausel, daß sich der Lehrling weder bei Tage noch bei Nacht aus dem Hause des Meisters entfernen dürfe. In Oxyrhynchos scheint man es für genügend angesehen zu haben, wenn er von Sonnenaufgang bis Sonnenuntergang anwesend war. Eine allgemeine Gehorsamspflicht wird dagegen häufig ausbedungen, sie war aber auch selbstverständlich und gehört auch heute noch zum „wesentlichen Bestandteil" eines jeden Lehrvertrages.

Um das Verhältnis zwischen διδασκαλική und παραμονή zu klären, wollen wir von einigen Urkunden ausgehen, in denen beide mitein-

[290] JJP II, 1948, S. 41.

[291] Berger, a.a.O. S. 167, nimmt Lehrvertrag an. San Nicolò, a.a.O. S. 29, tendiert dazu, in dem Fragment eine παραμονή zu sehen. Auch Eitrem hat sich in seiner Kommentierung zu P. Oslo III, S. 214, 1, dafür ausgesprochen. Er weist auf die Haftung für Diebstahl hin, die in den Lehrverträgen sonst nicht vorkommt, dagegen wohl einmal in PSI X, 1120, der unzweifelhafte παραμονή ist.

ander verbunden vorkommen. Es ist zunächst P. Oxy. IV, 725 aus dem Jahre 183 n. Chr. Parteien sind ein gewisser Ischyrion, der den minderjährigen Thonis, vielleicht sein Mündel, dem Weber Heraklas in die Lehre gibt.

5 Jahre werden vereinbart. Ischyrion hat den Jungen während der ganzen Zeit dem Lehrherrn täglich zu stellen, von Sonnenaufgang bis zum Untergang. Dieser muß alles tun, was ihm von dem Lehrherrn aufgetragen wird, genauso wie die übrigen Lehrlinge. Verpflegt wird er von Ischyrion. „Und die ersten 2 Jahre und 7 Monate des dritten Jahres wird Heraklas nichts als Lohn des Jungen geben, für die restlichen 5 Monate des 3. Jahres aber wird Heraklas monatlich 12 Drachmen als Lohn des Lehrlings zahlen, im 4. Jahr gleichermaßen monatlich 16 Drachmen Lohn und im 5. Jahr gleichermaßen monatlich 24 Drachmen. Außerdem wird Heraklas dem Lehrling im laufenden 24. Jahr ein Gewand im Werte von 16 Drachmen geben, im kommenden 25. Jahr ein weiteres im Werte von 20 Drachmen, im 26. Jahr ein anderes im Werte von 24 Drachmen, schließlich im 27. Jahr ein solches im Wert von 28 Drachmen und endlich im 28. Jahr eins im Werte von 32 Drachmen. An Feiertagen wird der Junge jährlich 20 Tage fehlen dürfen, wobei nichts vom Lohn abgezogen werden darf, von wann ab er gezahlt wird. Wenn er aber mehr (an Tagen) fehlt, krank ist oder faulenzt oder sonstwie schuldhaft (nicht da ist), muß Ischyrion ihn auf alle Fälle die gleiche Anzahl Tage dem Lehrherrn stellen, die er zu bleiben hat, wobei er alles tun muß, wie vorbeschrieben, ohne Lohn und verpflegt von Ischyrion, weil so abgeschlossen ist." Heraklas stimmt dem allem zu und verpflichtet sich, den Jungen während der 5 Jahre gründlich zu unterrichten etc. Vertragsstrafe für und gegen beide Teile und übliche Unterschriften[292].

Ganz ähnlich liegt der Fall bei P. Oxy. XIV, 1647 aus dem späten 2. Jahrhundert, vielleicht der gleichen Zeit, wie die obige Urkunde. Hier gibt eine Frau eine Sklavin in die Weberlehre, die 4 Jahre dauern soll. Sie muß das noch minderjährige Mädchen selbst ernähren und bekleiden und täglich von Sonnenauf- bis Sonnenuntergang stellen, wobei dieses alles auszuführen hat, was sich auf das Handwerk bezieht. Im 1. Jahr erhält (die Halterin) monatlich 8 Drachmen Lohn, im 2. 12, im 3. 16, im 4. aber 20 Drachmen. Dem Mädchen stehen jährlich 18 Urlaubstage zu, im übrigen folgen ähnliche Bestimmungen wie in der vorangegangenen Urkunde, falls es länger fehlt.

---

[292] In der Bezeichnung der Jahre geht die Urkunde etwas durcheinander. Die niedrigen Ziffern beziehen sich auf die Lehrjahre, die höheren Jahreszahlen aber auf das Regierungsjahr (Kaiser Mark Aurels).

Beide Texte enthalten die für die παραμονή typischen Bestimmungen, daß die Lehrlinge täglich anwesend sein müssen, wenn auch nur tagsüber, und sich allen auf das zu erlernende Handwerk beziehenden Anweisungen des Meisters zu fügen haben. Das ergibt sich allerdings aus der Natur des Lehrvertrages von selbst. Nicht so selbstverständlich ist hingegen die ausführliche Regelung in P. Oxy. IV, 725 (Z. 39—46), die die Nachgestellungspflicht betrifft, falls der Lehrling länger als die ihm zustehenden 20 Urlaubstage im Jahr fehlen sollte. Wenn er für jeden Tag, den er darüberhinaus fehlt, ausdrücklich aber nach Ablauf der Lehrzeit nachdienen muß, und zwar ohne Bezahlung, so ergibt sich daraus schon eine stärkere Bindung, als sie aus der Natur des Lehrverhältnisses erforderlich wäre. Es wird erkennbar, daß der Meister an den Diensten des Lehrlings auch selbst stark interessiert ist. Er hat ihm ja nach Ablauf der ersten 2 Jahre und 7 Monate einen festen Monatslohn zu zahlen und muß auch schon vorher Leistungen erbringen. Zwar handelt es sich bei diesen um Naturalleistungen in Gestalt von Gewändern, aber auch diese sind Entgelt für die Arbeit des Lehrlings. Das ergibt sich schon daraus, daß ihr Wert im Lauf der Jahre ständig steigt. Würde der Lehrling länger als vereinbart fehlen, so bekäme sein Meister nicht den versprochenen Gegenwert. Daher die Verpflichtung des Vormundes, das Mündel in einem solchen Fall entsprechend länger ohne weitere Bezahlung zu stellen! Wir sehen also auch hier Auswirkungen des Prinzips der notwendigen Entgeltlichkeit. Darüber darf auch nicht der Satz hinwegtäuschen, das alles habe so zu geschehen, „weil so abgeschlossen ist" (Z. 46). Dies ließe zwar auf einen Konsensualvertrag schließen, aber bei näherem Zusehen wird deutlich, daß die Regelung ihre Ursache in dem Bestreben des Ausgleichs von Leistung und Gegenleistung hat.

Wir sehen aus beiden Urkunden ferner, daß der Meister die Lehrlinge nicht nur unterrichten, sondern auch ihre Arbeitskraft für sein eigenes Gewerbe ausnutzen wollte. Das ergibt sich aus der Regelung der Entlohnung. Im Falle Oxy. 725 handelte es sich um einen freien Lehrling. Die Parteien bewerteten dessen Arbeitsleistung für den Meister während der ersten Hälfte der Lehrzeit offenbar nicht sehr hoch, da er hier zunächst nur ein Naturalentgelt in Gestalt eines Gewandes jährlich erhielt. Im Lauf der Zeit aber wurden seine handwerklichen Qualitäten immer stärker entwickelt, so daß damit auch ein Wandel im Vertragsverhältnis selbst eintrat. Aus dem Lehrling wurde die voll ausgebildete Arbeitskraft, die entsprechend ihrer Leistung zu bezahlen war, aus dem Lehrvertrag wurde ein echtes Arbeitsverhältnis, eine παραμονή. Daß den Parteien eine solche vorschwebte, ergibt sich aus dem Gebrauch der für sie typischen Formeln, auf die soeben hingewiesen wurde. Alle Autoren, die sich mit der Stelle befaßt haben, sind sich in diesem Punkt auch einig[293].

Wenn im Falle des Sklavenmädchens eine andere Regelung getroffen wurde und hier schon vom ersten Lehrjahr ab ein bestimmter Barlohn zu entrichten war, so mag das seinen Grund darin gehabt haben, daß dem Lehrherren die gesamte Arbeitskraft des Sklaven zur Verfügung gestellt wurde. Von diesem konnte mehr und umfassendere Arbeit verlangt werden, als von einem freien Lehrling[294]. Demzufolge war es angemessen, dem Halter von Anfang an ein Entgelt zu zahlen. Hier vermischen sich Elemente der Sklavenmiete und des Lehrvertrages miteinander.

Auffallend ist in beiden Fällen, daß es sich um Verträge mit langer Laufzeit handelte. Waren es 5 Jahre im Falle des freien Jungen, so handelte es sich um 4 Jahre bei dem Sklavenmädchen. Gerade dies läßt erkennen, daß der Lehrzweck nach den Vorstellungen der Parteien hinter der Verpflichtung zur Arbeitsleistung zurücktreten sollte. Eine Anzahl weiterer Texte hat kürzere Lehrzeiten zum Gegenstand. Ein schönes Beispiel ist P. Fouad I, 37, aus dem Jahre 48 n. Chr. Der Text ist schon deswegen interessant, weil er nicht vom Vater des Lehrlings stammt, sondern vom Meister in der Form der subjektiven Homologie abgefaßt wurde. Der Meister bekennt, daß Lucius Pompeius Niger ihm seinen Sohn Fuscus in die Weberlehre gegeben habe, um das „Weben im Sitzen" zu lernen. Der Vertrag soll 2 Jahre laufen, und der Meister verpflichtet sich, den Lehrjungen so zu unterweisen, wie er selber das Handwerk versteht. Er zahlt dem Vater monatlich 4 Drachmen, der aber den Sohn selbst ernährt und bekleidet. Der Lehrling muß jeden Tag zur Lehre erscheinen und in allen Dingen des Handwerks gehorsam sein. Drei Tage im Monat hat er frei, ohne daß ihm dafür vom Lohn abgezogen würde. Fehlt er öfter, wird entsprechend daran gekürzt. Außerdem muß er nach Ablauf der Zeit nachdienen. Der Vater darf ihn während der Zeit nicht wegnehmen, noch darf der Meister ihn entlassen. Er unterliegt einer strengen Vertragsstrafe bei Zuwiderhandlung.

Ähnliche Abmachungen liegen auch P. Oxy. II, 275, 66 n. Chr., zugrunde. Auch hier geht es um Weberlehre, die ein Jahr dauern soll. Vom Lehrling hören wir, daß er διακονοῦ(ν)τα καὶ ποιο[ῦ]ντα πάντα τὰ ἐπιτασσόμενα αὐτῷ ... κατὰ τὴν γερδιακὴν τέχνην πᾶσαν ...

---

[293] Vgl. Westermann, a.a.O. S. 29 und 43, Herrmann a.a.O. S. 123, Zambon a.a.O. S. 59 (zur Nachgestellung S. 61), Koschaker a.a.O. S. 23.

[294] So Westermann, a.a.O. S. 30.

Der Vater hat für Ernährung und Bekleidung aufzukommen und die Abgaben zu leisten. Dafür bekommt er vom Lehrherren für Verpflegung monatlich 5 Drachmen und nach Ablauf der ganzen Zeit 12 Drachmen für Bekleidung. Auch hier darf der Vater den Sohn nicht vor Ablauf der Zeit wegnehmen und muß ihn nachgestellen, falls er fehlt, oder für jeden Tag Strafgeld zahlen. Nimmt er ihn weg, so hat er 100 Drachmen zu zahlen, gleicherweise auch an den Fiskus. Dies gilt aber auch für den Meister, falls er den Jungen nicht gehörig unterrichtet.

Auf der gleichen Linie liegt Stud. Pal. XXII, 40, 150 n.Chr., wo es um eine Sklavin geht. Sie soll ein Jahr und 2 Monate lernen und darf sich nicht vom Hause des Meisters entfernen, der sie zu ernähren und zu bekleiden hat sowie die auf das Handwerk entfallenden Abgaben trägt. Auch hier besteht die Nachgestellungspflicht.

Von dem P. BGU IV, 1021, aus dem 3. Jahrhundert n. Chr. (Oxyrhynchos) ist nur noch der Anfang erhalten. Es handelt sich um Friseurlehre. Lehrling ist ein Sklave. Dauer der Lehre 3 Jahre. Halter muß den Sklaven täglich von Sonnenaufgang bis Untergang stellen und hat für Nahrung und Bekleidung aufzukommen. Der Lehrling muß alles tun, was ihm vom Meister aufgetragen wird. Weiteres fehlt. Diese gleiche Bestimmung ist auch noch in PSI III, 241 (3. Jahrhundert, Antinoupolis) erkennbar. Auch hier handelt es sich um Weberei. Lehrling ist wieder eine Sklavin. Möglicherweise wurde ein geringer Lohn von 4 Obolen täglich ab der 2. Lehrhälfte gezahlt. Die Lehre sollte 12 Monate dauern.

Der schon lange bekannte P. Oxy. II, 275 (= Wilcken, Chrest. 324) ist mehrfach behandelt worden. Schon Berger, dem sich P. M. Meyer anschloß, betonte, daß im Text auf die Dienste des Knaben besonderes Gewicht gelegt wurde. Er erklärt daher die Verpflichtung des Vaters des Lehrlings richtig aus dem Interesse des Lehrherren an der Arbeitsleistung des Jungen. Die Lehrzeit darf nicht eigenmächtig durch den Vater verkürzt werden. Daher darf sein Sohn außerhalb der ihm zustehenden Feiertage (von denen allerdings in diesem Text keine Rede ist, vgl. aber Fouad I, 37) nicht widerrechtlich der Arbeit entzogen werden, andernfalls muß er entweder nachdienen, oder der Vater hat strafweise pro Tag eine Silberdrachme zu zahlen. „Für gänzliches Entziehen des Knaben aus dem Lehrverhältnis, was einem einseitigen Rücktritt vom Vertrage gleicht, hat der Vater ein hohes ἐπίτιμον (100 Silberdrachmen) und daneben eine gleiche Fiskalmult zu zahlen"[295]. Der Schlußteil der Strafklausel legt zwar das gleiche zu Lasten

[295] Vgl. Berger, a.a.O. S. 169f. Ihm schließt sich P. M. Meyer, Juristische Papyri, Berlin 1920, Nr. 42 (S. 136ff.) an. Er sieht im Text eine *locatio-conductio*

des Lehrherren fest, falls er den Jungen nicht gehörig ausbildet, wobei auf die etwaige Unfähigkeit des Knaben keine Rücksicht genommen wird.

Diese Bestimmung ist aber die einzige Sicherung des Vaters für die Ausbildung seines Sohnes. Das Interesse des Lehrherren an dessen Arbeitskraft ist ganz überwiegend betont. Da hatte sich der Vater des jungen Fuscus in P. Fouad I, 37 schon besser gesichert. Er hatte sich zwar verpflichtet, seinen Sohn nicht während der Lehrzeit wegzunehmen, die Strafklausel sieht aber nur eine Haftung des Meisters für den Fall vor, daß dieser seinen Verpflichtungen nicht nachkam. Der Vater selbst war nicht dermaßen stark gebunden. Ihm verbot aber schon sein eigenes Interesse an der gehörigen Ausbildung seines Sohnes eine vorzeitige Beendigung der Ausbildung. Immerhin kann auch hinzugekommen sein, daß Lucius Pompeius Niger Römer war und sich als Vertreter der nunmehr in Ägypten herrschenden Schicht keiner Beschränkung unterwerfen wollte. Das bestärkt Westermanns Bemerkung, daß die Bedingungen der mit παραμονή verbundenen Lehrverträge entscheidend beeinflußt wurden von den finanziellen Nöten und der Handelsposition dessen, der die Arbeitskraft des Lehrlings „auslieh"[296]. Aber das durfte nicht dazu führen, daß der eine Teil die Interessen des anderen völlig überspielt hätte. Das tat auch unser römischer Vater nicht, der für die Arbeit seines Sohnes beim Lehrmeister monatlich nur das geringe Entgelt von 4 Drachmen erhielt und selbst Beköstigung und Bekleidung zu stellen hatte. Die geringe Entlohnung wird dem Wert der Dienste entsprochen haben.

Wenn aber das Hauptgewicht auf der Dienstleistung des Lehrlings lag, so erklärt sich der Gebrauch der für die παραμονή typischen Wendungen in den Urkunden daraus, daß den διδασκαλικαί in der Vorstellung der griechischen Bevölkerung Ägyptens Elemente der παραμονή innewohnten. Damit ist für das Bestehen eines besonderen Gewaltverhältnisses nichts gesagt, denn wir haben in unseren vorangehenden Untersuchungen gesehen, daß die παραμονή ein solches nicht zur Voraussetzung hatte[297]. Westermann hat also mit vollem Recht die beiden Texte als παραμοναί erklärt, wenn er auch zu sehr

---

rei, was aber selbst vom römisch-rechtlichen Standpunkt falsch ist, da es sich nicht um Dienste eines Sklaven handelte. Beide Vertragsteile waren Freie.

[296] Der Text stammt aus dem Jahre 48 n. Chr. Zu Westermann vgl. a.a.O. S. 43.

[297] Demzufolge kann ich mich Hermanns Ansicht (a.a.O. S. 137f.), daß die Lehrverträge und die παραμονή getrennt nebeneinander stünden, nicht anschließen.

„the general nature of the work to be demanded" betonte[298]. Dagegen spricht, daß die Ausbildung ja auf ganz bestimmte Dienstleistungen gerichtet war. Der Lehrherr wollte den Lehrling als Arbeitskraft in seinem Gewerbe verwenden, selbst wenn er ihn ab und zu vielleicht auch für sonstige Arbeiten in seinem Hause herangezogen haben mag. Derartiges ist selbst heute üblich. ohne daß dadurch etwas an der grundsätzlichen Natur der Ausbildung für einen ganz bestimmten Beruf geändert würde. Es geht ja nicht nur um das Interesse des Lehrlings, sondern auch um das des Lehrherren, dessen Tätigkeit sich nicht nur darauf beschränkt, sein Handwerk zu lehren. Gelegentliche Dienstverrichtungen anderer Art lassen sich bei einem Lehrverhältnis nie vermeiden[299].

Die bisher behandelten Texte zeigten die Verbindung von Lehrverträgen mit παραμοναί. Andererseits gibt es aber auch den Fall, daß eine παραμονή von vorneherein in der Gestalt eines Lehrvertrages abgeschlossen wurde. Es handelt sich um den mehrfach erörterten P. BGU IV, 1124 aus dem Jahre 18 v. Chr. Hier hatte der Nagelschmied Nilos in Alexandrien mit Herakleides und Taurinos einen Vertrag in Form einer Synchoresis-Urkunde geschlossen, wonach er den Sohn des Herakleides namens Hermaiskos in die Lehre nehmen sollte. Er hatte im gleichen Vertrag dem Vater des Lehrlings 100 Drachmen „geliehen" (ἐπεχρήστην). Diesen Betrag erhält er nunmehr nach wenigen Monaten wieder zurück und bekennt, keine Ansprüche dessentwegen gegen die beiden Vertragspartner zu haben. Dem Vater wird ausdrücklich zugestanden, den Hermaiskos anderweitig wieder neu in die Lehre des Nagelschmiedehandwerkes zu geben. Von dieser Vereinbarung nicht betroffen blieb ein „Darlehen", das der Schmied dem anderen Partner Taurinos gegeben hatte und das auf 700 Drachmen lautete zuzüglich der Zinsen.

Wir wissen nicht, in welchem Verhältnis die beiden Vertragspartner des Nilos zueinander standen und was der Anlaß war, die beiden voneinander getrennten Geschäfte in einer und derselben Urkunde zu

[298] Vgl. Westermann, a.a.O. S. 29, bes. Anm. 64 zu P. Oxy. 275 und 30, bes. Anm. 69, zu P. Fouad I, 37. Auch Koschaker benutzt P. Oxy. 275 mehrfach, um die Verwandtschaft zwischen Lehrverträgen und παραμονή zu beweisen, vgl. a.a.O. S. 21, Anm. 4, 9, 10, S. 23, Anm. 2. Auch Wilcken, Grundzüge, S. 261, rückt die Lehrverträge in die Höhe der παραμονή.

[299] Auch die Texte Stud. Pal. XXII, 40, BGU IV, 1021 und PSI III, 241 gehören in die παραμονή. Sie werden daher auch von Koschaker zur Begründung seiner Auffassung von der Verwandtschaft beider Institute herangezogen, vgl. S. 21, Anm. 4, 5, 8, 9, 10, S. 23, Anm. 2, 3.

behandeln. Uns interessiert hier auch nur der Teil, der das Lehrverhältnis betraf. Es hat die charakteristischen Merkmale der παραμονή. Denn das erwähnte „Darlehen" an den Vater stellt sich als ἀργύριον παραμονῆς dar. Offenbar war ein Bedürfnis entstanden, den Vertrag zwischen dem Nagelschmied und dem Vater des Lehrlings wieder zu annulieren, wahrscheinlich, weil der Junge nichts bei ihm gelernt hatte, da dem Vater ausdrücklich das Recht eingeräumt wird, ihn anderweitig wieder in die Lehre zu geben. Daher zahlte er die 100 Drachmen wieder zurück und erzielte damit die Freistellung seines Sohnes. Das alles spricht für παραμονή. Wir haben gesehen, daß das ἀργύριον παραμονῆς die Funktion hatte, dem παραμονή-Gläubiger den Dienstleistungsanspruch gegen den Schuldner zu sichern. Wollte man nun wieder von dieser Verpflichtung frei werden, so war der Betrag zurückzuzahlen. Ob in Fällen vorzeitiger Vertragsauflösung ein Zuschlag zu zahlen war, ist nicht klar, aber wahrscheinlich. Westermann bejaht die Frage[300]. Wir wissen nicht, was hier geschah, denn die Stelle, die das sagen könnte (Z. 16), ist leider am Anfang zerstört.

Aber es kann aus dem gesamten Zusammenhang kaum zweifelhaft sein, daß dem Vertragsverhältnis zwischen Vater und Nagelschmied eine παραμονή zugrunde lag, auf Grund derer der Sohn dem Schmied Dienste zu leisten hatte und gleichzeitig von diesem im Handwerk auszubilden war. Wahrscheinlich war dem Schmied nur an den Diensten des Jungen gelegen und er vergaß darüber die Ausbildung, so daß der Vater den Sohn bald wieder aus dieser „Lehre" wegnahm. Man sollte den Papyrus daher nicht einfach „Aufhebung eines Lehrvertrages" nennen, wie Schubart das in der Edition getan hat, sondern „Aufhebung einer παραμονή mit Lehrvertrag". Zambon hat ihn auch richtig als παραμονή gesehen[301]. Auch Koschaker, Berger und vor allem Westermann stellten ihn in diesen Zusammenhang[302].

Von hier her wird auch die Formel in P. Mich. V, 346a klar, die Berger als „einfach unglaublich" bezeichnet hatte[303]. Der Meister erklärt hier (Z. 9ff.), wenn er den Lehrling (das Sklavenmädchen Helene) nicht unterrichte oder man herausfinde, daß sie nichts bei ihm gelernt habe, so solle die Eigentümerin das Recht haben, sie auf seine Kosten ausbilden zu lassen. Der Sinn der Klausel wird sofort klar, wenn man sie im Zusammenhang mit der παραμονή sieht. Wenn

300 A.a.O. S. 22.

301 A.a.O. S. 55, vgl. auch S. 43.

302 Vgl. Koschaker, a.a.O. S. 22, Anm. 3, Berger, a.a.O. S. 198 und vor allem Westermann, a.a.O. S. 22 und 41.

303 Vgl. seine Besprechung in JJP I, S. 133 am Anfang.

nämlich das Mädchen beim Lehrherren nicht nur zu lernen, sondern auch noch sonstige Dienste als Hausmädchen zu leisten hatte, bestand die Gefahr, daß es zwar dazu herangezogen wurde, die Berufsausbildung aber zu kurz kam. Dann wäre aber das Vertragsziel nicht erreicht worden. Es war daher keineswegs „einfach unglaublich", daß sich der Gewalthaber des Lehrlings gegen diese Möglichkeit sicherte und sich für einen derartigen Fall das Recht vorbehielt, den Lehrling anderweitig ausbilden zu lassen. Aus diesem Grunde findet sich auch die ausdrückliche Verpflichtung des Meisters, den Lehrling so auszubilden, wie er selbst das Handwerk verstehe[304] bzw. ihn so zu stellen, ἐπιστάμενον ἐντελῆ, d.h. ihn in jeder Beziehung ausgebildet nach Ablauf der Lehrzeit dem Gewalthaber zurückzustellen[305].

Uns erscheint eine derartige Pflicht des Lehrherren als selbstverständlich. Deren Betonung hatte aber in den Urkunden ihren Sinn und Zweck, weil sie dazu diente, die Ausbeutung der Arbeitskraft des Lehrlings einseitig zugunsten des Meisters und zum Nachteil des Ausbildungszwecks zu verhindern. Das wird aber erst erkennbar, wenn man die enge Verwandtschaft zwischen διδασκαλική und παραμονή im Auge behält. Erst aus dieser Sicht heraus gewinnen derartige an sich selbstverständliche Vertragsverpflichtungen ihren Sinn. Sie erweisen sich dann als keineswegs unbedeutende Floskeln oder gedankenlos hingeschriebene Selbstverständlichkeiten.

Man wird den P. Mich. II, 121, Ro. II, 8, ebenfalls im Zusammenhang mit παραμονή sehen müssen. Eine Mutter gibt ihren Sohn in die Weberlehre, die 5 Jahre dauern soll. Der Lehrmeister soll den Jungen während dieser Zeit verpflegen und bekleiden und die Webersteuer für ihn bezahlen, während die λαικὴ σύνταξις (Kopfsteuer) zu Lasten der Mutter geht. Und nun kommt der Zusatz: „Die Tasoukis hat die vorerwähnten 40 Drachmen erhalten" (d.h. die Mutter des Lehrlings). Was es damit für eine Bewandtnis hat oder was die Parteien sonst vereinbart haben, erfahren wir nicht, da es sich bei dem Text lediglich um eine verkürzte Registereintragung handelt.

Der Herausgeber der Urkunde (Boak) ging in der Vorbemerkung in der Edition schon auf die Frage ein, welchen Zwecken diese Zahlung des Lehrherren an die Mutter gedient haben könnte. Er hielt dafür, man dürfe „vernünftigerweise annehmen, dies als Teil der Zahlungen anzusehen, die Horus für die Dienste des Lehrlings zu machen hatte, von

---

[304] Vgl. z.B. P. Mich. V, 346 a, Z. 4, und immer wieder.

[305] Vgl. z.B. P. Tebt. II, 385, Z. 23, und immer wieder. Sehr schön auch P. Oxy. II, 275, 31f., Vertragsstrafe zu Lasten des Meisters, wenn er den Lehrling nicht ausbildet.

dessen Arbeit er profitierte". Es sei aber auch möglich, daß es sich um eine Teilzahlung des Meisters im Hinblick auf seine Verpflichtung gehandelt habe, den Jungen zu verpflegen und zu bekleiden, wenn man davon ausgehe, daß er bei seiner Mutter wohnte und diese die erforderlichen Auslagen vorlegte. Herrmann sah in der Zahlung ein Darlehen an die Mutter, das mit dem Lohnanspruch zu verrechnen gewesen sei und lehnte die Annahme ab, dem Vertrag habe eine παραμονή zugrunde gelegen, weil die Vertragsbestimmungen dafür keine ausreichenden Anhaltspunkte böten[306].

Westermann, der sich am eingehendsten mit dem Text befaßte, wollte sich nicht festlegen. Er stellte fest, daß die für die παραμονή typischen Zahlungen bei der διδασκαλική regelmäßig nicht erscheinen, räumte aber ein, die Arbeitsverpflichtung des Lehrlings könnte so ausgedehnt gewesen sein, daß sie über den Rahmen eines Lehrvertrages hinausgegangen sei. In diesen Fällen sei die διδασκαλική, wenigstens was die verlangte Arbeitsleistung anging, zur παραμονή geworden, die das Lehr- und Lernverhältnis des Vertrages mit der allgemeinen Arbeitspflicht des Lehrlings verbunden habe. Er kam zu dem Schluß, daß die Abmachung in Analogie mit der Zahlung des ἀργύριον παραμονῆς gesehen werden müsse[307].

Herrmanns argumentum e silentio ist schon deshalb zu widerlegen, weil es sich bei dem Text nicht um einen vollständigen Vertrag handelt, sondern lediglich um eine verkürzte Registereintragung. Es steht nicht einmal expressis verbis darin, daß der Meister den Jungen gehörig unterrichten mußte; das ergab sich einmal schon als Hauptverpflichtung eines Lehrvertrages. Zum anderen ist er in der Eintragung Vo. II, 12 ausdrücklich als διδασκαλική eingetragen. Mit Rücksicht auf die stark verkürzte Eintragung, die den ganzen sonstigen Rest des Vertrages schlicht mit den Worten τὰ ἄλλ' ἀκ(λούθως) abtat, womit sie zu erkennen gibt, daß sie unvollständig ist, kann aus dem Fehlen einer Bestimmung im Kurztext nichts gegen ihr Vorliegen geschlossen werden.

Ich glaube nicht, daß die 40 Drachmen etwas mit Lohnzahlungen zu tun haben. Betrachten wir die beiden anderen bekannten langfristigen Lehrverträge, P. Oxy. IV, 725 (5 Jahre bei einem freien jungen Mann) und P. Oxy. XIV, 1647 (4 Jahre bei einem Sklavenmädchen)[308], so sehen wir, daß im ersten Text zunächst 2 Jahre und 7 Monate lang überhaupt kein Lohn gezahlt wurde, hingegen wohl im

306 Herrmann, a.a.O. S. 124, vgl. auch Zambon, a.a.O. S. 59.

307 A.a.O. S. 23, dort auch Anm. 45.

308 Vgl. oben S. 118.

2. Fall, weil hier wahrscheinlich ein Fall der Sklavenmiete mit einem Lehrvertrag gekoppelt war. Im ersten Fall hatte der Lehrherr sodann zunächst pro Monat 12 Drachmen zu zahlen (5 Monate lang), sodann stiegen die Monatslöhne auf 16 bzw. 24 Drachmen pro Monat. Im 2. Fall waren von Anfang an 8, sodann 12, 16 und 20 Drachmen fällig. Es kam also in beiden Fällen zu einer ganz beträchtlichen Lohnsumme pro Jahr. Bei dieser wäre eine einmalige Vorauszahlung von 40 Drachmen kaum sehr sinnvoll gewesen.

Was Bekleidung und Verpflegung angeht, so war der Lehrling im 1. Fall von seinem Gewalthaber zu verpflegen, aber vom Meister zu bekleiden, der ihm dafür von Beginn des Lehrvertrages an jährlich ein Gewand zu stellen hatte, dessen Wert ebenfalls von Jahr zu Jahr stieg, und zwar von 16, 20, 24, 28 auf 32 Drachmen. Im 2. Fall hatte die Eigentümerin das Sklavenmädchen selbst zu verpflegen und zu bekleiden und erhielt dafür offenbar nichts, denn der Text enthält dazu keine Bestimmung, obwohl er sonst sehr genau abgefaßt ist. Da er bis in die Strafbestimmungen hinein erhalten ist, kann angenommen werden, daß die Eigentümerin diese Lasten selbst in vollem Umfang zu tragen hatte. Hier bestand breiter Raum für alle den Parteien zusagenden Regelungen.

Sonach kann nicht ganz ausgeschlossen werden, daß die 40 Drachmen im Michigan-Text eine Anzahlung auf Kosten für Verpflegung und Bekleidung gewesen sein können, falls die Mutter diese für den Meister vorschußweise stellte. Wenn man aber von der Interessenlage in den beiden übrigen Beispielen langer Dienstzeit ausgeht, drängt sich auch in diesem ganz ähnlich gelagerten Text der Gedanke auf, daß die Abmachung kein auschließlicher Lehrvertrag war, sondern ebenfalls mit dem Ziel geschlossen wurde, dem Lehrherrn im Laufe der Jahre eine voll ausgebildete Arbeitskraft zur Verfügung zu stellen. Auch hier sollte wieder ein Lehrverhältnis in eine παραμονή übergehen. Dann aber können die gezahlten 40 Drachmen unschwer als ἀργύριον παραμονῆς gewertet werden. Sie entsprachen dann auch der damals in Tebtynis gehandhabten Praxis, die sich mit solchen kleineren Beträgen begnügte[309].

Dagegen wirft P. Tebt. II, 385 (117 n.Chr.) weitere Probleme im Zusammenhang mit einer dort genannten Zahlung an die Mutter des Lehrlings auf. Der Junge sollte 2 Jahre lang in der Weberlehre bleiben und dabei von seiner Mutter verpflegt werden. Für die damit verbundenen Unkosten zahlte der Meister dieser monatlich 4 Drachmen, außerdem übernahm er es, die Bekleidung zu stellen und die öffent-

[309] Vgl. unsere Zusammenstellung der παραμονή-Texte.

lichen Abgaben für den Jungen zu entrichten. Dann folgt der interessante Zusatz (Z. 16—22): „Und die Tephersaeis hat von Heron von den vereinbarten 46 Drachmen für die gesamte Zeit 14 (schon) erhalten und sie wird im Monat Sebastos des kommenden Jahres 12 Drachmen bekommen und im Monat Sebastos des 22. Jahres die übrigen 20 Drachmen."

Was mit dieser Zahlung gemeint ist, ist nicht klar. Es kann sich nicht um das Verpflegungsgeld handeln, das sich in 2 Jahren auf 96 Drachmen belaufen hätte. Kleidergeld dürfte auch ausscheiden, denn es kann davon ausgegangen werden, daß der Webermeister 2 Gewänder in Natur stellte. Andererseits bestehen Bedenken, in diesem Betrag ein ἀργύριον παραμονῆς zu erblicken, denn soweit ich sehe, ist kein Fall bekannt geworden, in dem dies ratenweise über die ganze Vertragsdauer verteilt gezahlt worden wäre. Es hätte dann auch seinen Sinn verloren, als Sicherungsmittel für den Gläubiger zu dienen und ihm eine Garantie dafür zu bieten, daß der Schuldner den Vertrag nicht vorzeitig unterbrach oder seine Dienste gar nicht erst antrat. Sollte es für ihn ein Ansporn sein, seine Dienste ganz und gewissenhaft zu erfüllen, so mußte das Risiko, das Geld im Falle des Gegenteils wieder ganz zu verlieren, entsprechend groß sein. Das aber hing von der Höhe der Summe ab, die auf dem Spiele stand. Es hätte daher dem Interesse des Gläubigers nicht entsprochen, eine zu kleine Summe bei einem länger laufenden Arbeitsverhältnis anzubieten oder sie etwa in Raten dem Arbeitnehmer, bzw. hier der Mutter des Lehrlings, auszuhändigen. Man wird daher den Betrag nur als Lohn für die Arbeit des jungen Mannes erklären können, wie Zambon und ihr folgend Herrmann es getan haben[310]. Das macht auch verständlich, warum die letzte Rate die höchste ist, denn nach Ablauf einer gewissen Zeit wuchs die Fertigkeit des Lehrlings entsprechend, so daß es gerechtfertigt war, dem auch bei der Bemessung der Raten Rechnung zu tragen.

Von Bedeutung ist auch Z. 24, in der es — nach Feststellung der Verpflichtung des Meisters, den Jungen nach Ablauf der Zeit voll ausgebildet zurückzustellen — heißt, daß er ihm etwas geben werde, wenn er aus der Lehre entlassen werde. Was das sein sollte, erfahren wir leider nicht, denn hier bricht der Text ab. Es scheint aber ein interessanter sachlicher Zusammenhang zwischen dieser Vereinbarung und einem Papyrusfragment aus allerdings sehr viel späterer Zeit zu bestehen, das Traversa veröffentlicht hat: Racc. Mil. inedit. Nr. 31[311] aus dem

[310] Zambon, a.a.O. S. 58, Herrmann, a.a.O. S. 124.

[311] Aeg. 33, 1953, S. 72ff., dazu Hombert, Chron. 29, 1954, 331. Auch P. SB

5. oder 6. Jahrhundert, vielleicht aus Oxyrhynchos. Leider ist der Text nur sehr schwer verständlich, aber es scheint sich darum zu handeln, daß der Schreiber des Streifens seine Weberlehre (Herstellung von Tarsischen Gewändern) beendet hat (Z. 11/12). Er wendet sich an jemand, von dem er anscheinend ὀψώνιον verlangt. Irgendwie scheint das in Zusammenhang gestanden zu haben mit einer Leistung eines im Text genannten Aurelios Martyrios (an den Empfänger des P.?). Traversa nimmt an, daß dieser ein *depositum* zugunsten des Schreibers gemacht habe, damit er in die Lehre gehen konnte. Aber dann wäre es doch wenig erklärlich, warum jetzt ein Dritter das *depositum* verlangt und nicht der Deponent! Bei dem arg fragmentarischen Zustand des Textes läßt sich keine sichere Aussage über den Inhalt machen, aber es wäre nicht ausgeschlossen, daß der Schreiber eine ihm nach Ablauf der Lehrzeit zustehende Leistung geltend macht. Traversa meint, er verlange nunmehr den Abschluß eines regulären Arbeitsvertrages, was zwar möglich ist, aber nicht so gut mit den Texten zusammenpaßt, in denen das Lehrverhältnis langsam in ein echtes Arbeitsverhältnis umgewandelt wird. Es liegen allerdings etliche hundert Jahre zwischen dem Mailänder Fragment und den letzten beiden Texten dieser Art, so daß sich die Praxis im Lauf der Zeit geändert haben könnte.

Es fällt auch auf, daß der frühere Lehrling selbst Ansprüche stellt. Dies steht im Gegensatz zu den sonstigen Texten, in denen dieser niemals als Kontrahent des Meisters erscheint, sondern immer nur der Gewalthaber. Das liegt daran, daß die Lehrlinge regelmäßig minderjährig oder Sklaven waren. Über das Alter des Schreibers des Mailänder Textes erfahren wir nichts, aber man wird kaum annehmen dürfen, daß ein Lehrling mit Ablauf des Lehrvertrages geschäftsfähig geworden wäre. Vielleicht war unser Verfasser schon volljährig[312].

Wir haben aber früher schon gesehen, daß Minderjährige häufig in παραμονή gegeben wurden[313]. In diesen Fällen waren sie ebenfalls nicht Vertragspartei, sondern der jeweilige Gewalthaber. Genausowenig, wie dort auf die Person des παραμονάριος Rücksicht genommen wurde, geschah das in den Lehrverträgen. Wenigstens lassen die Texte derartiges nicht erkennen. Was die Beteiligten wirklich taten, ist daraus nicht zu entnehmen. Aber es fällt auf, daß niemals davon die Rede ist,

---

VI, 9374 läßt am Ende des Fragments (Z. 28) erkennen, daß im letzten Jahr der Lehre wohl etwas an den Lehrling zu zahlen war.

[312] Betr. die Vertragsparteien vgl. die eingehende Studie bei Zambon, a.a.O. S. 24ff. und Herrmann, a.a.O. S. 130f.

[313] Vgl. oben S. 47f.

ob der Lehrling die Ausbildung überhaupt körperlich oder geistig zu ertragen in der Lage war. Sicher werden die Parteien darüber gesprochen haben, aber festgelegt haben sie es nie. Auch dieser Punkt zeigt wieder eine nahe Verwandtschaft zwischen παραμονή und Lehrvertrag.

§ 15. Zur Frage der Anwesenheitspflicht des Lehrlings und seines Unterhalts

Im Zusammenhang mit der παραμονή wurde die Frage erörtert, ob der Schuldner verpflichtet sei, ständig im Hause des Gläubigers zu leben. Es hat sich dabei herausgestellt, daß dies jeweils von der Interessenlage im Einzelfall abhing. Die Lehrverträge bieten auch in diesem Punkt das gleiche Bild. Bei einer Reihe von Texten sind Bestimmungen zu dieser Frage nicht erkennbar[314]. Einige haben dagegen die Verpflichtung des Lehrlings, sich weder bei Tage noch bei Nacht vom Hause des Meisters zu entfernen[315], während andere wiederum nur eine Anwesenheitspflicht bei Tage vorsehen[316]. Von dieser wird man ausgehen können, denn sie dürfte in der Regel den Interessen des Lehrherren und des Gewalthabers über den Lehrling am ehesten entsprochen haben. Eine unbeschränkte Anwesenheitspflicht wird daher nur in besonderen Fällen festgesetzt worden sein, denen wir uns zunächst zuwenden wollen.

Leider läßt gerade der älteste Text dieser Art, P. Hib. I, 148 aus dem frühen 3. Jahrhundert v. Chr. nicht erkennen, ob es sich bei ihm überhaupt um einen Lehrvertrag handelte. Lediglich die Strafklausel ist erhalten. Wir sehen eine Strafe für Diebstahl und für das unerlaubte Entfernen vom Hause des Meisters (?), wobei zwischen Entfernung bei Tage und bei Nacht unterschieden wird[317]. Aus dieser Urkunde lassen sich daher keine sicheren Rückschlüsse gewinnen. Dennoch hat gerade sie Anlaß zu einer Kontroverse gegeben. Westermann hatte in einer frühen Arbeit[318] aus ihr geschlossen, man könne keine generelle Verpflichtung des Lehrlings annehmen, auch im Hause des Meisters zu

---

[314] Vgl. Mich. V, 346a und dazu Berger, JJP I (1946), 133, der das Fehlen einer Bestimmung bemängelt, Mich. II, 121 Ro. II, 8, Oxy. II, 275, Tebt. II, 385, Vars. S. N. 7 (JJP II, S. 99), Grenf. II, 59, PSI III, 241. Aus den Strafklauseln in Oxy. II, 275 und Tebt. II, 385, ergibt sich aber deutlich, daß Anwesenheitspflicht bei Tage bestand.

[315] Hib. I, 148, Oslo III, 141, Stud. Pal. XXII, 40, vgl. im Text.

[316] Fouad I, 37, Oxy. IV, 725, XIV, 1647, BGU IV, 1021.

[317] Vgl. oben S. 125, Anm. 291.

[318] Apprenticeship and Apprentice Contracts, Class. Phil. IX, 1914, S. 310.

übernachten. Je nach Lage des Falles lebte der Lehrling bei seinem Gewalthaber oder beim Meister. Er habe auch seine Mahlzeiten nicht in dessen Hause eingenommen. Er hielt damals das Verbot, sich weder bei Tage noch bei Nacht vom Hause des Gläubigers zu entfernen, für ein Charakteristikum der παραμονή. Unter dem Druck der entgegenstehenden Ausführungen von Zambon[319] sowie Eitrem und Amundsen[320] hat er diese Meinung später aufgegeben und mit Recht daraufhin gewiesen, daß das Verbum παραμένειν „had no bearing at all upon the place of living of the craft pupil". Die Frage, wo der Lehrling zu leben hatte, sei eine Sache der Vereinbarung zwischen Lehrherrn und Gewalthaber gewesen[321]. Es kam dabei immer auf die Lage des Einzelfalls an, genau so, wie wir das schon oben[322] bei der παραμονή gesehen haben.

Der P. Oslo III, 141 vom Jahre 50 n.Chr. ist nun ein sicherer Lehrvertrag mit der Klausel οὐ γινόμ[ενον ἀπόκοιτον οὐδ' ἀφήμερον] ἀπὸ τῆς τοῦ N. N. οἰκίας, aus dem klar erhellt, daß diese Formel nichts über eine Trennung zwischen Lehrvertrag und παραμονή besagt. Man kann aus ihr, wie Herrmann mit Recht betont, nicht entnehmen, daß die Hausgemeinschaft eine charakteristische Grundlage des Lehrlingswesens gewesen sei. Verschiedene Umstände können im Einzelfall dafür oder dagegen gesprochen haben, ob der Lehrling in das Haus des Meisters aufgenommen wurde oder nicht[323].

Der Grund, warum er hier im Hause des Meisters bleiben sollte, ist zwar nicht angegeben, aber wir erfahren in Zeile 7, daß der Lehrling der Sohn des verstorbenen Bruders dessen war, der ihn in die Lehre gab. Da wird die Regelung immerhin verständlich, denn der Onkel wird Wert darauf gelegt haben, daß der Neffe bei seinem neuen Meister fest untergebracht wurde. Leider bricht der Papyrus ab, ohne erkennen zu lassen, wer für seine Beköstigung und Bekleidung zuständig sein sollte.

Die soeben erwähnte Klausel findet sich auch in Stud. Pal. XXII, 40, Z. 17, 18, dort allerdings nur lückenhaft. Sie war ebenfalls Gegenstand von Auseinandersetzungen hinsichtlich der Ergänzung der

---

[319] Vor allem a.a.O. S. 51ff., mit kritischer Stellungnahme zu Cugia, Profili del tirocinio industriale, S. 36.

[320] Zu P. Oslo III, 141, S. 214f. der Edition.

[321] JJP II, S. 31, bes. Anm. 70 und 29 Anm. 65.

[322] S. oben S. 44ff.

[323] A.a.O. S. 126 im Anschluß an Eitrem und Amundsen (Anm. 46). Er führt an: Entfernung des Arbeitsplatzes vom Elternhaus, Vorhandensein einer geeigneten Unterbringungsmöglichkeit, Herkommen im Betrieb des Meisters u.a.

Lücke[324]. Daß hier eine Verpflichtung des Lehrlings zum Verweilen im Hause des Meisters besteht, ist leicht verständlich, denn das Mädchen, um das es geht, war Sklavin, die von ihrer Herrin in die Lehre gegeben wurde. Diese wird ein Interesse daran gehabt haben, daß das Kind fest im Hause des Meister blieb und so ständig unter Überwachung stand. Es fällt bei diesem Text auch auf, daß der Meister die Verpflegung und Bekleidung sowie die Abgaben übernahm, dafür aber keinen Lohn zahlte. Das Mädchen sollte also während der Dauer der Lehre ganz in der Familie bleiben. Dann aber war die Regelung natürlich und verständlich[325].

Die besprochenen Fälle haben eindeutig Ausnahmecharakter. Die Regel scheint daher nicht die gewesen zu sein, daß der Lehrling fest bei seinem Meister blieb und sich weder bei Tage noch bei Nacht ohne dessen Erlaubnis von seinem Hause entfernen durfte. Es genügte vielmehr, wenn er seiner Anwesenheitspflicht bei Tage nachkam, wie es entsprechend in verschiedenen Texten festgelegt ist[326]. Wenn P. Oxy. II, 275 keine ausdrückliche Bestimmung in diesem Punkt enthält, so hat das wenig zu besagen. Aus der Strafklausel ergibt sich klar, daß der junge Mann jeden Tag anwesend zu sein hatte (Z. 24—28), muß er doch andernfalls für jeden versäumten Tag nachdienen, bzw. hat sein Onkel ein Strafgeld von einer Drachme zu zahlen. Ähnlich war es auch im Falle des P. Tebt. II, 385, dessen Strafklausel zwar nur lückenhaft ist (Z. 25/26), bei der aber immerhin erkennbar wird, daß die Mutter im Falle des Fehlens ihres Sohnes dem Lehrmeister pro Tag eine Drachme bezahlen muß. Aus dem Schweigen einiger Urkunden zur Frage der Anwesenheitspflicht kann daher nichts gegen diese

---

[324] Vgl. zunächst Zambon, a.a.O. S. 54. Dort findet sich auch der Hinweis, daß die Klausel im ganzen sehr verwandt erscheine mit den Klauseln, die regelmäßig in den παραμοναί enthalten seien. Vgl. weiter auch die Anm. der Herausg. zu P. Oslo III, 141, S. 214, Anm. 1. Beide Autoren wollen die Textstelle (Z. 17/18) οὐ γεινομένη[ς αὐτῆς π]ρὸς οὐδὲ[ν ἀ]κ[ουσί]ο[υ] ἀπὸ τῆς ... οἰκίας wie folgt ergänzen: οὐ γεινομένης αὐτῆς πρὸς οὐδὲν ἀ]π[οκοίτ]ο[υ] .... Das würde sich mit anderen Stellen decken, vgl. die Nachweise bei P. Oslo III, 141. Herrmann schlägt stattdessen Ergänzung des Adjektivs ἀπόκοιτος durch ἑκούσιος vor und will dann übersezten: „Sie (die Sklavin) darf nicht ‚von sich aus' (ἑ]κ[ουσί]ο[υ]), ohne Zustimmung des Meisters von dessen Haus fernbleiben." Ich habe Bedenken, mich dieser Ergänzung anzuschließen. Ἑκούσιος ist ein Adkjetiv mit der weiblichen Form ἑκουσία. Die Ergänzung müßte daher ἑκουσίας lauten. Dafür scheint der Text aber nicht zu passen, denn das „ο" in ἀ̣]κ̣[ο̣υ̣σ̣ί̣]ο̣[υ̣] ist offenbar deutlich gelesen!

[325] So auch schon Zambon, a.a.O. S. 54.

[326] Vgl. oben S. 138, Anm. 316.

geschlossen werden. Sie ergab sich von selbst, wenn das Lehrverhältnis seinen Sinn haben und zum Ziele führen sollte[327].

P. Mich. V, 346a (13 n.Chr.) hat nur die Erklärung des Lehrherren in subjektiv stilisierter Form, daß er einem Sklavenmädchen das Weberhandwerk lehren wolle und spricht nur von den ihm obliegenden Verpflichtungen, ohne die des Gewalthabers bzw. des Mädchens zu erwähnen. Doch dürfte das daran liegen, daß es sich um eine *Subscriptio* zu einer Abmachung handelt, in der der Lehrmeister allein seine ihn betreffenden Pflichten ausdrücklich bestätigte. Es kann sich schwerlich um den vollständigen Vertragstext handeln, weil die Bestimmungen teils zu kurz, teils unklar sind, wie schon Berger in seiner Besprechung der Edition mit Recht hervorgehoben hat[328].

Auch die Abmachung P. Mich. II, 121, Ro. II, 8 (42 n.Chr.) ist nur eine stark verkürzte Wiedergabe einer in Wirklichkeit umfassenderen Vereinbarung, die wir nicht mehr haben. Sie enthält außer einer eingehenden Personalbeschreibung der Kontrahenten und der Angabe, daß der Sohn der vertragschließenden Frau 5 Jahre lang in die Weberlehre gegeben wird, nur die finanzielle Regelung des Geschäftes, die von der üblichen abzuweichen scheint und noch zu besprechen sein wird. Wegen aller anderen Abmachungen begnügt sich der Text mit der schlichten Bemerkung: τὰ ἄλλ' ἀκολούθως (das andere entsprechend). Was das Entsprechende ist, erfahren wir aus dem Text nicht mehr.

PSI III, 241 (3. Jahrhundert) läßt zwar wegen seiner arg fragmentarischen Erhaltung nichts hinsichtlich der Anwesenheitspflicht des Lehrlings erkennen, wohl aber die Klausel, daß das in Frage stehende Sklavenmädchen „alles tun muß, was ihm aufgetragen wird" (Z. 9/10). Dagegen enthält der Warschauer Text S. N. 7 (JJP II, S. 99 = SB VI, 9374) zwar noch die ganze finanzielle Seite der Abmachung, nicht aber alles andere, da der ganze untere Teil des Papyrus fehlt[329].

---

[327] Auch P. Grenf. II, 59 hat keine ausdrückliche Bestimmung über den Aufenthalt des darin erwähnten Sklaven, der das Weberhandwerk erlernen soll, wohl aber eine entsprechende Strafklausel zu Lasten seiner Gewalthaberin, die ihn vor Ablauf der Zeit nicht aus der Lehre entfernen darf.

[328] Berger (JJP I, S. 133) bemängelt u.a. das Fehlen einer Bestimmung über den Aufenthalt des Mädchens und einer Strafklausel. Außerdem weist er darauf hin, daß die Bestimmung über Bekleidung und Verpflegung nicht klar ist, weil nicht gesagt wird, wer diese zu übernehmen hat. Es fällt auf, daß auch der Eigentümer des Mädchens unterzeichnet hat, was nach Berger nur sinnvoll ist, wenn er auch seinerseits Verpflichtungen übernommen hatte. Von diesen ist mit keinem Wort die Rede.

[329] Die Neubearbeitung des Textes durch Böhm (Aeg. 34, 1954, S. 231ff.) bringt in dieser Hinsicht keine Ergänzungen. Sie erscheint zu einseitig romani-

Abschließend sei noch ein Blick auf die unterschiedlichen Regelungen des Unterhalts und der Bekleidung der Lehrlinge geworfen. In einigen Fällen hat der Meister dafür aufzukommen oder dem Gewalthaber zum Ausgleich für diese Leistungen einen bestimmten Geldbetrag zu zahlen[330]. In zwei Fällen dieser Art sind die Lehrlinge Sklaven, P. Mich. V, 346a (bei dem die Regelung aber nicht ganz klar formuliert ist, wahrscheinlich aber zu Lasten des Meisters geht) und Stud. Pal. XXII, 40. Zwar sagte der Michigan-Text nicht, wo das Sklavenmädchen wohnte, beim anderen haben wir aber schon gesehen, daß es beim Meister selbst blieb. P. Mich. II, 121, Ro. II, 8, den wir als Fall der παραμονή erkannt haben, gehört ebenfalls hierher. Wahrscheinlich blieb der Lehrling während der Dauer der vereinbarten 5 Jahre bei seinem Meister, so daß es verständlich ist, wenn dieser auch Kost und Logis stellte und für die Bekleidung aufkam.

In den Urkunden Oxy. II, 275 und Tebt. II, 385 haben wir gesehen, daß der Meister selbst sein starkes Interesse an der Ausnützung der Arbeitskraft der betreffenden Jugendlichen hatte. Wahrscheinlich wohnten diese jeweils in der Nähe des Arbeitsplatzes bei ihrem Vater bzw. der Mutter, die sie während der Zeit des Arbeitsverhältnisses mit versorgten. Sie bekamen dafür von den Meistern die Verpflegungsaufwendungen erstattet und auch Kleidergeld, bzw. (Tebt.) Bekleidung in Natur. Das alles hing von der den Beteiligten jeweils am zweckmäßigsten erscheinenden Gestaltung ab.

In den beiden zunächst erörterten Fällen langer Dienstzeit, P. Oxy. IV, 725 und XIV, 1647 ist die Regelung genau umgekehrt. Hier hat der jeweilige Gewalthaber die Kost zu stellen, im 2. Fall auch die Bekleidung, die hingegen im 1. Fall vom Meister übernommen wurde. Dies ist an sich erstaunlich im Hinblick auf die lange Laufzeit der Verträge (5 resp. 4 Jahre). Dafür aber werden, wie wir gesehen haben, in regelmäßig steigenden Beträgen festgelegte Löhne gezahlt, die wahrscheinlich entsprechend kalkuliert waren und einen gewissen Ausgleich brachten.

Im P. Fouad I, 37 hat der Vater ebenfalls Verpflegung und Bekleidung zu stellen, dafür wird aber von Anfang an ein Lohn von

---

stisch gesehen und kommt aus diesem Grund wohl nicht zur richtigen Einschätzung des Vertrages, trotz aller Polemik gegen Manteuffels Erstedition (JJP 2, S. 99ff.). Ganz unverständlich erscheinen Böhms Ausführungen über den Vertragsinhalt, a.a.O. S. 246ff., wonach der Lehrling nicht einmal zur Arbeit beim Lehrmeister verpflichtet sein soll.

[330] Vgl. im einzelnen die Untersuchungen von Herrmann, a.a.O. S. 124ff. und Zambon, a.a.O. S. 52ff.

4 Drachmen monatlich gezahlt, der in Wirklichkeit als Ausgleich für die damit verbundenen Kosten zu denken ist, denn eine Ausgleichszahlung vom Lehrherrn an den Gewalthaber in Höhe von monatlich 4 bzw. 5 Drachmen liegt auch den beiden Texten Oxy. II, 275 und Tebt. II, 385 zugrunde. In BGU IV, 1021 wissen wir nicht, ob der Veteran, der für Beköstigung und Bekleidung des Lehrlings aufzukommen hatte, etwas dafür erhielt, denn der Papyrus bricht ziemlich am Anfang ab, so daß eine entsprechende Bestimmung nicht mehr erhalten ist.

Ganz aus der Reihe aber fällt P. Vars. n. s. 7 (= SB VI, 9374), bei dem der Vater, ein Freigelassener, nicht nur Verpflegung und Bekleidung seines in die Lehre gegebenen Sohnes ganz tragen, sondern darüber hinaus dem Meister auch noch 4 Drachmen Verpflegungsgeld monatlich zahlen soll! Dieses Ergebnis ist paradox. Entweder stellte der Vater die Verpflegung, dann ist nicht einzusehen, warum er auch noch zusätzlich dazu dem Meister Geld geben sollte. Oder aber dieser stellte die Kost (und Bekleidung), dann wäre die Ausgleichzahlung des Vaters an ihn zwar verständlich, aber immer noch ein Ausnahmefall, weil der Lehrherr die, wenn auch bescheidene, Arbeitskraft des Jungen dann ganz umsonst hätte. Die Möglichkeit, in den 4 Drachmen ein Lehrgeld zur Entlohnung des Meisters zu sehen, weil er dem jungen Mann das Handwerk beibrachte, scheidet aus, denn die betreffende Stelle, die von beiden Bearbeitern gleich gelesen wurde[331], lautet:

... τρεφο-
20 μέν]ου τοῦ παιδὸς ὑπὸ τοῦ πατρὸς τοῦ
21 αὐτοῦ καὶ χορη]γοῦντ[ο]ς αὐτῷ κατὰ
22 μῆ]να εἰς τρο[φ]είων λόγον δραχμὰς
23 τέσσ]αρας καὶ ἱματίζ[ο]ντος τὸν παῖδα κτλ.

Damit steht fest, daß es sich bei dem Geldbetrag um Verpflegungsgeld handelte. Es muß aber dann bei Abfassung der Urkunde ein Redaktionsfehler unterlaufen sein, was trotz ihrer Herkunft aus einem Grapheion nicht verwunderlich zu sein braucht, denn auch dort war man durchaus nicht immer sehr sorgfältig. Beim Vergleich mit den soeben genannten 3 Texten, in denen ähnlich niedrige Zahlungen von 4 oder 5 Drachmen an die Gewalthaber in Rede stehen, ist der Rückschluß unvermeidlich, daß der Schreiber während der Abfassung

---

[331] Vgl. Manteuffel, JJP II, 1948, S. 101, und Böhm, Aeg. 34, 1954, S. 249 (und dazu oben S. 141, Anm. 329). Am Ergebnis würde sich auch dann nichts ändern, wenn man in Z. 21 das von beiden Bearbeitern ergänzte „καί" streichen würde, auch dann bliebe das widersprüchige Resultat bestehen.

der Urkunde aus der Konstruktion gefallen ist, denn in Zeile 21 fehlt beim zweiten genetivus absolutus hinter καὶ χορηγοῦντος das Subjekt, das wohl irrtümlich außer acht gelassen wurde. Es müßte dort der Name des Lehrherren stehen (oder ganz allgemein die Bezeichnung „Lehrmeister", so daß die Zeile richtig lauten müßte:

καὶ χορηγοῦντος τοῦ Ὀννώφρεως αὐτῷ κατὰ μῆνα κτλ.

Dies würde nicht nur mit der grammatischen Konstruktion übereinstimmen, sondern gleichzeitig die widersinnige Divergenz zu den anderen Texten ausräumen.

Im Ganzen ergänzt das Bild der unterschiedlichen Regelung von Verpflegung und Bekleidung des Lehrlings den gesamten Eindruck. Es blieb den Beteiligten unbenommen, eine passende Regelung zu finden, je nachdem, wie stark das Interesse des Meisters an der Ausnützung der Arbeitskraft des Lehrlings oder des Gewalthabers an der Ausbildung war, welchen personen-rechtlichen Status der Auszubildende hatte, wie lange das Lehr- resp. Arbeitsverhältnis dauern sollte und ob letzten Endes das Hauptgewicht mehr auf die Seite der Arbeitsleistung oder der Ausbildung geschoben wurde. Besonders in Fällen echter παραμονή wird der Ausbildungszweck nicht immer die Hauptsache gewesen sein. Insgesamt bot sich hier ein weites Feld für die jeweiligen Interessen und die Stärke der Verhandlungsposition der Beteiligten.

§ 16. Zusammenfassung

1. Diejenigen Autoren haben richtig gesehen, die die παραμονή und die διδασκαλική als nahe verwandt angesehen haben. Beide beruhen auf den gleichen rechtlichen Vorstellungen, die am saubersten von der Geltung des Prinzips der notwendigen Entgeltlichkeit her verstanden werden.

2. Die παραμονή ist der weitere Begriff, ihr gegenüber ist die διδασκαλική ein Unterfall.

3. Der Lehrling war zum Gehorsam in allen das Handwerk betreffenden Angelegenheiten verpflichtet. Es bestand aber für ihn keine generelle Pflicht, sich ständig im Hause seines Meisters aufzuhalten, wenn dies nicht in besonderen Fällen ausdrücklich vereinbart war.

4. Lehrverträge konnten unterschiedlich ausgestaltet werden, je nachdem, welches Interesse der Beteiligten überwog. Es gibt daher Abmachungen, die sich im Laufe der Ausbildungszeit entsprechend dem Steigen der handwerklichen Qualitäten des Lehrlings in echte Dienstverhältnisse umwandeln, ohne daß dafür besondere zusätzliche

Vereinbarungen erforderlich waren. Es war aber ebenso möglich, von vorneherein Dienstverträge abzuschließen mit der Verpflichtung des Gläubigers, den ihm unterstellten Lehrling auch in einem Handwerk auszubilden.

5. Wie bei der παραμονή wurden auch bei der διδασκαλική die vertraglichen Vereinbarungen lediglich zwischen dem Lehrherrn und dem Gewalthaber über den Lehrling geschlossen. Dieser selbst war nicht Partei.

6. Lag der Schwerpunkt auf der Dienstleistung des Lehrlings, so wurde eine dem ἀργύριον παραμονῆς entsprechende Zahlung vom Lehrherrn an den Gewalthaber geleistet. Auch in solchen Fällen durfte jedoch die Unterweisung im Handwerk nicht unterbleiben oder nachlässig gehandhabt werden.

IV. DIE SOGENANNTEN AMMENVERTRÄGE

§ 17. Urkundenübersicht

Der älteste heute bekannte „Ammenvertrag" ist demotisch:

P. Cairo dem. 30604 — 233/32 v. Chr.

Subjektiv stilisierte Erklärung der Amme[332], sie sei in das Haus des Gläubigers gekommen, um dessen Sohn zu nähren. Dauer 3 Jahre. Amme muß die ganze Zeit das Kind warten und nähren und im Hause des Gläubigers wohnen. Sie erhält dafür monatlich ein Quantum Öl und $1\frac{1}{2}$ Silberlinge und ein Kleid sowie einmal im Jahr $1^2/_{10}$ Silberlinge und ein Kleid extra. Die Strafbestimmungen sind sehr detailliert für den Fall, daß die Amme ganz mit Stillen aufhört, ehe die Zeit beendet ist, und den Fall, daß sie nur vorübergehend abwesend ist. Im ersten Fall hat sie binnen 5 Tagen ein Strafgeld von 10 Silberlingen zu zahlen, im zweiten muß sie entweder eine Ersatzamme stellen oder 20 Silberlinge zahlen. Außerdem bestellt sie eine Generalhypothek an ihrem gesamten Vermögen und verzichtet auf alle Einwände gegenüber dem Gläubiger, solange dieser die Urkunde in Händen hat. Ihm gegenüber sichert sie sich selbst durch eine Strafvereinbarung, wonach er ihr 10 Silberlinge in dem Monat zahlen muß, in dem er sie wegjagt. Griechischer Registrierungsvermerk (= Mitt. Chrest. 179).

Alle folgenden Texte sind in griechischer Sprache:

BGU IV, 1153 I — 14 v. Chr.

Schlußklauseln einer Ammenurkunde betr. Nährung eines Sklavensäuglings.

BGU IV, 1058 (= Mitt. Chrest. 170) — 13 v. Chr.

Alexandrinische Notariatsurkunde, in der sich eine Frau verpflichtet, eine ihr gehörende Sklavin zur Nährung und Wartung eines dem Gläubiger gehörenden Sklavensäuglings 2 Jahre lang zur Verfügung zu stellen. Für Milch und Unterhalt „einschließlich Öl und Brot" werden monatlich 12 Drachmen vereinbart. Den Gesamtbetrag

---

[332] Ich verdanke Herrn Prof. Seidl eine mir freundlicherweise zur Verfügung gestellte Übersetzung.

von 288 Drachmen hat die Schuldnerin im voraus erhalten. Wenn aber der Säugling während der 2 Jahre stirbt, muß die Schuldnerin dafür einen anderen annehmen und die Sklavin auch zu dessen Nährung und Wartung abstellen, weil auf 2 ganze Jahre abgeschlossen sei. Sie wird dafür nichts weiter bekommen, weil sie die Nährung des Säuglings als eines „unsterblichen" übernommen hat. Sie hat die Sklavin zu stellen und darauf zu achten, daß diese alle erforderliche Sorgfalt auf sich selbst und das Kind verwendet, ihre Milch nicht verderben läßt, keinen Geschlechtsverkehr unterhält, nicht wieder schwanger wird und kein anderes Kind stillt. Außerdem muß sie (wohl die Sklavin?) alles heil und unversehrt zurückgeben, was ihr anvertraut wurde, von offenkundigem Verschleiß abgesehen, andernfalls ist Wertersatz zu leisten. Vor Ablauf der Zeit darf das Stillen nicht eingestellt werden. Hohe Strafklausel zu Lasten der Gläubigerin, nicht auch zu Lasten des Gläubigers.
Die Urkunde ist nicht immer sauber durchkonstruiert und trennt daher nicht genau zwischen der Schuldnerin und der Sklavin.

BGU IV, 1106 (= Mitt. Chrest. 108) 13 v.Chr.

Alexandrinische Notariatsurkunde, ähnlich wie vor. Es verpflichtet sich eine Amme mit ihrem Mann als Bürgen einen dem Gläubiger gehörenden Sklavensäugling 18 Monate lang „draußen bei sich in der Stadt" „mit ihrer eigenen reinen und unverdorbenen Milch zu stillen". Monatslohn für Milch und Pflege einschließlich Öl 8 Drachmen. Den Lohn für 9 Monate in Höhe von 72 Drachmen hat Amme im voraus erhalten. Die „Unsterblichkeitsklausel" gilt daher nur für diese 9 Monate. Die weiteren Bestimmungen entsprechen den aus dem vorangehenden Text schon bekannten. Die Strafklausel geht auch zu Lasten des Ehemannes, jedoch ist auch für den Gläubiger festgelegt, den Ammenlohn für die weiteren 9 Monate zu zahlen, falls die Amme ihren Verpflichtungen gehörig nachkommt. Es darf das Kind während der ganzen Zeit seinerseits nicht wegnehmen, ohne sich selbst den gleichen Strafen auszusetzen, wie die Amme. Schließlich muß sich letztere einige Male (Lücke) im Monat mit dem Kind beim Gläubiger zur Inspektion einfinden.

BGU IV, 1107 13 v.Chr.

Alexandrinische Notariatsurkunde. Wiederum Erklärung einer Amme mit ihrem Mann als Bürgen. Dauer des Stillens 16 Monate. Übliche Klauseln. Vorauszahlung 3 Monate. Schlußklauseln wie vor, Besichtigungspflicht 4 Tage im Monat.

BGU IV, 1108 5 v.Chr.

Alexandrinische Notariatsurkunde. Ähnliche Erklärung einer Amme mit Mann als Bürgen. Gläubiger ist ein römischer Legionär, der der

Amme ein Sklavenkind bereits drei Monate in Pflege gegeben hatte. Erst jetzt werden weitere 15 Monate Stillzeit vereinbart, davon 6 mit „Unsterblichkeitsklausel". Nur für diese gilt auch die Verpflichtung, kein anderes Kind zu nähren. Im übrigen sind die Verpflichtungen der Amme die üblichen. Die Strafklausel gegen den Bürgen soll nur im Streitfall gelten. Auch der Gläubiger soll die letzten Monate Ammenlohn zahlen, wenn die Amme alles korrekt erfüllt. Besichtigungsklausel (3mal pro Monat).

BGU IV, 1109 — 5 v. Chr.

Alexandrinische Notariatsurkunde. Es verpflichtet sich ein (römischer?) Sklavenhalter gegenüber einer Ehefrau, eine Sklavin als Amme für das Kind einer Freigelassenen der Gläubigerin zu stellen, die selbst nicht stillen kann. Der Halter hat dafür zu sorgen, daß die Sklavin den üblichen Anforderungen entspricht. Der Säugling wird in seinem Hause untergebracht. Vertragsstrafen für und gegen beide Teile. Inspektionsklausel.

BGU IV, 1110 — 5 v. Chr.

Abwicklung eines Ammenvertrages, über den vorher keine notarielle Urkunde errichtet worden war, vor dem Alex. Notariat. Gläubiger erklärt, er habe einen von ihm angenommenen Sklavensäugling der Amme in Pflege gegeben, ohne daß darüber schon eine Sicherungsurkunde errichtet worden sei. Nun habe sich ergeben, daß die Milch der Amme verdorben sei. Deshalb seien sie übereingekommen, das Ammenverhältnis aufzulösen. Beide Beteiligte bestätigen sich gegenseitig den Erhalt der beiderseitig zustehenden Leistungen und verzichten auf weitere Ansprüche gegeneinander. Die Stillzeit hatte 8 Monate gedauert.

BGU IV, 1111 — 15 v. Chr.

Ebenfalls notarielle Aufhebung eines Vertrages über Kinderpflege, der nicht notariell beurkundet worden war. Ob Ammendienste geschuldet waren, ist nicht ganz sicher. Es kann sich auch um ein größeres Kind gehandelt haben.

SB V, 7619 (= P. Rein. II, 103 i. Vbdg. m. P. Ryl. II, 178) — 26 n. Chr.

Objektive Homologie aus Oxyrhynchos über Sklavensäugling, den der Gläubiger vom „Abfallhaufen in die Sklaverei aufgehoben hatte". Amme tritt mit Ehemann als Bürgen auf. Stillzeit 2 Jahre. 60 Drachmen zahlt Gläubiger für das Jahr als Ammenlohn und für Bekleidung und sonstigen Aufwand für das Kind. Für ein Jahr ist vorausbezahlt. Ist das erste Jahr vorbei, zahlt der Gläubiger auch für das 2. im voraus. Außerdem stellt er pro Monat 2 Kotylen Öl. Amme übernimmt übliche Verpflichtungen. Wenn das Kind stirbt, und die Amme deswegen nicht belangt werden kann, soll es dem Gläubiger freigestellt sein, ein anderes Kind in Pflege zu geben, das die Amme zu den gleichen Bedingungen zu stillen hätte. Will sie das nicht, so muß sie dem Gläubiger das vorausbezahlte Geld für die Zeit zurückgeben, die sie nicht gestillt hat. Strafklausel nur zu Lasten der Amme.

P. Rein. II, 104 — 26 n. Chr.

Ähnliche objektive Homologie aus Oxyrhynchos wie vor, jedoch sehr lückenhaft. Keine abweichenden Bedingungen erkennbar!

P. Mich. II, 121 Ro. I, viii und ix — 42 n. Chr.

Kurzfassung eines Ammenvertrages auf 2 Jahre (?). Einzelheiten fehlen. Dazu kommt in der Eintragung ix ein „Darlehen" über 136 Drachmen vom Gläubiger an die Amme. Die entsprechende Notiz auf dem Verso ist
vo I, 18 ὁμολ(ογία) τροφίμ(ου) δουλικο(ῦ)
I, 19 δάνειο(ν) ἀργυ(ρίου)

P. Mich. II, 123	Ro. III, 31 und 32	ὁμολογία τροφίμου und δάνειον getrennt	
	Ro. VI, 22	ὁμολογία τροφίμου καὶ δανείου	
	23	desgleichen	
	VII, 7 8	desgleichen	
	X, 9 10	desgleichen	
	23 24	ὁμολογία τροφίμου δάνειον	getrennt
	XIII, 33 35	ὁμολογία τροφίμου δάνειον	getrennt
	40 41	ὁμολογία τροφίμου δάνειον	getrennt
	XIV, 31 32	ὁμολογία τροφίμου δάνειον	getrennt
	XV, 7 8	ὁμολογία τροφίμου δάνειον	getrennt
	XVI, 28 29	ὁμολογία τροφίμου δάνειον	getrennt
	XVII, 32	ὁμολογία τροφίμου καὶ δανείου	
P. Mich. II, 128	III, 45	ὁμολογία τροφίμου καὶ δανείου	
	46	desgleichen	
P. Mich. V, 238	I, 27 28	ὁμολογία τροφίμου δάνειον	getrennt

P. Mich. V, 238	II, 62	ὁμολογία τροφίμου	getrennt
	63	δάνειον	
	III, 110 / 111	desgleichen	
	113 / 114	desgleichen	
	152 / 153	desgleichen	
	IV, 191 / 192	desgleichen	
	216 / 217	desgleichen	
P. Mich. V, 240	I, 13	ὁμολογία τροφίμου καὶ δανείου	
	II, 63	ὁμολογία τροφίμου καὶ δανείου	
	64	ὁμολογία τροφίμου καὶ δανείου	

Weitere Registereintragungen in

P. Cairo Preisigke 31 Frag. V (= Ross. Georg II, 18, Z. 309/21)

P. Cairo Preisigke 31 Frag. XVI (= Ross. Georg II, Frag. 16, Z. 65ff.)

BGU I, 297 — 50 n. Chr.

Quittung aus dem Grapheion über Erhalt von Ammenlohn für 2 Jahre und 6 Monate. Ausführlichere Quittung in

PSI X, 1131 — 41 n. Chr.

P. Oxy. I, 37 (= Mitt. Chrest. 79) — 49 n. Chr.

Aus den Amtstagebüchern des Strategen Tiberius Claudius Pasion. Bericht über einen Rechtsstreit zwischen einer Amme, als Beklagter, und dem Eigentümer eines inzwischen verstorbenen Sklavensäuglings, der während der Pflegezeit bei der Amme ums Leben gekommen war. Der Kläger verlangte ein bei der Amme befindliches Kind mit der Behauptung, dies sei der von ihm in Pflege gegebene Säugling. Dagegen wehrte sich die Amme und machte geltend, es handele sich um ihren eigenen Sohn. Der Stratege wies den Anspruch auf den Sohn der Amme ab und verurteilte sie, dem Kläger den bereits empfangenen Ammenlohn zurückzuzahlen. Dazu gehört

P. Oxy. I, 38 (= Mitt. Chrest. 58) — 49/50 n. Chr.

Der vormalige Kläger war mit der Entscheidung nicht zufrieden und versuchte, den Ehemann der Amme an der Ausübung seines Handwerks zu hindern, so daß dieser gezwungen wurde, nun seinerseits Hilfe gegen den Kläger in Anspruch zu nehmen.

PSI III, 203 (mit BL!) 87 n.Chr.

Objektive Homologie aus Oxyrhynchos. Als besondere Klausel ist darin die Bestimmung enthalten, daß es der Amme nicht gestattet sei, dem Gläubiger den Säugling „vor die Füße zu werfen" (also wohl zu streiken?). Eine besondere Verpflichtung scheint festgelegt worden zu sein, das Kind vor der Entwöhnung von der Ammenbrust nicht im Stich zu lassen (?). Der Gläubiger scheint sich das Recht vorbehalten zu haben, den Säugling vor Ablauf der Stillzeit wegzunehmen; doch wird nicht klar, was die Amme dann verlangen darf. (Der Text ist stark ergänzt, doch bezeichnen die Herausgeber diese Stellen selbst als ungewiß.)

SB 7607 (= PSA 20) 111 n.Chr.

Objektive Homologie aus Karanis betr. Stillung eines Sklavensäuglings ohne besonders abweichende Klauseln.

P. Neutest. 11 102/114 n.Chr.

Objektive Homologie über Stillung eines Sklavensäuglings, von der im wesentlichen nur mehr die Einleitung vorhanden ist, die nichts Abweichendes erkennen läßt.

P. Bouriant 14 126/127 n.Chr.

Abschrift einer συγγραφὴ τρο(φίτιδος). Objektive Homologie betr. Stillen eines Sklavensäuglings mit den üblichen Klauseln. Bemerkenswert ist, daß die Strafklausel nur zu Lasten der Amme geht.

PSI IX, 1065 157 n.Chr.

2 Frauen quittieren über Erhalt von Ammenlohn und sonstigen Auslagen für die Ammendienste ihrer Sklavin, die ein freies Kind genährt hat.

P. Oxy. I, 91 187 n.Chr.

Ähnliche Quittung eines Sklavenhalters für die Ammendienste seiner Sklavin an einem freien Kind.

P. Tebt. II, 399 2. Jhdt.

Quittung über einen Restbetrag an Ammenlohn und anderen Auslagen durch eine Sklavenhalterin, deren Sklavin das Sklavenkind des Schuldners genährt hatte. Die Halterin quittiert anschließend über eine früher gemachte Zahlung in der gleichen Sache, für die keine schriftliche Quittung ausgestellt worden war.

P. Oxy. XIV, 1717 258 n.Chr.

Rest einer Quittung für Ammenlohn (?).

Grenf. II, 75 305 n.Chr.

Quittung einer Amme über ihre Bezüge, die wahrscheinlich zusammen mit drei weiteren Ammen im Hause des Schuldners Dienste verrichtet hatte. Mit Stipulationsklausel.

§ 18. Zum gegenwärtigen Stand der Lehre

Die in den griechischen Papyri der Prinzipatszeit vorkommenden Abmachungen über Dienstleistungen von Ammen sind in der Literatur bisher sehr stiefmütterlich behandelt worden. Bis vor kurzem fehlte noch eine eingehende Untersuchung der in ihnen enthaltenen Rechtstatsachen und rechtlich bedeutsamen Regelungen. Erst eine Studie Herrmanns brachte eine zusammenhängende Darstellung dieses bislang vernachlässigten Typus[333]. Sie ist indessen beschränkt auf eine äußere Analyse der nicht eben sehr zahlreichen überlieferten Urkunden, ohne bereits auf das rechtserzeugende Element einzugehen, das Herrmann in der μίσθωσις gesehen hat. Durch Vergleich einiger wichtiger Punkte der Urkunden mit der παραμονή wird es aber möglich sein, das „rechtserzeugende Element" herauszuarbeiten.

Über die Bezeichnung dieser sog. „Ammenverträge", die vielfach subjektive Homologien, also keine echten „Verträge" im Sinne der uns geläufigen Dogmatik sind, herrscht noch Unklarheit, die ihre Ursache in den Texten selbst hat. Die papyrologische Literatur spricht meist von συγγραφὴ τροφῖτις[334], ein Terminus, der aus den Urkunden allerdings in unserem Zusammenhang so nicht zu belegen ist. Er hat zudem den Mangel der grammatisch richtigen Konstruktion gegen sich. Faßt man τροφῖτις als Substantiv auf, so müßte der terminus technicus συγγραφὴ τροφίτιδος heißen, weil es sich dann um Genetiv handeln würde. Versteht man dagegen τροφῖτις als Adjektiv, so wäre von συγγραφαὶ τροφίτιδες zu sprechen, was aber m.W. nirgends belegt ist[335].

---

[333] Herrmann, „Die Ammenverträge in den gräko-ägyptischen Papyri", ZSS 76, 1959, S. 490ff. mit zahlreichen Nachweisen, insbesondere auch der früheren sozial- und medizingeschichtlichen Literatur.

Von früheren juristischen Bearbeitern vgl. Berger, Strafklauseln, S. 176ff., Wenger, Quellen, S. 786ff., Taubenschlag, Law², S. 368 u. 377.

[334] Vgl. die diesbezüglichen Ausführungen bei Herrmann, a.a.O. S. 491 m. weiteren Verweisungen.

[335] Preisigke, WB II, Sp. 622, führt τροφῖτις offenkundig sowohl als Substantiv, wie als Adjektiv. Dies ist auch bei Liddell-Scott, S. 1828, der Fall. Dieser Sprachgebrauch sollte von philologischer Seite erneut überprüft werden.

Gegen die Richtigkeit der Bezeichnung der „Ammenverträge" als συγγραφὴ τροφῖτις spricht auch der weitere Umstand, daß diese Bezeichnung auch für die Alimentationsurkunde im ägyptischen Eherecht gebraucht wird. Schon v. Bolla hat darauf hingewiesen, es sei sehr unwahrscheinlich, daß man diese zwei ihrem Wesen nach völlig verschiedenen Rechtsgeschäfte gleich benannt haben sollte[336]. Selbst mit der bekannten Unschärfe griechischer juristischer Termini könnte dies nicht mehr erklärt werden. Herrmann wird daher recht haben, wenn er darauf hinweist, daß für die Ammenurkunden der Ausdruck ὁμολογία τροφίμου üblich war, der auch in den Michigan-Registern aus Tebtynis zur Abgrenzung dieser Vereinbarungen von den Alimentationsurkunden gebraucht wurde[337].

§ 19. Gegenstand der sogenannten Ammenverträge

Gegenstand der rechtsgeschäftlichen Vereinbarung in den Ammenverträgen ist die Übergabe eines Säuglings zur Pflege und Ernährung an eine Frau, die nach den bisher bekannt gewordenen Urkunden fast immer frei und oft auch verheiratet war. In letzteren Fällen trat dann der Ehemann nicht nur als Geschlechtsvormund, sondern mit-

---

[336] Vgl. Tiermiete und Viehpacht, S. 76, Anm. 1 mit einer Untersuchung des Sprachgebrauchs. Dazu zustimmend Herrmann, a.a.O. S. 491.

Herrmann bemerkt in diesem Zusammenhang, συγγραφὴ τροφῖτις bezeichne den Alimentationsvertrag bei der ägyptischen losen Ehe (so auch v. Bolla unter Bezug auf Wilcken, UPZ I, S. 548). Gegen die Annahme einer „losen" Ehe wendet sich Seidl, PtolRG², S. 170ff., bes. 171f. Die „Alimentationsurkunde" dürfte hiernach eine besonders feste Ehe herbeigeführt haben, denn sie erschwerte dem Mann die Scheidung, weil sein Vermögen Sicherungseigentum der Frau war.

[337] Herrmann, a.a.O. S. 491.

Der Ausdruck ist wohl eine griechische Übersetzung von sẖ sʿnh, „Urkunde des Ernährens", wie er in den demotischen Urkunden für die sog. „Alimentationsurkunde" gebraucht wird, vgl. Seidl, PtolRG², S. 172. Das würde darauf schließen lassen, daß die Ägypter das Ernähren der Frau durch den Ehemann mit dem Ernähren des Kindes durch die Amme gleichgesetzt haben. So interessant das Bild sprachlich ist, so unscharf ist es juristisch. Ob der Mann seiner Frau Unterhalt gewährt, ist eine Frage des Familienrechts. Das Aufziehen des Säuglings durch die Amme kann damit nicht gleichgesetzt werden.

Westermann, Slave Systems, S. 22, übersetzt ὁμολογία τροφίμου δουλικοῦ mit „agreement for slave sustenance", möchte also in den Registereintragungen Verpflegungsverträge sehen. Dagegen mit Recht Wolff in seiner Besprechung des Werkes, Iura 7, 1956, S. 312. Es ist nicht einzusehen, welchen Inhalt derartige Verträge gehabt haben sollten.

unter auch als Bürge für seine Frau auf. In einigen Fällen war die Amme Sklavin und damit nur Objekt des Vertrages, der zwischen ihrem Gewalthaber und dem Gläubiger geschlossen wurde. An den Verträgen sind nicht nur Griechen, sondern auch Römer beteiligt, und zwar schon sehr früh[338]. Ganz überwiegend werden Sklavensäuglinge in Pflege gegeben, die entweder Kinder einer Sklavin sind, oder vom Gläubiger „vom Abfallhaufen", ἀπὸ κοπρίας, aufgehoben wurden[339]. Es handelte sich hierbei um gleich nach der Geburt von ihren Eltern ausgesetzte Säuglinge, die man einfach auf die örtlichen Abfallhaufen legte und ihrem Schicksal überließ. Mit der Aneignung wurden sie Sklaven des Aneignenden. So lesen wir z.B. in SB 7619, Z. 5—7:

παρειληφέναι παρ' αὐτοῦ ... ὃ ἀνείρηται ἀπὸ κοπρίας
εἰς δουλείαν θηλυκὸν σωμάτιον ...

So grausam uns Heutigen diese Praxis erscheinen muß, sie war das Ergebnis der drückenden materiellen Not, unter der ein großer Teil der Bevölkerung Ägyptens litt, der nicht in der Lage war, seine eigenen Kinder großzuziehen. Durch die Aussetzung war immerhin noch die Möglichkeit gegeben, daß sich jemand des Säuglings annahm, wenn er auch damit zum Sklaven wurde. In einigen Fällen waren aber auch frei geborene Kinder zu nähren und zu pflegen.

Der Säugling wurde der Amme zum Nähren und Pflegen übergeben, was nach den vorliegenden griechischen Texten in ihrem Hause zu geschehen hatte, nicht hingegen nach dem demotischen P. Cairo 30604, auf den wir noch zurückkommen werden. Dazu war notwendig, daß die Amme alle erforderliche Sorgfalt auf die Pflege des Kindleins und ihrer eigenen Person verwandte. Das Kind war mit ihrer eigenen

---

[338] So war der Eigentümer des zu nährenden Sklavenkindes in BGU IV, 1106 (13 v. Chr.) offenbar Römer.

[339] Vgl. Herrmann, a.a.O. S. 492, diese Aussetzungspraxis scheint in Oxyrhynchos üblich gewesen zu sein, entsprach aber einer allgemeinen Übung, vgl. Westermann, Slave Systems, S. 6, 86, jeweils mit Belegen, Taubenschlag ZSS 50, 1930, 146 (= Op. Min. II, 230). Nun haben wir allerdings im Zusammenhang mit der παραμονή schon gesehen, daß die Urkunden oft die Wahrheit verschleiern, so daß sich hinter den gebrauchten Formulierungen durchaus Kinderverpfändungen oder Antichrese verbergen können. Es ist daher nicht auszuschließen, daß in Fällen, in denen es heißt, das Kind sei vom Abfallhaufen aufgelesen worden, in Wirklichkeit ein Verkauf des Neugeborenen durch die Eltern vorgelegen haben kann, vgl. dazu die ausführliche Darstellung bei Buckland, The roman law of slavery, Cambridge 1908, S. 420ff., Westermann, Slave Systems, S. 135, 53, Taubenschlag, Op. Min. II, S. 230.

„reinen und unverdorbenen Milch“ zu stillen, und die Amme hatte dafür zu sorgen, daß sie so lange als möglich stillfähig war. Zu diesem Zweck mußte sie die ausdrückliche Verpflichtung eingehen, geschlechtlichen Verkehr zu meiden und nicht wieder schwanger zu werden. Regelmäßig durfte sie auch kein weiteres Kind neben dem ihr anvertrauten Säugling nähren. Um dem Gläubiger Kontrollmöglichkeiten über die Einhaltung der gesamten Verpflichtungen zu verschaffen, mußte sich die Ziehmutter häufig verpflichten, in bestimmten Abständen während des Monats zur Untersuchung bei ihm zu erscheinen. Endlich war es ihr nicht gestattet, die Dienste vorzeitig abzubrechen, während andererseits der Dienstberechtigte normalerweise auch nicht befugt war, den Säugling vor Ablauf der vereinbarten Zeit wegzunehmen. Alle der Amme übergebenen Gegenstände hatte sie nach Ablauf des Vertrages heil zurückzustellen oder ihren Wert zu ersetzen, falls sie zur Rückgabe außerstande war. Für Sachen, die durch den gewöhnlichen Gebrauch untergingen, war dagegen kein Ersatz zu leisten.

Regelmäßig wurde der Ammendienst durch Geldzahlungen und Leistungen in Natur, meist Öl zur Körperpflege, entgolten, wobei aber aus den Texten nicht immer erhellt, inwieweit die Naturalien tatsächlich geleistet wurden. Die Vergütung wurde nach Monaten bemessen, jedoch zeigen die Texte ein unterschiedliches Bild hinsichtlich ihrer zeitlichen Dauer. Schwankungen zwischen 10 Monaten bis zu 3 Jahren sind zu beobachten. Es scheint üblich gewesen zu sein, das Geld im voraus zu bezahlen. Starb der Säugling während der Pflegezeit, so war die Amme häufig gehalten, an seiner Stelle einen anderen weiter zu nähren. Selbstverständlich stand sie zudem regelmäßig auch unter strengen Vertragsstrafen, die meist aber auch zu Lasten des Gläubigers vereinbart wurden, falls dieser den Säugling vor der Zeit wegnahm[340].

Die Rechtsnatur der Ammenverträge wird in der Literatur auch der jüngsten Zeit noch immer von der römisch-rechtlichen *locatio-conductio* her gesehen, so vor allem bei Taubenschlag, der zwischen *locatio-conductio rei* und *operis* unterscheidet, je nachdem ob eine Sklavin als Amme gemietet wird, oder sich eine freie Frau verdingt. Entsprechend zählt er die Ammenverträge zu den Konsensualverträgen[341]. Auch Wenger folgt dieser auf der Pandektendoktrin beruhenden

---

[340] Ich folge bis hier der dankenswerten Untersuchung von Herrmann, a.a.O. S. 492ff. Dort eingehende Belege und weitere Verweisungen! Vgl. auch Westermann, Slave Systems, S. 102.

[341] Law², S. 368, 377 (bes. Anm. 7).

Einteilung[342]. Herrmann hat jedoch mit vollem Recht darauf hingewiesen, daß eine solche vereinfachende Kennzeichnung den Besonderheiten der gräko-ägyptischen Urkunden nicht gerecht wird, die nicht so sehr darauf abstellen, daß sich eine Frau als Amme zur Verfügung stellte oder eine Sklavin als solche gestellt wurde, sondern darauf beruhen, daß ein Säugling zur Pflege weggegeben und in Empfang genommen wurde. Letzteres wird als wesentliches Element in allen Verträgen ausdrücklich an den Anfang gestellt. Es geht daher nicht darum, zwischen den Beteiligten lediglich Schuldverpflichtungen zu erzeugen, vielmehr liegt eine Verfügung über das Kleinkind vor, das dessen Gewalthaber weggibt, damit es genährt und gepflegt werde, sofern die Amme nicht selbst in die Hausgemeinschaft eintrat, wie in P. Cairo dem. 30604[343]. Konsequent rechnet Herrmann die Ammenverträge daher den μισθώσεις zu. Nachdem er jedoch die Frage nach dem rechtserzeugenden Element in ihnen offen ließ, soll diese im folgenden Gegenstand der Untersuchung sein.

§ 20. Parallelen zwischen Ammendienst und παραμονή

1. Zur Frage des „besonderen Gewaltverhältnisses"

Auch das Ammenverhältnis begründet kein besonderes Gewaltverhältnis zwischen Amme und Säugling. Zwar finden wir hier die gleiche Terminologie wieder, wie bei den Lehrverträgen, denn es heißt auch hier, daß das Kind der Amme „ausgegeben" wird[344], doch kann darunter nicht die Übertragung der rechtlichen Gewalt über den Säugling an die Amme bzw. deren Halter, falls sie eine Sklavin war, verstanden werden. Es handelte sich vielmehr hier nur um die tatsächliche Übergabe des Kleinkindes an die Ziehmutter, der lediglich insoweit eine begrenzte Macht über dieses eingeräumt wurde, als es zum Zweck der Erfüllung der Obliegenheiten erforderlich war, ohne damit die Rechte des Gewalthabers in irgendwelcher Weise zu beschneiden. Dies haben die Untersuchungen von Wolff und Herrmann klargestellt[345]. Die Texte selbst bieten keinen Anhaltspunkt dafür, daß etwas anderes beabsichtigt worden wäre. Zwar ist das

---

[342] Quellen, S. 787. Vgl. weiter die bei Herrmann, a.a.O. S. 497, Anm. 46—49 zitierten Autoren.

[343] Herrmann, a.a.O. S. 498.

[344] Vgl. die alexandrinischen BGU IV 1058 (Z. 11), 1107 (Z. 8), 1110 (Z. 5), 1112 (Z. 9).

[345] Vgl. Wolff, „Eherecht und Familienverfassung in Athen", Beiträge, S. 163ff. (= Traditio, 2, 1944, 48ff.), Herrmann, JJP XI/XII, 1957/58, S. 137, siehe auch oben S. 152, Anm. 333.

dauernde Vertrauens- und Pietätsverhältnis zwischen Amme und Zögling in der antiken Literatur wiederholt erörtert worden, dies beruhte jedoch auf ethischen Erwägungen und konnte rechtlich nicht erzwungen werden. Es kann daher auch hier nicht herangezogen werden[346].

Auch ein besonderes Gewaltverhältnis zwischen Amme und Vertragspartner ist nicht ersichtlich. Die eingangs erwähnten zum Teil recht einschneidenden Verbote, denen sich die Frau zu unterwerfen bzw. für deren Beachtung durch die Sklavin der Gewalthaber über diese einzustehen hatte, sind aus den natürlichen Eigenarten des Ammendienstes zu erklären und eigentlich selbstverständlich. Eine Frau, die sich verpflichtet, einen Säugling an der Brust zu nähren, muß dafür sorgen, daß ihre Stillfähigkeit möglichst lange erhalten bleibt und hat sich daher gewissen Beschränkungen zu unterwerfen.

Allerdings war die Amme für die Dauer des Vertrages in der Bewegungsfreiheit eingeschränkt, denn sie mußte das Kind „draußen bei sich in der Stadt", ἔξω παρ' ἑαυτῇ κατὰ πόλιν, d.h. also in ihrer Wohnung, versorgen, bzw. in der des Halters, falls es sich um eine Sklavin handelte[347]. In den griechischen Texten scheint es die Regel gewesen zu sein, daß die Amme nicht der Hausgemeinschaft des Vertragspartners angehörte, ein Umstand, in dem sich die Ammenverträge mit der παραμονή und den Lehrverträgen berühren, bei denen eine Anwesenheitspflicht beim Gläubiger nur dann erforderlich war, wenn sie besonders vereinbart wurde.

War der Säugling aber „in der Stadt" zu versorgen, so folgt daraus, daß sich die Amme nicht ohne Wissen und Zustimmung des Gläubigers aus ihr entfernen durfte. Sie hatte ihre Dienste am Ort zu erbringen und sich dem Gläubiger zur Verfügung zu halten. Dem entsprach konsequent die Verpflichtung der Amme, monatlich mehrmals bei ihm zu erscheinen und sich mit dem Säugling vorzustellen, damit er die Möglichkeit bekam, sich von ihrem vertragsmäßigen Verhalten zu überzeugen. Da sie ja nicht bei ihm wohnte, war eine derartige „Inspektion" (ἐπιθεωρεῖσθαι) auch die naheliegende Kontrollmöglichkeit[348].

---

[346] Vgl. die eingehende Studie des Ammenwesens bei v. Petrikovits, RE *nutrix*, Sp. 1491ff., sowie zuletzt Vogt, Wege zur Menschlichkeit, S. 23ff. (= Finley, Slavery, S. 37ff.).

[347] Vgl. BGU IV, 1106 (Z. 10), 1107 (Z. 6), 1108 (Z. 6), 1109 (Z. 7) hier vom Sklavenhalter gesagt.

[348] Die „Besichtigungsklausel" enthalten P. BGU IV, 1106 (49), 1107 (27), 1108 (25), 1109 (29). Im letztgenannten Fall ist bemerkenswert, daß die Er-

Wenn es die Umstände geboten, wurde die Amme auch in die Hausgemeinschaft des Gläubigers aufgenommen. Einen klaren Beleg hierfür bietet der älteste Ammenvertrag, der bisher bekannt geworden ist, P. Cairo dem. 30604 aus dem Jahre 233/32 v. Chr. Hier heißt es in Z. 2 „Ich bin in Dein Haus gekommen, indem ich meine Milch der zwei Brüste reserviere, (um) Jung-Petesuchos (?), Deinen Sohn, saugen zu lassen". Drei Jahre will die Amme insgesamt bei dem Kleinen verbringen, d.h. also im Hause seines Vaters, und ihn „mit meiner Milch der zwei Brüste" ernähren. In Z. 5 sagt sie dazu ausdrücklich: „Dazu schlafe und wache ich in Deinem Hause zusammen mit dem Jungen, Deinem obengenannten Sohn, die oben genannte Zeit"[349].

Hier war die Amme empfindlichen Beschränkungen unterworfen, die in den späteren griechischen Texten zwar nicht nachweisbar sind, dort aber sicherlich auch hätten vereinbart werden können, wenn das Interesse der Gläubiger dies geboten hätte. In der Mehrzahl der griechischen Fälle waren diese aber nur Eigentümer von Sklavensäuglingen, die sie „auf dem Abfallhaufen aufgelesen" hatten. Deren Schicksal mochte sie nur insoweit interessieren, als es ihnen darauf ankam, sich für später einen gesunden Arbeitssklaven zu sichern, dessen Arbeitskraft oder Geldwert sie für sich verwenden konnten. Da war es nicht erforderlich, daß die Amme, die die Findlinge zu versorgen hatte, mit dem Gläubiger in der Hausgemeinschaft lebte, denn ihn verband kein menschlich-persönliches Interesse mit dem Ziehkind. Anders lag der Fall bei dem Vater in dem demotischen Text, dessen eigener Sohn aufgezogen werden sollte. Daß er hier auf persönliche Anwesenheit der Amme in seinem Hause Wert legte, ist leicht erklärlich. Auch hier kam es also auf die jeweilige Interessenlage an!

---

scheinungspflicht der Sklavin als ihr persönlich obliegend formuliert ist, obwohl man eine Gestellungspflicht ihres Halters erwartet hätte.

[349] Der Text stammt aus Tebtynis und war dem κιβωτός vorgelegt worden, dessen Registrierungsvermerk er trägt. Ich folge der bisher noch nicht veröffentlichten Übersetzung von Seidl (vgl. oben Anm. 6).

Eine Vertragsdauer von 3 Jahren findet sich auch in dem ebenfalls aus Tebtynis stammenden griechischen P. Tebt. II, 399 aus dem 2. Jhdt. n. Chr. Dazu bemerkt Spiegelberg, der erste Bearbeiter des demotischen Textes, in der Edition zu P. Cairo dem. 30604 (Anm. 3), daß eine gleich lange Stillzeit auch in P. Bulaq IV, 20,19 für die 20. Dynastie bezeugt sei: „Ihre Brust war an Deinem Mund 3 Jahre lang."

In BGU IV, 1109 wird das Kind einer Freigelassenen großgezogen, ohne daß die Amme in das Haus kam. PSI IX, 1065 ist eine Quittung, aus der nicht ersichtlich ist, ob die Amme in der Hausgemeinschaft lebte. Bei P. Grenf. II, 75 scheint es aber wieder der Fall gewesen zu sein.

Im ganzen gesehen formuliert der demotische Text zwar manches anders, als die griechischen Urkunden. Die eigentlichen Vertragspflichten sind aber in den übrigen Punkten nicht grundsätzlich verschieden von denen aus späterer Zeit, insbesondere was die Strafbestimmungen betrifft.

Man hat aber den Eindruck, daß die Amme hier ihre Rechte sogar besser zu wahren verstand, als dies bei ihren später geborenen Kolleginnen der Fall war, denn sie erkennt zwar den Anspruch ihres Partners auf dreijährige Dienstleistung ausdrücklich in der Urkunde mit der schönen ägyptischen bildreichen Formulierung an: „Du bist wiederum hinter mir, daß ich die oben erwähnte Zeit erfülle für Jung-Petesuchos, Deinen oben erwähnten Sohn" (Z. 7, 8), sie betont aber nichtsdestoweniger auch ihre eigenen Ansprüche mit der gleichen Deutlichkeit, für den Fall, daß es ihrem Partner etwa einfallen sollte, sie vor der Zeit fortzuschicken. Dafür sagt sie ebenso deutlich: „Ich bin wiederum hinter Dir bis zu dem oben erwähnten Termin für Jung-Petesuchos, Deinen oben erwähnten Sohn" (Z. 12). Der Text zeigt insgesamt ein abgewogenes Geben und Nehmen auf beiden Seiten und läßt jeden Anhaltspunkt für ein besonderes Gewaltverhältnis des ägyptischen Herren über die Amme vermissen.

2. Zur Regelung des Ammenlohns

Auch in einem sehr wesentlichen anderen Punkt läßt sich eine auffallende Ähnlichkeit zwischen den griechischen Ammenverträgen und den Bräuchen bei Abschluß der παραμονή feststellen. Wir haben gesehen, daß die Gläubiger in den meisten Fällen Geldbeträge zahlten, um sich die Dienstleistungen ihrer Schuldner zu sichern[350]. Bei den Ammenverträgen ist es nun so, daß der Ammenlohn durchwegs ganz oder für bestimmte Teilabschnitte vorausbezahlt wird[351]. Berechnungsgrundlage ist regelmäßig ein Monat, wobei die Zeitdauer, für die Zahlung geleistet wird, schwankt. Es kommt vor, daß die gesamte Vergütung im voraus entrichtet wird, was aber die Ausnahme ist. Doch scheinen 3 Monate die untere Grenze gewesen zu sein[352]. In der Summe

---

[350] Vgl. oben S. 78 ff.

[351] Vgl. dazu Herrmann, a.a.O. S. 493.

[352] BGU IV, 1058: Dauer 2 Jahre, volle Vorauszahlung,
BGU IV, 1106: Dauer 18 Monate, 9 Monate Vorauszahlung,
BGU IV, 1107: Dauer 16 Monate, 3 Monate Vorauszahlung (Z. 18, 26),
BGU IV, 1108: Dauer 15 Monate, 6 Monate Vorauszahlung,
BGU IV, 1109: Dauer 10 Monate, 3 Monate Vorauszahlung,
SB 7619: Dauer 2 Jahre, 1 Jahr Vorauszahlung,

konnten auch die Aufwendungen der Amme, für die Ersatz zu leisten war, mitenthalten sein, jedoch sind die Texte hier unterschiedlich, so daß es nicht ganz klar ist, was die τροφεῖα jeweils im einzelnen mitumfaßten[353].

Der einzige Fall, in dem keine Vorauszahlung erfolgt zu sein scheint, ist — soweit ich sehe — der demotische Papyrus Cairo 30604. Hier sehen wir bereits die Trennung in Ammenlohn und Aufwendungsersatz, der allerdings begrenzt gewesen zu sein scheint. Der Lohn wurde jeweils im Nachhinein bezahlt und von einer Vorauszahlung ist nichts gesagt.

Die griechischen Texte zeigen dagegen, daß ganze oder teilweise Vorauszahlung des Ammenlohns üblich war. Dem stehen die Quittungen nicht entgegen, in denen regelmäßig über den ganzen empfangenen Betrag quittiert wird, denn sie sagen meist nicht, wie dieser Betrag ausgezahlt wurde[354]. In 2 Fällen hören wir aber, daß er zu verschiedenen Zeiten entrichtet wurde. Wir werden daher in der Annahme nicht fehlgehen, daß es sich um Vorauszahlungen für jeweils vereinbarte bestimmte Zeitabschnitte der gesamten Dienste gehandelt hat[355].

Auffallend ist nun, daß die Vertragsregister aus Tebtynis zum Teil davon abweichen, denn in ihnen finden sich wiederholt Eintragungen von Ammenverträgen und im Zusammenhang mit diesen vereinbarten δάνεια. Die Kurzfassung einer derartigen Vereinbarung ist in P. Mich. 121 Ro. I, VIII und IX enthalten. Hier hatten, wie sich aus den diesbezüglichen Eintragungen auf dem VO I, 18 und 19 ergibt, ein Patynios und die Amme Heroeis einen 2 Jahre laufenden Ammenvertrag geschlossen, dessen nähere Einzelheiten nicht mehr erkennbar sind, insbesondere fehlt die Angabe des Monatslohnes. Diese Vereinbarung datierte vom 5. Germanikeios. Am 9. wurde ein δάνειον zwischen den gleichen Parteien vereinbart, das sich auf 136 Drachmen belief. In der Kurzfassung werden keine weiteren Einzelheiten mitgeteilt. Der

---

PSI III, 203:	Dauer 2 Jahre, 1 Jahr Vorauszahlung,
SB 7607:	Dauer 2½ Jahre, 2 Jahre Vorauszahlung.

Bei den sonstigen Texten fehlen die Angaben ganz oder teilweise.

[353] Vgl. Herrmann, a.a.O. S. 494 mit Belegen.

[354] Quittungen dieser Art sind BGU I, 297, PSI IX, 1065, Oxy. I, 91, XIV, 1717.

[355] P. Tebt. II, 399 quittiert ausdrücklich (Z. 3) über den Rest des Ammengeldes und anderer Aufwendungen, Z. 9—12 wird zugleich über eine frühere Zahlung quittiert und betont, daß diese bar und „ohne Schrift" erfolgt war (Z. 12).

Auch P. Grenf. II, 75 (Z. 8, 9) erwähnt zwei Zahlungen, beide allerdings im gleichen Monat.

Herausgeber, Boak, bemerkt in der Anmerkung, wahrscheinlich sei dieses δάνειον eine Vorauszahlung auf die Löhne gewesen, die Heroeis in ihrer Eigenschaft als Amme verdienen sollte.

Einen ähnlichen „Doppelvertrag" finden wir in P. Mich. 123, Ro. III, 31 und 32. Hier wurden 80 Drachmen an die Amme und ihren Mann bezahlt. Die Abmachungen wurden an 2 aufeinanderfolgenden Tagen getroffen. Wenig später finden wir auf Ro. VI, 22 und 23 je eine einheitliche Eintragung, in der die Abmachungen einheitlich als ὁμολογία τροφίμου καὶ δανείου bezeichnet werden. Es wird auch dafür eine einheitliche Gebühr von 4 Drachmen erhoben. Die Stelle VII, 7, 8 spricht dagegen wieder von 2 selbständigen Homologien. Dies mag eine Frage mehr technischer Art gewesen sein, die hier nicht von Interesse ist. Es ändert den Charakter der Abmachungen nicht, ob die Parteien sie in zwei getrennten Urkunden oder einheitlich getroffen hatten. Derartige Eintragungen finden sich noch mehrfach. Sie lassen erkennen, daß „Ammenverträge" in Tebtynis offenbar beliebt waren[356]. Interessant ist aber, daß die Höhe des mit „Darlehen" bezeichneten Betrages sehr oft nicht einmal angegeben wird. Sie fehlt auch bei den Eintragungen der eigentlichen Ammenverträge in aller Regel. Es ist daher nicht leicht, zu einer Erklärung dieser Erscheinung zu kommen. Während Boak zunächst das „Darlehen" als Vorauszahlung des Ammenlohnes ansah, meinte er später, es könne auch möglich sein, ihre Ammendienste als Gegenleistung für die Zinsen aufzufassen, obwohl wir in einem solchen Fall eher einen echten Dienstvertrag, ὁμολογία παραμονῆς, erwarten würden[357]. Nun ist nicht von der Hand zu weisen, daß auch eine παραμονή in Gestalt von Ammendiensten vereinbart worden sein könnte, denn darunter konnten Dienste aller Art verstanden werden. Bei den Eintragungen aus Tebtynis sind aber παραμοναί nicht anzunehmen, da solche dort regelmäßig auch so bezeichnet werden. Die Register trennen genau zwischen Eintragungen von παραμοναί und „Ammenverträgen". Das zeigt aber, daß man darin zwei verschiedene Typen gesehen hat, mag die Abgrenzung im Einzelfall auch noch so fließend gewesen sein.

---

[356] Vgl. weiter P. Mich. 123, Ro. X Z. 9, 10 (2 Eintragungen), 23/24, XIII 33 und 35, 40/41, XIV 31/32, XV 7/8, XVI 28/29, XVII 32 (hier nur eine Eintragung), XVIII 25/26, XXII, 19, Mich. 128, III 45 und 46 (jeweils eine einheitliche Eintragung), Mich. V, 238, I, 27/28, II, 62/63, III, 110/111, 113/114, 152/153, IV, 191/192, 216/217, Mich. V, 240, I, 13, II, 63 und 64 (2 verschiedene Verträge).

[357] Vgl. einmal seine Bemerkung zu P. Mich. 121, Ro. I, IX, S. 26 der Edition, und andererseits zu 123 Ro. III, 32/33, S. 113 d. Ed.

In den Registern aus Tebtynis waren die sog. „Darlehen" echte Vorauszahlungen auf den Ammenlohn, so wie sie in den sonstigen Texten gerade auch für ihre Zeit stets belegt werden[358]. Man mag sich die Konstruktion der Vorauszahlung als Darlehen gedacht haben. Dahinter verbarg sich aber in Wirklichkeit eine aus dem Prinzip der notwendigen Entgeltlichkeit zu erklärende Geldhingabe, durch die sich der Geber die Dienste des Nehmers sichern wollte[359].

Floß ein Wert aus dem Vermögen des A dem B zu, so mußte danach ein entsprechender Gegenwert wieder in das des A zurückfließen. Wer also einer Amme Geld für Kinderpflege und Nährung hingab, hatte einen „Anspruch" darauf, daß ihm der dem hingegebenen Wert entsprechende Gegenwert in Gestalt des Ammendienstes wieder zukam. Konnte sie diesen nicht mehr erbringen, so mußte sie entsprechend das Geld zurückzahlen, meist mit den entsprechenden Strafzuschlägen, die sich fast in allen Verträgen finden. So verstehen wir auch den interessanten Fall P. Oxy. I, 37 und 38 (49/50 n. Chr.). Hier hatte der Kläger einen Knaben-Säugling aufgehoben und einer Amme übergeben. Den Ammenlohn hatte er für 2 Jahre im voraus bezahlt. Mit der Behauptung, das Kind werde von der Amme vernachlässigt, war er bei ihr eingedrungen und hatte einen Säugling aus ihrem Hause mitgenommen. Die Beklagte wehrte sich dagegen und behauptete, der Junge sei bei ihr gestorben. Der Kläger wolle jetzt ihr eigenes Kind, das sie um die gleiche Zeit genährt habe, an sich nehmen und behalten. Der Stratege entschied, daß das weggenommene Kind seiner Mutter gleiche. Er wies die Klage auf Überlassung des lebenden Kindes ab und entschied, die Beklagte müsse das erhaltene Geld (wohl entsprechend dem Verhältnis der bereits geleisteten zu den noch nicht erbrachten Diensten) zurückzahlen, dürfe aber ihr eigenes Kind behalten. Das Verhalten des Klägers ist typisch für die dargelegte Rechtsauffassung. Er hatte Geld gegeben, um einen Knaben genährt zu bekommen, daher wollte er auch einen solchen zurückhaben und sei es den eigenen Sohn der Amme! Daß er mit der Entscheidung des Strategen nicht zufrieden war, zeigt der 2. Text, aus dem sich ergibt, daß er die Familie der damaligen Beklagten anschließend schikanierte, so daß diese wieder gerichtliche Hilfe in Anspruch nehmen mußte.

---

[358] Die Einzelurkunden reichen zeitlich von 14 v. Chr. bis 126/127 n. Chr., von den Registern, Quittungen und sonstigen Belegen abgesehen, die zum Teil noch später sind. Die hier in Frage kommenden Michigan-Register aus Tebtynis stammen alle aus den vierziger Jahren des 1. nachchristlichen Jahrhunderts.

[359] Vgl. oben S. 78ff.

Der Prozeß aus Oxyrhynchos stammt aus der gleichen Zeit, wie die Tebtynis-Register. Es herrschten noch immer die alten Rechtsvorstellungen. Der Ägypter dachte nach wie vor in seiner ihm eigenen Rechtswelt. Für seine Leistung wollte er sein Entgelt, in unserm Fall sehr kraß, das aber wohl deshalb, weil es ihm eher darum ging, später einen Sklaven zu haben, als von der Amme Geldersatz zum Ausgleich des Wertverlustes zu bekommen.

Mag man nun die Zahlungen an die Amme δάνειον genannt haben oder einfach in den Urkunden davon sprechen, daß der Lohn für bestimmte Zeitabschnitte im voraus bezahlt sei, das änderte nichts an der diesen Zahlungen zugrundeliegenden Konzeption. Man gab Geld hin, um sich dadurch einen bestimmten Gegenwert zu verschaffen, nämlich die Nährung und Pflege eines Säuglings. Welcher Terminologie man sich bei diesem Vorgang bediente, war dabei weniger bedeutend.

Diese Rechtsauffassung kommt auch in dem Aufhebungsvertrag BGU 1110 zum Ausdruck, den ein kaiserlicher Freigelassener mit einer Amme schloß[360]. Er hatte ihr einen Knaben zum Stillen gegeben und dann war der Amme, wie es im Text so schön heißt, „die Milch verdorben" — ob mit oder ohne ihr Verschulden erfahren wir nicht. Offenbar hatte die Amme 8 Monate lang gestillt, denn sie bekennt, für diese Zeit ihre τροφεῖα erhalten zu haben. Den Jungen gab sie zurück und erhielt ihrerseits dafür Quittung durch den Gläubiger. Die Parteien verzichten auf alle weiteren Ansprüche gegeneinander. Ähnlich liegt der Fall BGU 1111, bei dem allerdings nicht ganz sicher ist, ob es sich um einen Ammenvertrag oder einen Alimentationsvertrag über ein größeres Kind gehandelt hat. Auch hier erfolgt die Abwicklung dadurch, daß die eine Partei bestätigt, geldlich befriedigt worden zu sein und die andere das Kind zurückerhält[361].

[360] Der eigentliche Ammenvertrag war hier noch nicht geschlossen. Die Beteiligten erklären ausdrücklich, daß noch keine Sicherungsurkunde errichtet worden sei. Zur Frage, ob dies zur Wirksamkeit des Ammenvertrages erforderlich war, vgl. oben S. 153f.

[361] Auch hier lag kein schriftlicher Vertrag vor. Dies mag der Grund sein, weshalb Wenger, Quellen, S. 787, Anm. 571 annimmt, es habe sich vielleicht um Aufhebung eines wahrscheinlich konsensual geschlossenen Vertrages zwischen der Eigentümerin des Sklavenkindes mit Cn. Octavius Damas gehandelt, der das Kind in Pflege genommen hatte. Er war wohl sicher Römer (15 v. Chr.). Es kann daher nicht ausgeschlossen werden, daß er als solcher mit dem Konsensualvertrag *locatio-conductio* vertraut war. Aber daraus könnte man nicht auf das Eindringen konsensualer Vorstellungen in das Rechtsdenken der Gräko-Ägypter schließen.

Von dieser Betrachtungsweise her läßt sich auch die in 4 Texten enthaltene Regelung erklären, die gelten soll, falls das Kind während der Dauer der Pflegezeit stirbt. Es handelt sich in allen Fällen um Sklavenkinder, und außerdem war der Amme bzw. deren Gewalthaberin jeweils der Ammenlohn ganz oder teilweise vorausbezahlt worden.

Die diesbezügliche Regelung in SB 7619, Z. 21ff., geht davon aus, daß die Amme kein Verschulden trifft, ἡ ὁμολογοῦσα ἀνέγκλητος ἔσιωι. Es wird in das Belieben des Gläubigers gestellt, ihr einen anderen Säugling zu geben oder nicht. Tut er es, so muß die Amme diesen weiternähren, ohne dafür zusätzlich etwas zu bekommen, will sie das nicht, so muß sie von dem auf ein Jahr vorausbezahlten Geld entsprechend der noch offenstehenden Stillzeit zurückzahlen.

Ähnlich ist die Regelung in BGU IV, 1108, Z. 11—13. Wenn das Kind während der 6 Monate, für die vorausbezahlt wurde, stirbt, muß die Amme ein anderes aufnehmen und weiterpflegen, ohne etwas dafür zu bekommen. Den Grund für diese Regelung verraten nun 2 andere Texte deutlich: weil die Amme das Kind als „Eisernkind“ aufgenommen habe, διὰ τὸ ἀθάνατον αὐτὴν ἐπιδεδέχθαι τροφεύσειν, so BGU IV, 1106, Z. 25, ähnlich BGU IV, 1058, Z. 20ff.[362].

Wir sehen also 2 Regelungen, einmal übergibt der Gläubiger ein anderes Kind entsprechend seiner Wahl oder er läßt sich sein Geld anteilmäßig zurückgeben, womit er den geleisteten Wert wieder hat. Das soll aber nur gelten, wenn die Amme nicht schuldhaft handelte, andernfalls gilt die scharfe Strafklausel. Das andere Mal muß die Amme selbst dafür sorgen, daß sie einen anderen Säugling findet und diesen ihrem Gläubiger nach Ablauf der Vertragszeit zur Verfügung stellen. Da das „vom Abfallhaufen“ aufgelesene Kind ohnehin Sklave wurde, konnte es dem Gläubiger gleich sein, ob er diesen oder jenen Säugling bei der Ziehmutter in Pflege hatte. Ihm kam es darauf an, später einen gesunden Sklaven zur Verfügung zu haben.

Im übrigen sagt der Text nicht, was eigentlich exakt vereinbart war, ob etwa Damas ein größeres Kind in Pflege genommen oder eine ihm gehörende Sklavin als Amme gestellt hatte.

[362] Zum Thema „Eisernkind“ vgl. schon Berger, Strafklauseln, S. 178f., Wenger, Quellen, S. 786f. Beide betonen m. E. zu Recht, daß diese Regelung auch zugunsten der Amme getroffen war, damit kein Streit über Teilleistung entstehen konnte. Vgl. weiter v. Bolla, „Untersuchungen zur Tiermiete und Viehpacht im Altertum“, München 1940, S. 75ff., dazu kritisch Herrmann, a. a. O. S. 494ff. Der Streit, wer das „Ersatzkind“ zu stellen hatte, Gläubiger oder Amme, scheint mir nicht so bedeutungsvoll. Beide konnten es, wie obige Texte zeigen.

Zwar mutet es uns heute ganz fremdartig an, „wenn in einem Ammenvertrag es die Amme übernimmt, ein Sklavenkind als ‚Eisernkind' zu nähren, d.h. wenn es während der vereinbarten Zeit stürbe, ein anderes dafür für den Rest der Zeit anzunehmen"[363], aber dem Rechtsdenken des Gräko-Ägypters war das keineswegs fremdartig, denn er hatte ja seine Leistung erbracht. Und dafür wollte er seine Gegenleistung. Das im voraus bezahlte Geld sollte voll ausgenützt werden. Es kam ihm nicht darauf an, daß nun gerade nur dasjenige Kind von der Amme großgezogen wurde, das er ihr gegeben hatte, sondern ein Kind. Die Rückgabepflicht war modern gesprochen nicht eine Speziesschuld, sondern eine Genußschuld. Ein kleiner Sklave war geschuldet — und den mußte die Amme geben. Es ist daher logisch, daß die für den Tod des Säuglings getroffene Regelung nur für Sklaven galt, denn nur sie waren Ware und ersetzbar, dagegen nicht der Freie. Andererseits aber folgt aus dem Prinzip der notwendigen Entgeltlichkeit auch, daß die Regelung immer nur für den Zeitraum Gültigkeit hatte, für den die Vergütung schon gezahlt war. Dies kommt in BGU IV, 1106 und 1108 klar zum Ausdruck.

§ 21. Zusammenfassung

Zwar lassen sich bei den Ammenurkunden keine derartig engen Beziehungen zur παραμονή aufzeigen, wie bei den Lehrverträgen, doch sind beide Rechtsinstitute von dem gleichen Grundgedanken her zu erklären: der Geltung des Prinzips der notwendigen Entgeltlichkeit, das den Ammenverträgen nicht minder zugrunde lag, wie den παραμοναί.

Mit diesen hat der Ammendienst weiter gemeinsam, daß auch er eine auf Zeit angelegte Dienstverpflichtung, wenn auch höchstpersönlicher Natur, zum Gegenstand hatte. Hier wie dort läßt sich keine zwingende Verpflichtung des Schuldners zum ständigen Aufenthalt im Hause des Gläubigers nachweisen. Die jeweilige Interessenlage war in beiden Fällen ausschlaggebend.

Der Weisungsgebundenheit des παραμονάριος entspricht die meist vereinbarte Pflicht der Amme, sich monatlich in regelmäßigen Abständen beim Gläubiger zur Inspektion einzufinden.

Die der Amme auferlegten strengen persönlichen Verpflichtungen ergeben sich dagegen aus der Natur der zu leistenden Dienste.

---

[363] So Wenger, Quellen, S. 786. In der dortigen Anm. 558 hebt auch er hervor, daß die ἀθάνατος-Klausel ausbedungen wurde, um das im voraus bezahlte Entgelt voll auszunutzen.

V. URKUNDEN ÜBER DIENSTE VON KÜNSTLERN

§ 22. Urkundenübersicht

Der letzte Vertragstyp, dem wir uns nun zuwenden wollen, ist in der Literatur kaum beachtet worden. Nur wenige Autoren haben sich zu den Fragen geäußert, die die in nicht sehr großer Zahl erhalten gebliebenen Verträge mit Künstlern, wie Homeristen, Pantomimen, Tänzerinnen, Flötenspielern und sonstigen Musikern aufwerfen, obwohl gerade das Wenige, was auf unsere Tage gekommen ist, eine Anzahl rechtlich interessanter Fragen aufwirft[364].

Das Bild, das die Papyri bieten, ist bunt. Wir lernen aus ihnen nicht nur von den großen Festen anläßlich der Thronbesteigungen oder anderer Ereignisse im Kaiserhaus, sondern von mannigfaltigen öffentlichen Spielen und Lustbarkeiten aus anderen Anlässen. Es scheint, daß die Griechen ihre heimischen Gepflogenheiten nach Ägypten mitbrachten, die dann aber dort schnell auch unter der ägyptischen Bevölkerung in der Chora aufgenommen wurden. Seit etwa dem 2. Jahrhundert vor Christus breitet sich das griechische Vereinsleben auch unter den Ägyptern aus, und die wenigen vorhandenen Texte unserer Gruppe gewähren einen recht instruktiven Einblick in das Leben und Treiben auf den Dörfern. Zwar waren die Veranstaltungen dort nicht so aufwendig, wie in den Städten, aber gefeiert wurde offenbar gerne und ausgiebig. Dazu engagierte man Musikanten, Tänzer und Tänzerinnen und ließ das Fest bis zu 10 Tage dauern[365]. Dabei erfahren

---

[364] Vgl. Wilcken, Kap. XII, Aus dem Volksleben, Grundzüge I, 1, S. 417ff., hier S. 420f. Taubenschlag, Law², S. 373 Anm. 1 mit Zit. Montevecchi, Aeg. 32 (1952), 37ff.

Eine eingehende Studie des ganzen Fragenkreises bietet W. L. Westermann, „The Castanet Dancers of Arsinoe", JEA 10, 1924, 134ff. und „Entertainment in the villages of Graeco-Roman Egypt", JEA 18, 1932, 16ff.

[365] Ich verweise auf die Darstellung bei Wilcken und Westermann, vgl. die vorhergehende Anm. Dort auch zahlreiche Nachweise. Zum Vereinsleben vgl. San Nicolò, Ägyptisches Vereinswesen zur Zeit der Ptolemäer und Römer, I. u. II., München 1913, 1915. Siehe dazu auch die instruktive und mit zahlreichen Verweisungen versehene kurze Übersicht bei Wenger, Quellen S. 793.

wir aber nicht nur Heiteres. So erzählt P. Oxy. III, 475 (= W. Chrest. 494) die tragische Geschichte von dem kleinen Sklavenjungen, der während eines solchen Festes in dem Dorf Senepta auf das flache Dach des Hauses seines Herren kletterte, um den Tänzerinnen zusehen zu können. Dabei verlor der Achtjährige den Halt, stürzte hinab und blieb tot liegen. Jetzt soll die Leiche beschaut und danach beigesetzt werden. Leichtsinn[366]!

Wendet man die herkömmliche romanistische Terminologie auf die Verträge mit Künstlern an, so liegt auch in diesen Fällen *locatio-conductio* vor, und zwar *l. c. operarum*[367]. Wir werden aber sehen, daß diese Sprechweise auch hier dem Sachverhalt nicht gerecht wird.

b) Die Quellen

P. Hib. I, 54 (= W. Chrest. 477) — ca. 245 v. Chr.

Brief des Demophon an einen Ptolemaios. D. bittet den Empfänger, er möge zu einem bevorstehenden Fest einen Flötenspieler mit phrygischen und anderen Flöten und einen μαλακός mit Pauke und Cymbeln und Klappern schicken, den Frauen für die Opfer nötig hätten. Er möge besonders schöne Kleidung tragen. Außerdem sollen ein Bock, Käse und Gemüse geschickt werden.

P. London inv. 2096 (= SB III, 6997) — Zenonkorrespondenz

Brief des Zitherspielers Herakleotes an Zenon und Nestor. Der Absender beschwert sich darüber, daß er Zenon schon wiederholt geschrieben habe, man möge ein ihm von Demeas, dem verstorbenen Leiter des Gymnasiums, vermachtes Musikinstrument endlich gegen Zahlung von 100 Drachmen aus dem Besitz eines gewissen Hieron auslösen, der es hatte pfänden lassen, oder man solle ihm ein neues kaufen.

BGU IV, 1125 — 13 v. Chr.

Subjektiv stil. Homologie eines römischen Sklavenhalters gegenüber einem Musiklehrer. Ein Sklave soll im Flötenspiel unterrichtet werden. Es scheint sich vorwiegend um Begleitung zu handeln. Die Unterrichtszeit soll 6 Monate dauern. Dafür erhält der Lehrer 100 Drachmen Lohn, wovon 50 schon gezahlt sind. Die andere Hälfte soll er nach den 6 Monaten bekommen. Der Halter hat für Ver-

---

[366] Die Stelle erinnert erstaunlich an den kurzen Bericht der Apostelgeschichte XX, 9 über die nächtliche Predigt des Apostels Paulus in Troas, bei der ein junger Mann vom Schlaf überwältigt aus dem Fenster fiel und umkam. Vgl. Westermann, Slave-Systems, S. 103.

[367] So Taubenschlag, Law² in der soeben zit. Stelle.

pflegung und Bekleidung des Schülers aufzukommen. Er muß ihn nachstellen, falls er fehlt und darf ihn vor Ablauf der Unterrichtszeit nicht wegnehmen. Der Halter muß dem Jungen Gelegenheit zum Üben geben. Nach Ablauf der Zeit ist eine Prüfung vor 3 Sachverständigen vorgesehen. Vertragsstrafe zu Lasten des Halters, jedoch nicht auch zu Lasten des Lehrers.

P. Oxy. IV, 731 — 8/9 n. Chr.

Subjektive Homologie, durch die sich der Erklärende verpflichtet, dem Empfänger ein Jahr lang zu dienen, und zwar am 9. und 10. eines jeden Monats und 2 Tage am Fest der Isis sowie 3 Tage an den „Sternen der Hera". Die Gegner müssen ihm für jeden Tag, den sie ihn darüber benötigen, 1 Drachme und 2 Obolen zahlen, für das ganze Jahr 40 Drachmen, außerdem ein Zehrgeld von 13 Drachmen, 2 Obolen. Für jeden Tag, den der Erklärende fehlt, muß er 1 Drachme 2 Obolen zahlen. Am Schluß heißt es: ἡ ὁμολογία τῆς παραμονῆς ἥδε κυρία ἔστω.

P. Ross. Georg II, 18, Frag. A, Z. 16—20 — 140 n. Chr.

Rest einer wohl ähnlichen Abmachung wie vor über Flötenspiel durch eine Frau (?). Auch hier ist von παραμονή die Rede.

P. London II, S. 154/55, Nr. 331 (= W. Chrest. 495) — 165 n. Chr.

Satyros, wohl ein Vereinsvorsteher aus Soknopaiou Nesos, schreibt dem προνοητὴς αὐλητρίδων Kosmos, er wolle ihn mit 3 Gymnasten und 4 Mädchen für ein 6 Tage dauerndes Dorffest engagieren. Er werde pro Tag 40 Drachmen bekommen, man werde alle Sorgfalt aufwenden und für den Transport auf dem Hin- und Rückweg 4 Esel stellen.

P. Flor. I, 74 — 181 n. Chr.

Ähnlicher Brief wie vor von einem Ortsvorsteher an 2 Pantomimen aus Hermopolis, die er zusammen mit ihrer ganzen Schauspielergruppe engagieren will. Dauer 5 Tage, Lohn pro Tag 36 Drachmen, 30 Brote und 4 weitere Brote (?), außerdem noch 2 Drachmen für eine andere Leistung. Gezahlt wird am Ende des Festes. Der Vertragsschluß soll auf seine Kosten erfolgen (?).

Oxy. III, 475 (= W. Chrest. 494) — 182 n. Chr.

Anweisung des Strategen an den ὑπηρέτης Claudius Serenus betreffs Vornahme einer Leicheninspektion. Dem zugrunde liegt eine Anzeige eines gewissen Leonides. In dem Hause seines Schwiegersohnes gaben die Kastagnettentänzer ihre übliche Vorstellung anläßlich eines Dorffestes. Dabei war dessen 8 Jahre alter Sklave Epaphroditos auf das flache Dach des Hauses gestiegen, um besser zusehen zu können. Er stürzte hinab und starb. Nun solle ein Beamter des Strategen kommen und mit einem Arzt die Leiche besichtigen, damit sie beigesetzt werden könne.

Oxy. III, 519 (= W. Chrest. 492) 2. Jhdt. n. Chr.
Abrechnungen über städtische Feste, wobei verschiedene Künstlerhonorare erwähnt werden.

BGU VII, 1648 2. Jhdt. n. Chr.
Beginn eines Tänzerinnen-Engagements. Dauer 4 Tage, Rest fehlt.

Stud. Pal. XXII, 47 2. Jhdt. n. Chr.
Objektiv stil. Urkunde. Ein Flötenspieler hat eine unwiderrufliche Arrha von 4 Silberdrachmen erhalten, um seine Dienste 7 Tage lang zu erbringen. Rest fehlt.

SB V, 7557, P. Col. Inv. 441 (= JEA 18, 1932, 16f.) 2. Jhdt. n. Chr.
Der „Geschäftsführer" einer Künstlergruppe erklärt, er werde zusammen mit seiner Gruppe 8 Tage lang auftreten, Einzelheiten fehlen.

P. Corn. 9 (= SB III, 6945, JEA 10, 1924, 143ff.) 206 n. Chr.
Eine Frau Artemisia schreibt einer Kastagnettentänzerin, daß sie diese zusammen mit zwei anderen Kastagnettentänzerinnen 6 Tage lang engagieren wolle. Dafür sollen die Tänzerinnen pro Tag 36 Drachmen Lohn bekommen, weiter 4 Artaben Weizen und 20 Brote für die ganze Zeit. Alle Wertsachen sollen sicher aufgehoben werden. 2 Esel werden für die Hin- und Rückreise bereitgestellt.

P. Fam. Tebt. 54 (= SB III, 6946, JEA 10, 1924, 145, London inv. 1917) 219 oder 223 n. Chr.
Brief an einen berufsmäßigen Flötenspieler. Der Absender möchte den Empfänger zusammen mit 3 weiteren ausgebildeten Musikern 6 Tage lang engagieren. Er soll als Lohn täglich 18 Drachmen erhalten und außerdem noch einen Tag ohne Lohn spielen. Außerdem sollen die Spieler noch ein Geschenk von 6 Drachmen erhalten. Für die Hin- und Rückreise werden 2 Drachmen gezahlt. Alle mitgebrachten Geräte sollen unversehrt zurückgegeben werden.

P. Grenf. II, 67 (= W. Chrest. 497) 237 n. Chr.
Brief eines Vereinsvorstehers an einen Impresario. 2 Flötenspielerinnen sollen auf 10 Tage engagiert werden, wovon eine namentlich genannt wird. Tagelohn 36 Drachmen und ein Ehrensold für die ganze Zeit, wahrscheinlich 3 Artaben Weizen und 15 Brote. 3 Esel werden für die Hin- und Rückreise gestellt. Ein Vorschuß von ... Drachmen ist schon gezahlt worden.

P. Genf. 73 (= W. Chrest. 496) 2./3. Jhdt. n.Chr.

Subjektive Homologie eines Künstlers gegenüber einem Vereinsvorsteher, daß er zusammen mit 3 anderen Tänzern 7 Tage lang auftreten werde. Dafür bekommt er pro Tag 28 Drachmen und angemessene Verpflegung. Außerdem muß ihm das Collegium einen Ehrensold von 3 Artaben Datteln geben. Ein Vorschuß scheint gezahlt worden zu sein.

P. Oxy. VII, 1050 2./3. Jhdt. n.Chr.

Aufstellung über Ausgaben, in der verschiedene Künstler benannt sind.

P. Aberdeen 58 3. Jhdt. n.Chr.

Brief, in dem der Absender bekennt, eine Tänzerin in μίσθωσις erhalten zu haben. 64 Drachmen sollen gezahlt werden.

P. Oxy. X, 1275 3. Jhdt. n.Chr.

Objektiv stil. Homologie von 5 Vereinsvorstehern aus dem Dorf Souis und einem Leiter einer Künstlergruppe. Die Vorsteher haben den Gruppenleiter mit seiner Gruppe auf 5 Tage engagiert. Tageslohn 140 Drachmen, 40 Brote, 8 Kotylen Öl, außerdem für die gesamte Zeit ein Keramion Wein und ein Keramion Öl. Der Gruppenleiter hat 20 Drachmen Vorschuß erhalten. Die Vorsteher müssen die Gruppe mit 10 Eseln transportieren. Rest fehlt.

P. Racc. Mil. inedit. 23 (= Aeg. 32, 1952, 37ff.) 3. Jhdt. n.Chr.

Brief eines Vereinsvorstehers an einen Orchesterleiter, der mit seiner ganzen Gruppe 7 Tage engagiert werden soll. Als Lohn werden 40 Drachmen angeboten, ferner eine Extrazuwendung für die gesamte Zeit in Höhe von 3 Artaben Weizen und 20 Paar Brot. Rest fehlt.

Stud. Pal. XX, 78 322 n.Chr.

Subjektive Homologie eines Flötenspielers gegenüber einem Großgrundbesitzer und Ratsherrn von Hermoupolis. Der Flötenspieler verpflichtet sich, mit seinem Flötenspiel die Arbeiten bei der Weinlese und dem Keltern zu begleiten. Als Lohn wird er „das Vereinbarte" erhalten. Stipulationsklausel.

P. Oxy. VII, 1025 (= W. Chrest. 493) spätes 3. Jhdt.

Die Leiter der Behörden von Oxyrhynchos schreiben einem βιολόγος und einem Homeristen, sie möchten sofort kommen und wie gewohnt an dem Fest der Geburt des Kronos teilnehmen. Die Feierlichkeiten dauerten die übliche Zeit, und die Künstler sollen die üblichen Löhne und Geschenke erhalten.

§ 23. Die an den „Künstlerverträgen" Beteiligten

1. Gläubigerseite

Betrachten wir zunächst die an solchen Verträgen Beteiligten, so sehen wir auf der Gläubiger-Seite ein buntes Bild. In einigen Fällen dürfte es sich um private Engagements gehandelt haben. So scheint es sich bei dem in P. Hib. I, 54, dem frühesten Text der Gruppe (245 v. Chr.), genannten aber nicht näher bezeichneten Fest um eine Feier gehandelt zu haben, für die ein reicher Grieche einen Flötenspieler und einen Tänzer (?), beide mit ihren Instrumenten, suchte[368].

Auch bei P. Corn. 9 könnte die Gläubigerin Artemisia für sich selbst gehandelt haben, weil sie die Tänzerin ausdrücklich „für sich" haben will. Auch der Gläubiger in Stud. Pal. XX, 78 scheint in eigenem Interesse trotz seiner Titel als Gymnasiarch und Ratsherr gehandelt zu haben. Er suchte einen Flötenspieler, der die Arbeit an einer Weinpresse auf einem Dorf mit seinem Spiel begleiten sollte[369].

In den 5 anderen Fällen, in denen auf der Gläubigerseite eine Einzelperson als handelnd auftritt, ergibt es sich aus dem Zusammenhang, daß es sich um Engagements für Vereine bzw. Dörfer handelt. Dies kann natürlich auch bei den 3 vorgenannten Fällen nicht ausgeschlossen werden, ist aber aus dem Zusammenhang selbst nicht unmittelbar zu erschließen[370]. In den Fällen, in denen eine für den Verein bzw. das Dorf handelnde Person auftritt, hören wir zwar, daß die Vertragspflichten zwischen den unmittelbar an der Urkunde selbst Beteiligten bestehen sollen, insbesondere soll der für den Verein oder das Dorf Auftretende auch selbst zahlen[371]. In Wirklichkeit war das aber nicht der Fall, denn aus P. London II, S. 154, Nr. 331, erfahren wir, daß nicht der nach außen hin auftretende Besteller verpflichtet sein soll, sondern der hinter ihm stehende Verein bzw. das Dorf, für das er tätig wurde. Er

---

[368] Vgl. dazu Westermann, JEA 10, S. 140. Die Bezeichnung μαλακός für den Tänzer ist unklar. Es wird sich wohl um einen Mann gehandelt haben, der in Frauenkleidern auftrat.

[369] Der Flötenspieler sollte durch seine Begleitmusik wohl die Arbeit beeinflussen, d.h. die Arbeiter anspornen. Derartige Bräuche waren den Griechen nicht fremd. Vgl. dazu Westermann, JEA 10 S. 139 mit weiteren Nachweisen.

[370] Westermann, JEA 10, S. 137 vertritt bei seiner Erörterung des P. Oxy. III, 475 (Sturz des Knaben vom Hausdach) die Auffassung, privat seien die Veranstaltungen nur insofern gewesen, als der Gläubiger allein zahlte. Aus der Anlage des ägyptischen Dorfes habe sich ergeben, daß die ganze Dorfbevölkerung an den Feierlichkeiten teilgenommen habe.

[371] Es handelt sich um P. Flor. I, 74, Stud. Pal. XXII, 47, Fam. Tebt. 54, Genf 73, Col. inv. 441.

spricht hier zwar zunächst nur von sich selbst in 1. Person und erklärt, daß er eine Gruppe Flötenspieler παραλαβεῖν wolle, ab Zeile 12 verfällt er aber in den Plural — und hier geht es um die Verpflichtungen gegenüber den Künstlern! Daraus hat schon Wilcken den Schluß gezogen, daß Satyros hier nicht in eigenem Namen, sondern dem eines Vereins gehandelt habe[372].

Die Frage nach der Zulässigkeit der „Stellvertretung im Rechte der Papyri" ist wiederholt behandelt worden. Man hat darum gestritten, ob das ptolemäische Recht — im Gegensatz zum römischen — die direkte oder indirekte Stellvertretung gekannt habe[373]. Es würde den Rahmen dieser Untersuchung sprengen, diese Frage hier aufzurollen, doch dürfte Seidls Annahme richtig sein, daß auch sie aus dem Gesichtspunkt der Geltung des Prinzips der notwendigen Entgeltlichkeit zu lösen ist[374]. Wir haben wiederholt gesehen, daß es der tragende Grund der bisher behandelten Urkunden gewesen ist. Daher können wir annehmen, daß es auch hier angewendet werden darf.

Die Frage nach der Zulässigkeit der Stellvertretung erweist sich dann als Scheinproblem. Ausschlaggebend kann nur sein, welche Mittel dem Erklärenden zur Verfügung stehen: eigene oder fremde. Verfügt er über fremdes Geld, so tritt der mit der Verfügung bezweckte Erfolg nicht in seiner Person ein, da ja nichts aus seinem Vermögen in das des anderen geflossen ist, sondern in der Person des Eigentümers des Geldes. „Es muß dann völlig gleichgültig sein, ob der, der mit fremdem Geld leistet, zum Ausdruck bringt, daß er damit die Interessen eines anderen wahrnehmen will, ob der Gegner das den Umständen nach annehmen kann, oder ob er glaubt, der Leistende arbeite mit eigenen Mitteln im eigenen Interesse"[375] — maßgeblich ist, daß er tatsächlich nicht mit eigenen Mitteln handelt, sondern mit solchen des Vereins. Dieser wird daher unmittelbar betroffen. Daher trifft Wilckens Vermutung zu, wenn auch mit einer Begründung, die ihm nicht geläufig war. Satyros hatte daher nicht für sich, sondern den Verein oder das Dorf gehandelt. Dessen Gelder standen ihm zur Verfügung, folglich konnte der gewünschte Erfolg auch nur bei diesen

[372] Vgl. seine Bemerkung vor Chrest. 495.

[373] Für Zulässigkeit der direkten Stellvertretung Wenger, Die Stellvertretung im Rechte der Papyri, Leipzig 1906 und zuletzt noch Quellen, S. 794f. Ihm folgend Taubenschlag, Law², 307ff. Man vgl. seine reiche Literaturzusammenstellung (S. 307 a.E.). A. M. Rabel, der nur die indirekte Stellvertretung anerkennen wollte. Eine neue Vollmachtsurkunde, Aeg. 13, 1933, 372ff., AHDO 1, 1937, 216ff.

[374] PtolRG², 156ff.

[375] So Seidl, PtolRG², S. 157.

selbst, nicht beim „Vertreter", eintreten. Dies ist die notwendige Folge eines Rechtsdenkens, das nicht auf die verbindliche Kraft der übereinstimmenden Willenserklärung abstellt, sondern „sachenrechtlich" denkt.

Nun liegt unserm Rechtsdenken allerdings der Einwand nahe, daß der gräko-ägyptische Verein oder das Dorf keine eigene Rechtspersönlichkeit hatten. Wir haben daher keinen einzigen Text, in dem ein Verein als solcher aufgetreten wäre, immer handelte der ἡγούμενος συνόδου für ihn[376]. Doch war dem gräko-ägyptischen Recht der Begriff der juristischen Person fremd. Das Vereinsvermögen war daher, wie San Nicolò wohl zutreffend ausgeführt hat, ein genossenschaftlich gebundenes Sondervermögen der Vereinsmitglieder ohne eigene Rechtspersönlichkeit[377]. Handlungen des Vorstandes mit derartigen Geldern wirkten daher unmittelbar für und gegen den Verein, mag das zum Ausdruck gebracht worden sein oder nicht[378]. Mitunter kam es auch vor, daß sich mehrere Vereine zusammentaten und geschlossen nach außen hin auftraten, wobei ein Vorsteher für alle übrigen die Verhandlungen führte[379].

2. Schuldnerseite

Auf der Schuldnerseite ist das Bild nicht weniger bunt. In 4 Fällen werden einzelne Künstler engagiert[380]. Daneben sehen wir in einigen Fällen einen Unternehmer, προνοητής αὐλητρίδων, an den man sich wendet und die erforderliche Anzahl von Musikern, Tänzerinnen und dergleichen bestellt[381]. Es kommt aber auch vor, daß der Künstler engagiert wird und noch einige andere mit ihm, die nicht namentlich

---

[376] Vgl. dazu die Nachweise bei Westermann, JEA 18, S. 25f. Zur rechtlichen Stellung der Vereinsorgane vgl. San Nicolò, Ägyptisches Vereinswesen zur Zeit der Ptolemäer und Römer, II, 1, München 1915, S. 96ff.

[377] Vgl. dazu a.a.O. S. 174ff. Zustimmend Wenger, Quellen, S. 794.

[378] Ausdrückliches Handeln des Vereinsvorstandes in BGU VII, 1648, Grenf. II, 67, Rac. Mil. inedit. 23.

[379] P. Oxy. X, 1275. Wir möchten gerne wissen, wie die dort auftretenden 5 Vereinsvorstände unter sich einig geworden sind, aber darüber schweigt der Text, der sich nur mit dem Außenverhältnis befaßt. Westermann, JEA 18, S. 25, Anm. 13, nimmt an, daß οἱ πέντε προστάται κώμης Σούεως (Z. 7) Vorsitzende von 5 dort existierenden verschiedenen Vereinen waren, vgl. auch seine Nachweise im Text.

[380] BGU VII, 1648, Stud. Pal. XXII, 47 sowie XX, 78, wohl auch Oxy. VII, 1025.

[381] London II, 331, Grenf. II, 67, Aberdeen 58, vielleicht auch Hib. I, 54.

genannt, sondern nur in der gewünschten Zahl angegeben werden[382]. Schließlich finden wir Beispiele, in denen eine ganze Gruppe von Künstlern mit ihrem Chef auftritt[383].

Die Einzelengagements bereiten juristisch keine Schwierigkeiten, da es sich um Dienstleistungen einer Einzelperson handelt, wie sie auch sonst immer wieder vorkommen. Auch soweit ein Unternehmer auf Anforderung Künstler zur Verfügung stellte, dürfte das Außenverhältnis so aufzufassen sein, daß allein mit dem Unternehmer als Vertragspartner abgeschlossen wurde. Er hatte dann seinerseits dafür zu sorgen, daß er seinen Verpflichtungen nachkam und die gewünschten Künstler zur Stelle waren. Romanistisch gesprochen läge echte Dienstmiete vor. Vertragspartner waren nur der Besteller und der Impresario, nur ihn trafen die Rechte und Pflichten aus dem Vertrag. Wie er sich die Künstler beschaffte, brauchte den Besteller nicht zu interessieren. Indessen haben die Gräko-Ägypter nicht so streng formal gedacht, denn in P. Grenf. II, 67 (237 n. Chr.) sehen wir, daß ein Vereinsvorsitzender offenbar selber in die Stadt ging und sich beim Impresario eine Tänzerin, die er mit Namen nannte, aussuchte, während er die Bestimmung der anderen seinem Vertragspartner überließ (Z. 5, 6). Und nun kommt das vom romanistischen Denken her Erstaunliche: nicht der Unternehmer soll den Lohn bekommen, sondern die Tänzerinnen selbst, die auch sonst unmittelbar Rechte aus dem Vertrag erwerben und schon eine Anzahlung bekommen haben, obwohl die eine noch gar nicht bestimmt war. Offenbar hat der Unternehmer bei dem Besuch das Geld erhalten und mußte es seinen Damen weitergeben. Von einem Lohn für seine Bemühungen erfahren wir nichts. Doch schließt das nicht aus, daß er daran beteiligt war. Über das Innenverhältnis zwischen Impresario und Künstler weiter unten! Mitunter wird der Unternehmer auch selbst mit aufs Land gegangen sein und an den Aufführungen mitgewirkt haben, wie wir es aus P. London II, 331 ersehen, in dem er ausdrücklich mitengagiert wird[384].

Anders liegt der Fall bei den beiden anderen Arten gemeinschaftlicher Arbeit. Hier handelt es sich um Gruppenarbeit, die den Papyri nicht fremd ist. Das reiche Material, das das Zenon-Archiv dazu bietet, ist von Hellebrand eingehend untersucht worden, der allerdings den Schwerpunkt auf eine öffentlich-rechtliche Betrachtungsweise legte

---

[382] Corn 9, Fam. Tebt. 54, Genf 73.

[383] Flor. I, 74, Col. Inv. 441, Oxy. X, 1275, Rac. Mil. inedit. 23.

[384] Westermann hat den Unterschied zwischen dem Unternehmer einerseits und den beiden Arten von Gruppen nicht so deutlich herausgearbeitet, vgl. seine Anm. 1 JEA 10, S. 138.

und die hier interessierenden von ihm sogenannten „Eigengruppen" außer acht ließ[385].

Westermann hat zutreffend beobachtet, daß zwei Arten von Gruppenarbeit bei den Künstlerverträgen zu unterscheiden sind, die er „temporary companies" und „organized companies" nannte[386]. Hierbei unterschied er nach dem Grad der eingegangenen Bindung. War diese nur locker und auf nur gelegentliches gemeinsames Auftreten angelegt, so lag eine „temporary" oder lose Gruppe vor. War sie dagegen auf die Dauer angelegt, so handelte es sich um eine „organized" oder feste Gruppe.

1. Lose Arbeitsgruppen

Wenden wir uns zunächst der losen Arbeitsgruppe zu! Da sehen wir, daß in P. Corn. 9 eine Kastagnetten-Tänzerin „zusammen mit zwei anderen" engagiert wird. In P. Fam. Tebt. 54 handelt es sich um einen „berufsmäßigen" (Z. 1) Flötenspieler „und drei weitere ausgebildete" Kollegen, während P. Genf 73 von einem Tänzer „und drei weiteren" spricht.

Die beiden erstgenannten Texte sind von den Arbeitgebern an den Künstler gerichtet, den sie zusammen mit seinen Kollegen engagieren wollen. Sie richten sich aber nicht an die ganze Gruppe, sondern nur an diesen einen Mann. Man würde daher erwarten, daß die Leistungen auch nur diesem allein versprochen würden. Das ist jedoch nicht der Fall, vielmehr lesen wir, daß die gesamte Gruppe den Lohn nebst den zusätzlichen Nebenleistungen, wie sichere Aufbewahrung der Kleider und Wertsachen und Transport aus der Stadt und zurück erhalten soll, λαμβανόντων ὁμῶν ὑπὲρ μισθοῦ κτλ.[387]. Daraus wird zu schließen sein, daß der Leiter der Gruppe zwar allein für die Gestellung seiner Mitarbeiter verantwortlich sein sollte. In diesem Punkt wollte man ihm freie Hand lassen, sich diejenigen Leute auszusuchen, die er selbst als tauglich ansah. Dagegen sollten diese dann den Lohn für ihre Arbeit persönlich erwerben. Hier wird der nur temporäre Charakter der Gruppe besonders deutlich. Man rechnete wohl damit, daß genügend Musikanten im Lande herumzogen und ging davon aus, daß sie sich nach getaner Arbeit auch wieder trennen würden. Schon Hellebrand weist darauf hin, daß derartige Gruppenbildung nach Bedarf durch umherziehende Arbeitskräfte in Wirklichkeit „eine Be-

---

[385] „Arbeitsrechtliches in den Zenon-Papyri", Festschrift Koschaker III, Weimar 1939, S. 241 ff.

[386] JEA 10, S. 137.

[387] P. Corn. 9, Z. 8. Entsprechend P. Fam. Tebt. Z. 11 ff.

handlung des Problems der Arbeitslosigkeit war, die freilich nur der warme und üppige Orient erlaubt"[388]. Zwar sind seine Bemerkungen auf die frühe Ptolemäerzeit zugeschnitten, doch wird sich in diesem Punkt schwerlich ein grundlegender Wandel bis in die Prinzipatszeit hinein vollzogen haben.

Die Gruppe konnte allerdings auch straffer organisiert sein, wie sich aus P. Genf 73 ergibt. Hier bestätigt der Gruppenleiter selbst den Abschluß eines Vertrages und erklärt, daß er den Lohn in bar erhalten werde, dagegen sollte die Verpflegung, Unterkunft und ein Ehrenlohn von drei Artaben Datteln ihnen allen zustehen, σοῦ τρέφοντος ἡμᾶς κτλ. (Z. 11). Ob sich daraus allerdings ergab, daß seine Mitarbeiter selbst nicht berechtigt sein sollten, sondern nur ihr Chef, scheint fraglich. Man wird den Gruppenleiter hier nur als Vormann zu verstehen haben, der für seine Leute den Barlohn empfing, darüber quittierte und ihn weitergab. Denn sie hatten geleistet, indem sie ihre Arbeit verrichteten. Folglich muß ihnen die Gegenleistung zufließen. Nur für deren Ausmaß war der Gruppenchef verantwortlich. Solche Vormänner lassen sich schon aus der Zenonkorrespondenz nachweisen. Wir sehen hier, daß sie selbst keine besonderen Rechte gegenüber ihren Leuten hatten, wenn sie als deren Sprecher fungierten Es sind uns auch keine Quellen überliefert, aus denen auf die Existenz von Verträgen der Arbeiter untereinander oder mit den Obleuten geschlossen werden könnte[389]. Man wird das alles nur als eine rechtlich nicht näher umrissene Gelegenheitsgruppierung ansehen müssen, die einem vorübergehenden Zweck diente und wieder zerfiel, sobald dieser erreicht war. War also das Dorffest beendet und das Geld in Empfang genommen, so werden sich die Musikanten wieder in alle Winde zerstreut haben, um sich auf die Suche nach weiteren „Gelegenheiten" zu machen.

2. Feste Arbeitsgruppen

Ganz anders aber lag der Fall, wenn eine fest organisierte Gruppe engagiert wurde. Hier sprechen unsere Texte von einer συμφωνία μουσικῶν oder einfach nur von einer συμφωνία resp. σύνταξις[390]. Der Mailänder Papyrus spricht dagegen schlicht von der ganzen μουσική[391].

[388] A.a.O. S. 243, Anm. 6 mit weiteren Nachweisen. Bemerkenswert ist seine Beobachtung, daß „zufriedene Anspruchslosigkeit und ein gewisses Maß an Arbeitsunlust" sogar trotz Arbeitslosigkeit zu einem Arbeitermangel führen konnten.

[389] Vgl. dazu f. d. Ptolemäerzeit die eingehenden Untersuchungen bei Hellebrand, a.a.O. S. 250ff.

[390] P. Flor. I, 74 Z. 5, SB V, 7557, Z. 6, Oxy. X, 1275 Z. 9.

[391] P. Racc. Mil. inedit. 23 Z. 6.

Das Substantiv συμφωνία hat hier keine naheliegende besondere musikalische Bedeutung, sondern bedeutet lediglich „Gruppe"[392]. Diese Gruppen unterstanden demjenigen, der sie leitete. Mitunter waren es auch mehrere, so in P. Flor. I, 74, in dem ausdrücklich zwei als „Eigentümer" der Gruppe genannt werden (Z. 5) μεθ' ἧς ἔχετε συμφωνίας. Auch die übrigen Texte betrachten den Gruppenchef als Eigentümer[393]. Das soll aber nicht heißen, daß die Gruppe etwa nur aus Sklaven bestanden hätte, die im Eigentum des Halters standen. Vielmehr sprach auch der Gräko-Ägypter von seiner συμφωνία in dem gleichen Sinne, in dem auch heute der Leiter eines Orchesters von „seinem" Orchester spricht, ohne daß darin eine rechtliche Qualifizierung erblickt wird. Daher nennt sich Silvanus, der Chef der Gruppe in P. Col. Inv. 441 selbst auch πραγματευτής (Z. 1), was Westermann m. E. richtig mit „Geschäftsführer" übersetzt[394]. Dem entspricht es, wenn in P. Oxy. X, 1275 Kopreus als προεστὼς συμφωνίας (Z. 8/9) bezeichnet wird.

Engagements werden nur mit dem Leiter der Gruppe selbst abgeschlossen. Auch die Löhne werden ausdrücklich nicht den einzelnen Mitgliedern zugebilligt, sondern dem Gruppenchef selbst. Das zeigen die Texte deutlich, in denen von den Mitgliedern der Gruppe nicht die Rede ist, sondern nur von den jeweiligen Kontrahenten, wie es P. Flor. I, 74 Z. 10/11 klar ausdrückt. Entsprechend spricht auch der Mailänder Text davon, daß die μουσική als solche Lohn erhalten werde, nicht das einzelne Mitglied (Z. 10). Der Gruppenchef trat also nach außen hin selbst und allein als Geschäftsführer auf. Er hatte dann seinerseits seine Leute zu entlohnen, die nur ihm gegenüber gebunden waren, wie wir sofort sehen werden. Das legt den Gedanken nahe, daß derartige Gruppen etwa nach Art einer modernen juristischen Person rechtlich selbständig gewesen wären. Es gibt aber dafür nicht den geringsten Anhaltspunkt. Der Sprachgebrauch identifizierte die Gruppe vielmehr mit ihrem Leiter, der ja auch die Arbeit mit ihr hatte und für sie einstehen mußte. Man kann allerdings von zweckgebundenen Mitteln sprechen und in der συμφωνία ein Zweckvermögen erblicken, ohne diesem aber rechtliche Selbständigkeit zu geben. Seine finanzielle Grundlage bestand aus dem Entgelt, das der πραγματευτής dafür erhielt, daß er die Leistung der Gruppe zur Verfügung stellte.

---

[392] Vgl. dazu Westermann, JEA 10, S. 137f.

[393] So spricht der Aussteller von P. Col. Inv. 441 von seiner σύνταξις (Z. 6), in Oxy. X, 1275 finden wir den Gruppenleiter Kopreus entsprechend bezeichnet als Chef τῆς ἑαυτοῦ συμφωνίας (Z. 11/12).

[394] JEA 18, S. 16f.

Dem Leiter der Gruppe wurde das ἀρραβῶν gezahlt (P. Oxy. X, 1275, Z. 22). Er erhielt auch den baren Anteil des Lohnes, der bei Beendigung des Festes zu zahlen war (P. Flor. I, 74, Z. 16), während die Nebenleistungen, wie Verpflegung und dergleichen während der Veranstaltung bzw. der Transport vorher und nachher zu erbringen waren. Diese Naturalleistungen kamen naturgemäß allen Einzelmitgliedern unmittelbar zu[395].

3. Im Gegensatz zu den nur vorübergehenden lockeren Gruppen, bei denen wir nicht sagen können, wie sie zustande kamen, haben wir bei den festen Gruppen einige Hinweise dafür. In P. Oxy. IV, 731 aus dem Jahre 8/9 n. Chr. verpflichtet sich jemand einigen Leuten gegenüber, ihnen jeden 9. und 10. Tag eines jeden Monats, an 2 Feiertagen der Isis und an 3 Feiertagen der „Sterne der Hera" Dienste zu leisten. Leider fehlt der ganze Anfang des Papyrus, so daß wir die Namen der Beteiligten und die sonst üblichen Einzelheiten nicht mehr haben. Außerdem erfahren wir weiter, daß der Betreffende auch bereit ist, an anderen Tagen zu dienen, wenn es nötig sein sollte. Der Vertrag lief auf ein Jahr. Dafür erhielt er einen Jahreslohn von 40 Drachmen und außerdem ein Verzehrgeld, ὀψώνιον, von 13 Drachmen, 2 Obolen. Sollte er noch außerdem Dienste erbringen, so waren ihm dafür pro Tag 1 Drachme, 2 Obolen zu zahlen, was dem üblichen Tageslohn für die fest vereinbarten Dienste entsprach. Fehlte er, so hatte er seinerseits für jeden Tag des Fehlens den gleichen Betrag zu entrichten. Am Schluß lesen wir dann, daß die παραμονή maßgeblich sein solle, wie schriftlich angemeldet.

Schon die beiden Herausgeber, Grenfell und Hunt, haben richtig gesehen, daß es sich bei dieser Vereinbarung um eine Abmachung eines Künstlers mit den Chefs einer Gruppe handelte. Vollends dürften die eingehenden Untersuchungen Westermanns[396] jeden Zweifel daran zerstreut haben. Wir sehen , daß jemand 29 Tage im Jahr fest angestellt wurde und dafür einen Festlohn und ein Verzehrgeld erhielt, denn hier kann ὀψώνιον nur in diesem Sinne verstanden werden[397]. Sollte darüber hinaus plötzlicher Bedarf auftreten, so konnte weiterhin auf ihn zurückgegriffen werden.

---

[395] Zu den Löhnen der Künstler anhand der Papyri vgl. die Untersuchung von Westermann, JEA 10, S. 139ff., die indessen auch nur ein relatives Bild vermittelt. Siehe auch die Vorbemerkung d. Herausgebers zu P. Corn. 9, S. 54.

[396] JEA 10, S. 138f. mit zahlreichen Nachweisen.

[397] Zum Begriff ὀψώνιον vgl. zuletzt Würstle, „Untersuchungen zu Cair. Zen. III, 59355", JJP 5, 1951, 9ff., hier S. 71f. m. Belegen. Wie hier Westermann, a.a.O. S. 139 A. 2.

Interessant ist nun, daß die Beteiligten für ihre Abmachung den παραμονή-Vertrag wählten. Dies entspricht durchaus den bisherigen Ergebnissen, wonach alle auf eine gewisse Dauer angelegten Dienstleistungen als παραμονή erbracht werden konnten. Es nimmt daher nicht wunder, wenn auch die Bildung einer festen Künstlergruppe auf diese Weise erfolgte, denn sie war dazu das geeignete Instrument. Westermann selbst hat allerdings damals noch (1924) die παραμονή als Antichrese verstanden[398]. H. J. Wolff, dem dessen Ausführungen entgangen zu sein scheinen, hielt die Bezeichnung des Vertrages als παραμονή für „augenscheinlich fiktiv", weil der Arbeitnehmer seine Pflichten übernommen habe, ohne eine Vorauszahlung empfangen zu haben. Er meint, daraus hätten Zweifel bezüglich der bindenden Kraft des Abkommens entstehen können, so daß man die Bezeichnung der Vereinbarung als παραμονή absichtlich gewählt habe, um diese Zweifel zu zerstreuen[399].

Nach dem Ergebnis unserer Untersuchungen kann aber diese Annahme als widerlegt gelten, denn es ist kein Grund ersichtlich, warum Dienstverträge von Künstlern nicht als παραμοναί hätten geschlossen werden sollen. Wolff ist zuzugeben, daß im Text von dem üblichen παραμονή-Geld nicht die Rede ist. Doch hat das nichts zu besagen, da der ganze Anfang des Fragments, in dem diese Einzelheiten gestanden haben werden, fehlt.

Einen weiteren Beleg für παραμονή im Zusammenhang mit Künstlern bietet der schon mehrfach zitierte P. Ross. Georg II, 18, Fragment A, Z. 16—20, aus dem allerdings nur mehr erkennbar ist, daß künstlerische Leistungen, sei es im Kastagnettentanz, sei es im Flötenspiel, zu erbringen waren und dafür die Bezeichnung παραμονή gewählt wurde. Alles andere fehlt. Doch paßt sich das Fragment dem Bild an.

Betrachten wir noch kurz die Auswirkungen der παραμονή zwischen Gruppenchef und Künstler, so sehen wir, daß letzterem eine feste Arbeitszeit pro Jahr garantiert wurde einschließlich eines festen Gehalts und eines Verpflegungsgeldes für die Arbeitstage. Diesen Betrag mußte der Gruppenchef bezahlen, selbst wenn er den Künstler nicht beschäftigen konnte. Andererseits mußte dieser aber auch seinerseits zur Leistung zur Stelle sein und durfte an den vereinbarten Tagen nicht fehlen, wenn er nicht selbst seinen Tageslohn als Strafgeld zahlen wollte. So hatte sich auch der Unternehmer seinerseits gesichert. Nach

[398] Diese Auffassung hat er bekanntlich in dem vorne stets zitierten Aufsatz JJP 2, 1948, 10ff. aufgegeben.

[399] Beiträge, S. 152f. (= JJP I, 1946, S. 74).

Westermanns Beobachtungen scheinen derartige Verträge zwischen „booking agents" und Künstler auch heute noch üblich zu sein[400].

4. Die Existenz solcher fester Künstlergruppen hatte natürlich zur Voraussetzung, daß auch immer ein entsprechender „Stamm" ausgebildeter Künstler zur Verfügung stand, aus dem sich die Gruppen ständig erneuern konnten. Auch darüber sind wir unterrichtet. BGU IV, 1125 (13 v. Chr.) enthält einen Unterrichtsvertrag zwischen einem römischen Sklaveneigentümer und einem Musiklehrer. Gegenstand des Vertrages, der dem bekannten Schema der Lehrverträge folgt, ist die Unterweisung des Sklaven Narkissos im Flötenspiel mit eingehenden musiktechnischen Bestimmungen hinsichtlich dessen, was der Lehrer zu unterrichten hatte. Leider fehlt noch immer eine Bearbeitung des Textes von musikwissenschaftlicher Seite, so daß nicht ganz klar wird, was alles zu lehren und zu lernen war. Wahrscheinlich war der betreffende Sklave nicht unerfahren, denn die ganze Unterrichtszeit scheint auf 6 Monate beschränkt gewesen zu sein. Der Lehrer hat die Hälfte des vereinbarten Honorars von 100 Drachmen bereits erhalten. Die andere soll er nach Ablauf der 6 Monate bekommen. Es ist vorgesehen, daß der junge Mann eine Prüfung vor 3 Sachverständigen abzulegen hat. Wahrscheinlich wurde der Rest des Honorars erst gezahlt, wenn diese Prüfung erfolgreich bestanden war. Interessant ist, daß sich auch in diesem Vertrag Bestimmungen darüber finden, wer den Jungen zu verpflegen und zu bekleiden hat, und was zu geschehen hat, wenn er während der Ausbildungszeit fehlt. Für alle diese Umstände haftet der Eigentümer, der den Sklaven entsprechend der Anzahl der versäumten Tage nachgestellen muß und ihm im übrigen Gelegenheit zum Üben zu geben hat[401].

Trotz der im Formular erkennbaren Ähnlichkeit mit den Lehrverträgen besteht der wesentliche Unterschied zu ihnen doch darin, daß der Lehrer hier kein eigenes Interesse mit der Ausbildung verfolgt. Die Ausnutzung der Arbeitskraft des Schülers, dessen Tätigkeit bei ihm, ist für den Lehrer von keinem wirtschaftlichen Wert. Er ist aber daran interessiert, das vereinbarte Honorar für seine Unterweisung zu erhalten, so daß ihm sein eigenes „wohlverstandenes Interesse" gebietet, für eine gründliche musikalische Ausbildung seines Schülers Sorge zu tragen. Aus diesem Gesichtspunkt muß man auch die Verpflichtung des Eigentümers verstehen, den Sklaven nachzugestellen,

---

[400] JEA 10, S. 139.

[401] Zum Text vgl. die ausführlichen Bemerkungen von Westermann, JEA 10, S. 143f., ferner Wenger, Quellen, S. 788, bes. Anm. 579, 580, Herrmann, JJP XI/XII (1957/58), S. 124 und 134f., Zambon, Aeg. 15, 1935, S. 49f.

wenn er während der Unterrichtszeit fehlt. Denn durch zu langes oder zu häufiges Fehlen wird der Unterrichtszweck in Frage gestellt und damit auch der Lohnanspruch des Lehrers gefährdet. Dagegen sicherte er sich durch die „Nachdieneklausel", die insofern dann doch wieder einer ähnlichen Interessenlage entspringt, wie bei den Lehrverträgen[402].

§ 24. Gegenstand der Künstlerverträge

Die Künstlerverträge sind in einem weiteren Punkt für den Rechtshistoriker von besonderem Interesse, nämlich in der Frage, ob sie etwa schon Konsensualverträge waren oder ebenfalls vom Prinzip der notwendigen Entgeltlichkeit beherrscht wurden. Um dies beantworten zu können, müssen wir eine Untersuchung der einzelnen Texte anstellen. Hier begegnen uns einige, die in der Form sogenannten „Vertragsofferten" erscheinen, ähnlich den bekannten „Offerten" bei den Pachtverträgen, die Herrmann zuletzt untersucht hat[403]. Auch dort findet sich eine ganze Anzahl Urkunden, deren Kontext mit der stereotypen Formel βούλομαι μισθώσασθαι beginnt. Sie werden allgemein Pachtofferten genannt und auch von Herrmann so bezeichnet[404]. Sehen wir daraufhin die Künstlerverträge durch, so enthalten nachstehende Papyri die ganz ähnliche Klausel βούλομαι παραλαβεῖν σε o.ä., die sich an den Künstler oder den Gruppenchef wendet:

P. London II, 331 (= W. Chrest. 495) 165 n.Chr.

Die Urkunde stammt aus Arsinoe, wo der Empfänger als Chef einer Künstlergruppe sein Gewerbe betrieb. Der Absender lebte in Soknopaiou Nesos.

---

[402] Zenon scheint der Musik gegenüber nicht sehr aufgeschlossen gewesen zu sein, wie sich aus P. London Inv. 2096 (= SB 6997) ergeben dürfte. Hier mußte der Zitherspieler Herakleotes darüber Beschwerde führen, daß er Zenon immer wieder habe schreiben müssen, man möge ein ihm von Demeas, dem verstorbenen Leiter des Gymnasiums vermachtes Musikinstrument doch nun endlich gegen Zahlung von 100 Drachmen aus dem Besitz eines gewissen Hieron auslösen, der es hatte pfänden lassen, oder man solle ihm ein neues kaufen. Vgl. dazu Viereck, Philadelpheia, Leipzig 1928, S. 66, Westermann, JEA 18, S. 20, mit teils abweichender Auffassung, aber doch auch unter Betonung der kommerziellen Einstellung mancher Griechen in Ägypten zur Musik.

[403] Studien zur Bodenpacht im Recht der graeco-aegyptischen Papyri, München 1958 = Münchener Beiträge zur Papyrusforschung und antiken Rechtsgeschichte, Band 41.

[404] A.a.O. S. 25ff. Vgl. dazu die kritischen Ausführungen von Arangio-Ruiz, „Sulla forma dello ὑπόμνημα negli affitti di terreni dell'Egitto Romano", Studi in onore di Emilio Betti, II, Milano 1961, S. 3ff.

BGU VII, 1648 2. Jhdt. n. Chr.

Die Urkunde stammt aus Philadelphia im Fayûm und richtet sich an eine Künstlerin, die allein engagiert werden soll. Der Absender ist ein Vereinsvorstand in dem Dorf Tanis.

Corn. 9 (= JEA 10, 1924, S. 134ff.) 206 n. Chr.

Diese Urkunde stammt ebenfalls aus Philadelphia, wo die Absenderin wohnte. Die Adressatin wohnte nicht dort, sondern in einem größeren Ort, der nicht genannt ist, aber nicht Philadelphia sein kann, weil der Empfängerin für die Reise von der Stadt nach dort und zurück ausdrücklich der Transport zugesichert wird und Esel dafür zur Verfügung gestellt werden.

Fam. Tebt. 54 (= JEA 10, 1924, S. 145 = SB 6946) 219 oder 223 n. Chr.

Die Urkunde ist gerichtet an einen berufsmäßigen Flötenspieler und ausgestellt von Aurelios Philosarapis, einem Bürger aus Antinoopolis. Gefunden wurde sie offenbar in Tebtynis[405], wo der Aussteller beheimatet war und das Fest feierte.

P. Grenf. II, 67 (= W. Chrest. 497) 237 n. Chr.

Dieser Text stammt wieder aus Arsinoe. Ihr Empfänger ist wieder der Chef einer Künstlergruppe, ähnlich P. London II, 331. Der Absender stammt aus dem Dorf Bakchias. Vielleicht handelt es sich um die gleiche Gruppe, deren Chef inzwischen gewechselt hatte.

Racc. Mil. inedit. 23 (= Aeg. 32, 1952, S. 37) 3. Jhdt. n. Chr.

Der Text scheint aus dem Arsinoites zu stammen[406]. Auch er ist an einen Gruppenchef gerichtet und von einem Vereinsvorstand aus dem Dorf Thraso im Arsinoites abgefaßt.

Diese 6 Texte sind, soweit ich sehe, die einzigen aus unserer Gruppe, die die Klausel βούλομαι παραλαβεῖν σε enthalten. Es ist nun interessant festzustellen, wo sie gefunden wurden. Mit einiger Wahrscheinlichkeit kann gesagt werden, daß die beiden Urkunden, die die Künstlergruppe betreffen, in den Händen des Chefs dieser Gruppe gewesen sind, denn sie wurden beide in Arsinoe gefunden, wo sie beheimatet war[407]. Der Absender lebte in beiden Fällen auf einem Dorf außerhalb. Auch der Berliner Text (BGU VII, 1648) könnte in Händen der

---

405 So jedenfalls Bell in der Editio Princeps JEA 10, S. 145. Vgl. auch die Bemerkungen van Groningen's in der Edition S. 2 zu § 3.

406 So Montevecchi, a.a.O. S. 39.

407 Die Künstler lebten regelmäßig in den größeren Orten, vgl. Westermann, JEA 10, S. 137.

Empfängerin gewesen sein, wenn diese in Philadelphia wohnte, wo die Urkunde gefunden wurde. Das Dorf Tanis gehörte ebenfalls zum Arsinoites[408].

Dagegen kann mit ziemlicher Sicherheit davon ausgegangen werden, daß P. Corn. 9 Philadelphia, den Wohnort der Absenderin, nicht verlassen hat, weil der Text dort gefunden wurde, es sei denn, daß die Adressatin ihn wieder mit nach dort gebracht hätte. Es könnte sich aber auch um eine Kopie handeln, die die Absenderin für sich behielt. Diese Möglichkeit kann auch bei Fam. Tebt. 54 nicht ausgeschlossen werden, der ebenfalls aus dem Herrschaftsbereich des Absenders kommt, von dem wir wissen, daß er und seine Familie aus Tebtynis stammen, jedenfalls dort immer wieder aufgetreten sind[409]. Bei dem Mailänder Text läßt sich dagegen nicht feststellen, aus welchem Herrschaftsbereich er herrührt, dem des Empfängers oder dem des Absenders.

Es kann daher nicht mit Sicherheit gesagt werden, daß die sogenannten „Offerten" immer aus den Händen des Empfängers stammen. Sie können ebenso im Einzelfall aus denen des Absenders kommen. Daher kann nicht ohne weiteres aus dem Vorliegen eines solchen Textes auch auf die Annahme der „Offerte" durch den Empfänger geschlossen werden, um so weniger, als keiner von ihnen irgendeinen Hinweis auf einen diesbezüglichen Vermerk des Adressaten enthält[410], was wiederum dafür spricht, daß die oben genannten beiden Texte P. Corn. 9 und Fam. Tebt. 54 in Händen der Absender geblieben sind.

Die Verträge sind auch nicht durchgängig mit der βούλομαι-Klausel versehen, sondern haben in der Mehrzahl einen anderen Aufbau. 4 davon sind subjektive Homologien, nämlich:

P. Flor. I, 74 181 n.Chr.

Die Urkunde ist ausgestellt von einem örtlichen ἀρχέφοδος in dem Dorf Ibion Sesymbotheos im Hermopolites und an 2 Künstler in Hermopolis Magna gerichtet. Sie scheint auch dort gefunden worden zu sein. Der Aussteller bestätigt, die Künstler mit ihrer Truppe in Dienst genommen zu haben, παρειληφέναι ὑμᾶς. Der vereinbarte Lohn wird erst nach Ende des Festes gezahlt, die Naturalleistungen sofort. In der Urkunde erscheinen 2 Daten, das Ausstellungsdatum vom 16. Tybi des 21. Jahres des Mark Aurel am Ende. Die Veranstaltung soll vom 26. Tybi bis zum 30. dauern. Es heißt in beiden Fällen, daß die Künstler in Dienst genommen worden seien.

---

[408] Westermann, JEA 18, S. 23.

[409] Vgl. van Groningen in der oben S. 174 Anm. 382 zit. Stelle.

[410] Vgl. dazu Wenger, Quellen, S. 784 zu Anm. 539/40.

P. Genf. 73 (= W. Chrest. 496) 2./3. Jhdt. n. Chr.

Die Urkunde stammt aus dem Fayûm. Hier verpflichtet sich der Aussteller gegenüber einem Vereinsvorstand in Philadelphia, ihm mit einer losen Gruppe Dienste zu erbringen. Dafür hat er offenbar schon eine Zahlung erhalten, deren Höhe wir aber nicht kennen, weil der Text an dieser Stelle abbricht (Z. 16).

P. Oxy. X, 1275 3. Jhdt. n. Chr.

Die Urkunde enthält zwei Verpflichtungserklärungen. Zuerst verpflichten sich 5 Vereinsvorsitzende aus dem Dorf Souis im Oxyrhynchites gegenüber dem Chef einer festen Gruppe und erklären, ihn mit seinen Leuten in Dienst genommen zu haben. Außer dem Tageslohn von 100 Drachmen in bar gibt es Naturalleistungen. Demgegenüber bekennt der Gruppenchef, daß er eine Arrha von 20 Drachmen bereits bekommen hat. Die Gruppe ist noch nicht an Ort und Stelle, denn die 5 Vorsitzenden erklären am Schluß, daß sie 10 Esel zum Transport ins Dorf stellen werden.

Stud. Pal. XX, 78 322 n. Chr.

Notarielle Urkunde in Form der subjektiv stilisierten Homologie des Flötenspielers Aurelius Psenymis gegenüber einem Gymnasiarchen und Ratsherrn aus Hermoupolis betr. Flötenbegleitung bei den Kelterarbeiten. Sie enthält nur die Verpflichtungen des Ausstellers und gibt nur an, daß er das „Vereinbarte" erhalten werde. Die Urkunde ist nur einmal ausgestellt und enthält die Stipulationsklausel.

P. Col. Inv. 441 (= JEA 18, 1932, S. 16 = SB 7557)
spätes 2. Jhdt. n. Chr.

Der Text schließt sich in der subjektiven Stilisierung der Erklärung eines Gruppenchefs aus Hermoupolis gegenüber 2 Männern aus dem Dorf Alabastrine den bisherigen Urkunden an, obwohl er das verbum ὁμολογεῖν nicht enthält. Der Vertragstext selbst ist nur mehr ein kleines Fragment und besagt nicht viel über den eigentlichen Vertragsinhalt.

P. Aberdeen 58 3. Jhdt. n. Chr.

Auch dieser Text ist subjektiv stilisiert vom Schuldner her, der erklärt, daß er eine Tänzerin vom Gläubiger in Miete erhalten habe. 64 Drachmen Lohn hat er zu zahlen. Weiteres fehlt.

Stud. Pal. XXII, 47 2. Jhdt. n. Chr.

Objektiv stilisierte Urkunde. Wir erfahren, daß ein Flötenspieler von einem Bewohner des Dorfes Soknopaiou Nesos eine Arrha von 4 Drachmen erhalten hat. Die Urkunde stammt aus dem Dorf.

P. Oxy. VII, 1025 (= W. Chrest. 493) spätes 3. Jhdt. n. Chr.
Die Archonten von Euergetis (vielleicht Oxyrhynchos[411], schreiben an 2 Künstler, sie sollten sofort wegen eines Festes kommen, wie sie das gewohnt seien. Sie versprechen die üblichen Löhne und Ehrengeschenke.

1. Bei einem Vergleich der Urkunden ergibt sich, daß diejenigen mit der βούλομαι-Klausel in der Minderheit sind. Dabei fällt besonders auf, daß sie sich zeitlich decken. Während die früheste βούλομαι-Urkunde aus dem Jahre 165 n. Chr. stammt und die älteste aus dem 3. Jahrhundert, datiert die früheste subjektive Homologie vom Jahre 181 n. Chr., der letzte Text dieser Art ebenfalls aus dem 3. Jahrhundert. Die Vertragstypen laufen somit zeitlich parallel. Sie decken sich aber weitgehend auch örtlich, da die meisten Texte aus dem Fayûm kommen, nur wenige sind aus Mittelägypten. Es kann daher von vorneherein nicht behauptet werden, daß regionale Unterschiede etwa ursächlich für die Entwicklung verschiedener Typen gewesen wären, was bei der Gleichzeitigkeit und Gleichartigkeit der Urkunden auch befremdlich wäre.

Es nimmt daher auch nicht wunder, daß wir bei drei Urkunden aus Philadelphia im Fayûm beide Formen finden, nämlich BGU VII, 1648 und Corn. 9, die beide mit der βούλομαι-Klausel aufgebaut sind, während P. Genf 73 in Form der subjektiven Homologie abgefaßt ist und erkennen läßt, daß der Künstler schon eine Zahlung im voraus erhalten hat. Auch aus dem unweit Philadelphia gelegenen Soknopaiou Nesos belegt Stud. Pal. XXII, 47 die Zahlung eines Angeldes bei Vertragsschluß in der gleichen Zeit. Wir müssen daher davon ausgehen, daß im 2. und 3. nachchristlichen Jahrhundert im Fayûm und in Mittelägypten die Künstlerverträge nach verschiedenen Formularen abgeschlossen wurden, wobei sich keine genauen Grenzen hinsichtlich der Verbreitungsgebiete ziehen lassen. Die Frage ist daher zu stellen, ob diesen beiden Typen eine unterschiedliche juristische Grundauffassung zugrunde lag oder ob die eine nur eine Spielart der anderen ist.

Bei der zweiten Urkundengruppe geht die Mehrzahl der Texte von Leistungen der einen Partei an die andere aus. So hören wir in P. Flor. I, 74 und Oxy. X, 1275, daß die Veranstalter der jeweiligen Feste die Künstler schon „in Dienst genommen haben"[412], was in dem Florentiner Text sogar zweimal erklärt wird. Das wird man so auffassen müssen, daß das „In-Dienst-Nehmen" hier bereits mit dem Tag des Vertragsschlusses und nicht erst mit dem Beginn der Feierlichkeiten

---

[411] So Wilcken in der Vorbemerkung zu Chrest. 493 a. E.

[412] παραλαμβάνειν = in Dienst nehmen, vgl. Preisigke, WB 2, Sp. 249.

erfolgte. Zwischen beiden liegen 10 Tage. Wie dies geschah, sagt P. Oxy. X, 1275 deutlich. Wir erfahren, daß dem Chef der Gruppe schon eine Arrha von 20 Drachmen, $^1/_5$ des normalen baren Tageslohnes, gezahlt worden waren. Solche Zahlungen sind auch aus P. Genf 73 und Stud. Pal. XXII, 47 zu entnehmen. Es ist das bisher schon so oft aufgetauchte vertraute Bild: man sicherte sich die Dienste des Dienstpflichtigen — bzw. auch seiner ganzen Gruppe — indem man ihn durch eine Anzahlung verpflichtete. Wenn die Texte hier von Arrha sprechen, so dürfte es sich dennoch um eine echte teilweise Vorauszahlung des Arbeitslohnes handeln, was bei einem Gruppenchef am ehesten damit zu erklären ist, daß er ja seine Leute, wenn es sich um eine feste Gruppe handelte, auch dann bezahlen mußte, wenn er sie nicht beschäftigte[413].

Er war daher naturgemäß an flüssigen Mitteln immer interessiert. Daraus folgt für die Künstlerverträge der 2. Gruppe, daß die verbindliche Kraft der Abmachung erst durch Hingabe einer Leistung des Gläubigers an den Künstler erfolgte, es sich also auch hier um auf dem Prinzip der notwendigen Entgeltlichkeit fußende Realverträge handelte.

Damit schwer zu vereinbaren ist Stud. Pal. XX, 78, der späteste Text dieser Art, aus dem Jahre 322 n. Chr. Hier betont der Flötenspieler ausdrücklich (Z. 8), daß er mit dem Grundbesitzer vereinbart und sich mit ihm geeinigt habe, auf dessen Dorf zu gehen etc. Er hat auch keine Vorauszahlung erhalten, sondern soll für Flötenspiel und „Ergötzung der Zuhörer (τέρψις)“ das Vereinbarte bekommen. Das sieht nun stark nach einem Konsensualvertrag aus und wäre auch nicht sonderlich erstaunlich mit Rücksicht auf das späte Datum der Abmachung. Allerdings würde es einen Wandel des Rechtsdenkens unter den Gräko-Ägyptern der Chora bedeuten, den wir anderweitig bisher nicht entdecken konnten. Sie hätten nämlich jetzt die Künstlerverträge als römisch-rechtliche *locatio-conductio* auffassen müssen, die ja auf Grund des bloßen Konsenses der Parteien wirksam war. Ich glaube nicht, daß man diese weitgehende Folgerung aus dem Text ziehen kann. Er enthält die Stipulationsklausel, die sich in den μίσθωσις-Urkunden dieser Zeit regelmäßig findet und daher auch hier nicht befremdet, denn der Sprachgebrauch bezeichnete auch das Künstlerengagement als μίσθωσις, wie P. Aberdeen 58 zeigt. Nun hat aber Herrmann in seinen Untersuchungen zur Bodenpacht schon darauf hingewiesen, daß die Wirksamkeit der μίσθωσις der byzantinischen Zeit in Ägypten

---

[413] Wilcken übersetzt ἀρραβών mit Vorschuß, vgl. seine Anm. zu Chrest. 496 (= Genf 73), Z. 16.

auf der mit der Stipulationsklausel verbundenen Schriftform beruhte, was gegen den Konsensualvertrag spricht[414]. Wir wollen die Frage hier zunächst noch nicht entscheiden, sondern uns vorerst der βούλομαι-Klausel zuwenden[415].

2. Für sich allein betrachtet, könnte man — ähnlich den Bodenpachtverträgen[416] — auch bei den Künstlerverträgen zu dem Ergebnis kommen, daß die Klausel βούλομαι παραλαβεῖν σε nichts anderes besagte, als „ich will Dich — resp. Deine Gruppe — in Dienst nehmen". Das wäre dann eine echte Offerte an den Künstler oder Gruppenchef, die dieser nur anzunehmen brauchte, um den Vertrag perfekt zu machen. Zwar haben wir auf den Testen keinen ausdrücklichen Annahmevermerk, aber bei der geringen Zahl der überlieferten Urkunden liegt die Vermutung nahe, daß für die Künstlerverträge Schriftform nicht erforderlich war. Das würde bedeuten, daß die Annahme nicht schriftlich erklärt zu werden brauchte, sondern auch dadurch erfolgen konnte, daß der Künstler und evtl. seine Gruppe einfach in den Wohnort des Absenders kamen und dort auftraten. Wir hätten dann eine konkludente Annahmeerklärung — alles in allem wäre der konsensuale Charakter der Formel und des auf sie hin zustande gekommenen Vertrages dann nicht mehr zu übersehen. Es wäre allein auf die Willensübereinstimmung abzustellen.

Das alles würde der klassischen römischen Lehre entsprechen, die ja gerade durch das Konsensprinzip gekennzeichnet ist und sich eben dadurch von anderen Rechten abhebt, die auf dem Considerationsprinzip beruhen[417]. Nun haben wir aber bei den Römern keine Lehre von der Offerte. Justinians großes Gesetzgebungswerk schweigt darüber, ob ihr bindende Wirkung zukam und wenn ja, wie lange ein Vertragsangebot gültig war. Die moderne Pandektistik hat die Lehre von der Offerte überhaupt erst aus dem Prinzip des Konsensualver-

---

[414] S. 196.

[415] Die P. Col. Inv. 441 und Aberdeen 58 geben wegen ihres zu fragmentarischen Zustandes zu wenig für eine dogmatische Untersuchung ab. P. Oxy. VII, 1025 könnte eine amtliche Ladung der beiden Künstler zur Mitwirkung am Fest sein, so daß auch hier privatrechtliche Schlußfolgerungen nicht ohne weiteres gezogen werden können. Man vgl. dazu auch Wilckens Vorbemerkung zu Chrest. 493, in der die Qualität der Einladenden als städtische Behörden herausgestellt wird.

[416] Vgl. Herrmann, a.a.O. S. 187.

[417] Vgl. dazu Seidl in Studi Albertario I, S. 107ff., ferner Festschrift für Ernst Rabel, Bd. 2, Tübingen 1954, S. 244f. Weiter Sohm-Mitteis-Wenger, Institutionen, 17. Aufl. (14. und 15. Tausend), Berlin 1949, S. 390 i. Vbdg. m. S. 64ff. und 419ff.

trages heraus entwickelt, wo sie allerdings nahelag und lediglich eine notwendige Ergänzung darstellte. Damit soll nicht gesagt sein, daß es in der klassischen oder nachklassischen Rechtslehre keine Theorie der Offerte gegeben hätte — sie ist uns aber, wenn es sie gab, nicht mehr überliefert, sei es, daß Justinian und seine Kommission sie für selbstverständlich hielten, sei es, daß sie sie einfach übersahen. Liefern nun unsere Texte das in den Digesten fehlende Glied? Damit wäre auch die Frage entschieden, ob der Konsensualvertrag im Recht der Papyri rezipiert worden ist. Es ist schwer, eine Antwort zu finden, da wir bislang noch keinen Text besitzen, der uns ein Urteil über einen durch bloßen Konsens zustandegekommenen Vertrag überliefert. Aus den Vertragsurkunden selbst aber Schlüsse zu ziehen auf die Existenz oder Nichtexistenz des Konsensualvertrages ist schwierig, um so mehr, als wir im bisherigen Verlauf unserer Untersuchungen keinen zwingenden Beweis für seine Existenz erbringen konnten, sondern vom Gegenteil ausgehen mußten. Waren schon die allgemeinen Dienstverträge nicht konsensual aufgebaut, so wäre es in der Tat verwunderlich, wenn dies bei den Künstlerverträgen der Fall gewesen sein sollte. Da wir keine Urkunde besitzen, die eine Empfangsbestätigung oder gar eine Annahmeerklärung enthielte, läßt sich auch hier der Beweis nicht aus dem Urkundenbefund unmittelbar führen. Nun wäre es zwar denkbar, daß gleichlautende Urkunden ausgetauscht worden wären, in denen sich die Beteiligten gegenseitig ihre Übereinkunft über den Vertrag und seine Essentialia bestätigt hätten. Aber auch hier können wir keine Antwort geben, denn es fehlt bei allen erhaltenen Texten das in diesem Falle dazugehörende Pendant. Die Fundumstände sagen dazu nichts aus, denn wenn es auch in einigen Fällen nahelag, daß die Urkunden in die Hand der Empfänger gelangt waren, so kann daraus noch nicht auf eine Annahme des „Angebots" geschlossen werden, noch weniger in den anderen Fällen, in denen zu vermuten ist, daß der Papyrus nicht aus dem Herrschaftsbereich des Ausstellers hinauskam. Es kann also auf diese Weise kein Nachweis für die Willensübereinstimmung der Parteien erbracht werden.

Welchen Sinn sollte aber dann die βούλομαι-Klausel gehabt haben? Für die Pachtverträge über Land hat Mitteis schon vor langer Zeit die Frage dahingehend beantwortet, daß größere Grundbesitzer ihre Verpachtungen in einer Art Wettbewerb ausschrieben und von den Pachtlustigen Angebote entgegennahmen. Diese waren aber einseitige Erklärungen der Interessenten, die nur für diese selbst verbindlich und zunächst auch nur gegenüber öffentlichen Behörden möglich waren. Die Großgrundbesitzer der späten Prinzipats- und der Byzantinerzeit aber übernahmen immer mehr und mehr die Rolle von Behörden. Daher können derartige „Angebote" nicht ohne Blick auf das öffentliche Recht verstanden werden. Seidl weist noch auf einen weiteren in diesem Zusammenhang wichtigen Gesichtspunkt hin: auf die weit stärkere Machtlage der Grundbesitzer, die dazu führte, daß der Pächter schon durch seine Erklärung gebunden wurde, der Grundbesitzer aber nur, wenn er seinerseits die Pacht besonders bekräftigte[418].

Diese Gedanken sagen aber nicht auch für die Künstlerverträge mit der βούλομαι-Klausel aus, denn hier können derartige „öffentlichrechtliche" Argumente, um in der modernen Terminologie zu bleiben, nicht geltend gemacht werden. Wir sehen in keinem der Fälle, die mit der Klausel arbeiten, irgendein Anzeichen für ein derartiges behördenähnliches Verhältnis der Musikinteressenten gegenüber den Musikern. Es erscheinen entweder nur Privatleute oder lokale Vereinsvorsteher kleiner Dörfer, unter denen wir uns schwerlich Magnaten vorzustellen haben, auch wenn sich einer etwas stolz ληστοπιαστής (Racc. Mil. inedit. 23) nennt, was Montevecchi mit „Polizeichef" wiedergibt. Eher könnte noch der Aussteller von P. Fam. Tebt. 54 eine hochstehende Person gewesen sein, denn wir kennen seine Familie ziemlich gut und wissen, daß sie einflußreich war. Ihre Mitglieder bekleideten lokale Ämter, so auch unser Aussteller Aurelius Philosarapis, Sohn des Lysimachos[419]. Aber auch er befleißigt sich einer ganz normalen Sprache, von der nicht auf ein Über- oder Unterordnungsverhältnis geschlossen werden kann. Behörden schrieben schon anders, wie wir aus P. Oxy. VII, 1025 sehen. Aber auch dort wird Wert auf Formen und Höflichkeit gelegt. Man hat vielmehr bei der Lektüre der Texte durchaus den Eindruck, daß man es mit rechtlich gleichgestellten Personen zu tun hat, die ihre eigenen Interessen wohl abzuwägen verstehen. Daher dürfte die ausführliche Sprache der „Offerten" verständlich sein.

Sie waren dazu bestimmt, den Vertragsschluß vorzubereiten, stellen selbst aber noch keine für den Absender verbindliche Festlegung dar. Dies ergibt sich m. E. deutlich aus P. London II, 331 (= W. Chrest. 495). Dort lesen wir zwar, daß Satyros, der Sohn des Satyros aus Soknopaiou Nesos den Gruppenchef Kosmos mit 3 Gymnastikern und 4 Mädchen in Dienst nehmen will, damit sie 6 Tage lang während eines Festes im Dorf aufträten. Sie sollen dafür täglich

---

418 Vgl. Mitteis, Grundzüge, S. 195f. und 57f. Dazu zustimmend Meyer, Juristische Papyri, S. 107. Seidl, Studi Albertario I, S. 114, SDHI 15, 1949, S. 341f. und 18, 1952, S. 358f.

419 Vgl. van Groningen, zit. oben S. 174, Anm. 382.

40 Drachmen erhalten, und zwar „wenn wir in Dienst nehmen" (Z. 18) (zitiert nach Chrest. 495 und der Wilckenschen Lesung in Archiv III, S. 241). Wenn diese Erklärung einen Sinn haben soll, dann muß sie m. E. den haben, daß die sogenannte Offerte eben keine verbindliche Offerte war, sondern nur eine Verhandlungsgrundlage, die dem Gruppenchef zugeschickt wurde, damit er sich darüber klar würde, ob er zustimmen, d. h. einen Vertrag auf der vorgeschlagenen Basis aushandeln könne. Es bedurfte also noch eines besonderen Vertragsschlusses, der ins Belieben des Gruppenchefs gestellt gewesen zu sein scheint.

Ganz ähnlich müssen wir uns den Fall Grenf. II, 67 (= W. Chrest. 497) denken. Hier war der Schreibende offenbar zuerst zu dem Gruppenchef gegangen und hatte sich dort eine unter dessen Schönen ausgesucht, die er in Z. 5 mit Namen nannte, während die andere vom Gruppenchef bestimmt werden sollte[420]. Beide hatten aber dann den Vertrag schon an Ort und Stelle geschlossen, denn wir erfahren in Z. 17f., daß vom Besteller bereits ein Vorschuß auf den Ehrensold gezahlt worden war[421]. Wir haben also wieder das vertraute Bild vor uns: Vertragsschluß nur gegen Hingabe einer Leistung durch den, der an den Diensten interessiert war. Darüber darf auch die βούλομαι-Klausel zu Anfang des Textes nicht hinwegtäuschen. Sie mag aus Gedankenlosigkeit oder Unerfahrenheit vom Schreiber gebraucht worden sein, der es vielleicht gewöhnt war, sich ihrer zu bedienen und daher die ihm vertraute Formel niederschrieb. In Wirklichkeit ist der Text aber keine Offerte, sondern die Bestätigung des Vertragsinhalts.

Die 3 übrigen Texte sind zwar nicht so klar[422], sie müssen aber mit den beiden soeben besprochenen und mit der zunächst untersuchten zweiten Urkundengruppe zusammen gesehen werden, mit denen sie in zeitlichem und örtlichem Zusammenhang stehen. Dann aber ergibt sich kein anderes Bild mehr. Auch hier wird die βούλομαι-Klausel nicht anders zu verstehen sein, als die Aufforderung des Absenders an den Empfänger, mit ihm in Verhandlungen über den Abschluß eines Vertrages in der herkömmlichen Rechtsform einzutreten. Auch die Künstlerverträge zeigen deutlich, daß diese nicht auf dem Konsensual-, sondern auf dem Entgeltlichkeitsprinzip beruhten.

Insgesamt bestätigen die Papyri hier das Bild, das uns vom römischen Recht her vertraut ist. Auch dort kam die *locatio-conductio* „wie jeder Kontrakt durch Annahme eines Angebots" zustande. „Wer

---

[420] So auch Wilcken in der Vorbemerkung zu Chrest. 497.

[421] Vgl. dazu Wilckens Anm. zu Z. 18.

[422] P. Corn. 9, Fam. Tebt. 54 und Racc. Mil. inedit. 23. BGU VII, 1648 muß wegen seines zu fragmentarischen Zustandes hier ausscheiden.

Offerent, wer Akzeptant sein soll, war aber damals wie heute — man denke nur an das Versicherungsvertragsrecht — nicht nur ein Problem juristischer Konstruktion, sondern auch eine wirtschaftliche Machtfrage. Dabei trachtete der wirtschaftlich Stärkere, seinen Vertragspartner auch dann in die Rolle des Anbietenden zu setzen, wenn die erste Anregung zum Vertragsabschluß vom wirtschaftlich Stärkeren ausging. Daher findet sich auch in Rom die Einladung zur Offerte, die Annonce"[423]. So müssen wir uns den Vorgang auch für Ägypten denken. Zwar waren die Vereinsvorstände und Ortsvorsteher persönlich genau so arme Leute, wie die von ihnen engagierten Künstler oder Gruppenleiter. Diese waren aber darauf angewiesen, ihre Dienste den Dörfern oder Vereinen anzutragen, weil sie davon leben mußten. Insofern waren die jeweiligen „Vorstände" die wirtschaftlich Stärkeren, die die Bedingungen diktieren konnten.

Hiernach wird auch die Frage zu klären sein, ob der Text Stud. Pal. XX, 78 eine Ausnahme von dem bisherigen Ergebnis darstellt[424]. Man wird dies verneinen müssen. An sich wäre es schon verwunderlich, wenn sich hier plötzlich ein Durchbruch zum konsensualen Denken vollzogen hätte, nachdem dieser bislang nicht gelungen war. Bis spät ins dritte Jahrhundert hinein zeigen auch die Künstlerverträge die altvertraute rechtliche Denkweise. Schon deshalb ist es nicht wahrscheinlich, daß es in kurzer Zeit innerhalb der Chọra zu einem völligen Wandel im Rechtsdenken gekommen wäre. Unser Flötenspieler und der Großgrundbesitzer aus Oxyrhynchos waren sicher keine juristischen Dogmatiker. Es wird so gewesen sein, daß der Gläubiger ihn in Dienst nahm und ihm die Bedingungen bekanntgab. Der Musikant akzeptierte sie und bestätigte das schriftlich. Das sieht nun zwar nach Konsensualvertrag aus, ist aber in Wirklichkeit eine Unterwerfung unter die vom wirtschaftlich Stärkeren diktierte Ordnung, bei der es dem Flötenspieler gar nicht möglich gewesen sein dürfte, seinerseits Bedingungen zu stellen. Der Gebrauch der Stipulationsklausel in diesem Fall kann dann nur als Anzeichen dafür gewertet werden, daß römisch-rechtliche Formen langsam auch in die Denkweise der Gräko-Ägypter eindrangen, ohne diese aber als solche zu ändern. Diesen Vorgang haben wir schon bei der παραμονή beobachtet[425].

Als abschließendes Ergebnis ist daher festzuhalten, daß der Gebrauch unterschiedlicher Formulierungen in den Texten örtlich und zeitlich Hand in Hand geht. Darin ist keine unterschiedliche rechtliche

---

[423] So Mayer-Maly, Locatio-conductio, S. 89f.

[424] Vgl. oben S. 170ff.

[425] Vgl. oben S. 23ff.

Grundauffassung zu erblicken, vielmehr wurden auch die Künstlerverträge vom Prinzip der notwendigen Entgeltlichkeit bestimmt, selbst wenn die Formel βούλομαι παραλαβεῖν σε an eine konsensuale Betrachtung denken läßt.

§ 25. Zusammenfassung

Die „Künstlerverträge" sind, wie die übrigen hier untersuchten rechtsgeschäftlichen Typen, nicht konsensual aufgebaut, sondern beruhen ebenfalls auf dem Prinzip der notwendigen Entgeltlichkeit.

Soweit in den Texten die Klausel βούλομαι παραλαβεῖν σε o. ä. vorkommt, ist darin nur eine Einladung zum Vertragsschluß zu erblicken. Eine Offerte liegt darin nicht.

Gruppenarbeit findet sich nicht nur gegenüber dem Staat, sondern auch auf „privatrechtlichem" Sektor. Die Künstlergruppen lassen erkennen, daß die Organisationsformen solcher Gruppen sehr variabel waren. Je nach Zweck und Dauer der Gruppierung war der Aufbau fester oder lose. Der Gruppenleiter ist daher entweder seinerseits echter Arbeitgeber für die Angehörigen der Gruppe, der allein für sie verantwortlich ist und allein kontrahiert, oder er ist bloßer „Vormann", der zwar auch für seine Leute spricht und die Löhne einzieht, diesen gegenüber aber nicht die Stellung eines „Chefs" hat.

Wenn auf der Gläubigerseite Ortsvorsteher, Vereinsvorstände o. ä. Personen auftreten, ist davon auszugehen, daß sie nicht für sich selbst, sondern für den hinter ihnen stehenden Verein oder das Dorf tätig wurden. Die Wirkung trat aber in diesen Fällen nicht bei den nach außen in Erscheinung tretenden Personen ein, sondern in dem Gebilde, für das sie handelten, obwohl dies keine juristische Person im Sinne des modernen Rechts gewesen ist.

QUELLENVERZEICHNIS

a) Papyri und Ostraka

b) Lateinische Quellen

SACHREGISTER

FSC
www.fsc.org
MIX
Papier | Fördert gute Waldnutzung
FSC® C083411

Kolibri 360 GmbH
Ferdinand-Jühlke-Straße 7
99095 Erfurt, Deutschland
produktsicherheit@kolibri360.de